PHP
动态网站开发教程

贾如春　总主编
何　南　朱江平　谭卫东　主　编
蒋　华　谭良熠　常祖国　副主编

清华大学出版社
北　京

内 容 简 介

本书面向初学者，从实际应用出发，详细介绍了PHP脚本语言及各种常用动态功能系统的开发。全书共13章，由浅入深地介绍了PHP及相关技术，通过大量实际项目案例，详尽地讲解了PHP的技术要点和开发过程，精选动态功能模块实例帮助读者理解PHP＋MySQL的动态开发方法，通过留言板、电子商务系统等经典案例和实例化项目案例，帮助初学者快速入门。

本书所有知识点都结合具体实例和程序讲解，便于读者理解和掌握。本书适合作为高等院校计算机应用、云计算、信息安全、大数据技术及相关专业的教材，也适合作为动态网站开发入门者的自学用书。

图书在版编目（CIP）数据

PHP动态网站开发教程/贾如春总主编；何南等主编. -- 北京：清华大学出版社，2025.5. -- ISBN 978-7-302-69114-3

Ⅰ. TP312.8

中国国家版本馆CIP数据核字第202520VQ32号

责任编辑： 郭　赛　战晓雷
封面设计： 杨玉兰
责任校对： 王勤勤
责任印制： 刘　菲

出版发行： 清华大学出版社
网　　址： https://www.tup.com.cn，https://www.wqxuetang.com
地　　址： 北京清华大学学研大厦A座　　**邮　　编：** 100084
社 总 机： 010-83470000　　**邮　　购：** 010-62786544
投稿与读者服务： 010-62776969，c-service@tup.tsinghua.edu.cn
质量反馈： 010-62772015，zhiliang@tup.tsinghua.edu.cn
课件下载： https://www.tup.com.cn，83470236
印 装 者： 三河市铭诚印务有限公司
经　　销： 全国新华书店
开　　本： 185mm×260mm　　**印　　张：** 20.75　　**字　　数：** 505千字
版　　次： 2025年6月第1版　　**印　　次：** 2025年6月第1次印刷
定　　价： 59.90元

产品编号：105489-01

前言

FOREWORD

PHP 是在服务器端执行的嵌入 HTML 文档的脚本语言，是应用广泛的互联网开发语言之一。PHP 具有简单易学、源码开放、支持面向对象编程，支持跨平台操作、免费等特点，受到企业及程序员的青睐，已经成为互联网社区领域应用位居前列的语言。

本书从开发者的视角出发，内容由浅入深，适合不同层次的读者使用。本书所有知识点都结合具体实例和程序讲解，便于读者理解和掌握。

本书特点如下：

(1) 图文并茂、循序渐进。本书提供了大量的实例和相应的代码，内容由浅入深，适合不同层次的读者学习。

(2) 实例典型、轻松易学。本书中的实例均与应用密切相关，比如留言板、聊天系统、电子商务网站等，这样使读者在学习的时候不会觉得陌生，更容易接受，从而提高学习效率。

(3) 理论+实践、提高兴趣。本书采用理论+实践的方式，对相关技术进行详细的讲解。由于纯理论的学习难度比较大，也比较枯燥，高校的学生不易接受，因此将理论和实践相结合的教材更能吸引读者，也从一定程度上降低了读者学习数据库的难度。

(4) 应用实践、随时练习。本书各章都提供了课后习题，让读者能够通过练习重新回顾所学的知识，从而达到熟悉内容并可举一反三的目的，同时也为进一步学习做好准备。

(5) 本书采用案例引导的写作方式，从工作过程出发，以现代办公应用为主线，按照“提出问题”“分析问题”“解决问题”“总结提高”4 部分内容展开。突破以知识点的层次递进为理论体系的传统模式，将职业工作过程系统化，以工作过程为基础，按照工作工程组织和讲解知识，培养读者的技能和素养。

(6) 本书根据读者的学习特点，通过案例适当拆分知识点。考虑到因学生基础参差不齐而给教师授课带来的困扰，本书将内容划分为多个任务，每一个任务又划分为多个小任务。以做为中心，教和学都围绕着做展开，在学中做，在做中学，从而完成知识学习和技能训练，提高学生自我学习、自我管理、构建知识体系的能力。

(7) 本书内容从易到难、从简单到复杂，循序渐进。学生通过案例能够完成相关知识的学习和技能的训练。本书案例具有典型性和实用性。

(8) 本书注重学习的趣味性、实用性，使学生能学以致用；同时注重可操作性，保证每个案例/任务都能顺利完成。本书的讲解清晰易懂，让学生感到易学、乐学，在宽松的学习环境中理解知识、掌握技能。

(9) 本书内容紧跟行业技术发展。本书着重于当前主流技术和新技术，与行业联系密切，紧跟行业技术的发展。

本书符合高校学生认知规律，有助于实现有效教学，提高教学的效率、效益、效果。本书打破传统的学科体系结构，将各知识点与操作技能恰当地融入各个案例/任务中，突出了现代职业教育产教融合的特征。

本书适合作为高等院校计算机应用、云计算、信息安全、大数据技术及相关专业的教材；也适合作为动态网站开发入门者的自学用书。

本书由多年从事程序设计的高级软件工程师和程序设计课程教师共同编写，由贾如春负责整套系列丛书的设计与规划，由何南、朱江平、谭卫东担任主编，由蒋华、谭良熠、常祖国担任副主编，由农色兵、李小军、周江、张中南、白江、王国庆、蒋华、李黎、黄慧、王春鹏、杨帆共同编著而成。由于编者水平有限，加之时间仓促，书中难免存在疏漏之处，敬请广大读者提出宝贵的意见。

编　者

2025 年 3 月

目录

CONTENTS

第1章

初识PHP

知识导读

PHP 作为一种高级语言，经过二十多年的发展，已经可以应用在 TCP/UDP 服务、高性能 Web、WebSocket 服务以及物联网、实时通信、游戏、微服务等非 Web 领域的系统研发。本章简要介绍 PHP 的发展历史、特点和资源，并介绍 PHP 开发环境搭建、安装和配置。

学习目标

- 了解 PHP 的发展历史、特点和资源。
- 了解 PHP 开发环境的搭建。
- 掌握 PHP 的安装和配置。
- 掌握应用集成包快速搭建 PHP 环境。

1.1 PHP 简介

PHP(Hypertext Preprocessor，超文本预处理器)是在服务器端执行的脚本语言，主要用于 Web 开发并可嵌入 HTML 中。PHP 的语法参考了 C 语言，吸收了 Java 和 Perl 等多个语言的特色，发展出了自己的特色。PHP 同时支持面向对象和面向过程的开发，非常灵活。

1.1.1 PHP 的发展历史

PHP 是一个拥有众多开发者的开源软件项目。PHP 最初是 Personal Home Page(个人主页)的缩写，后来更名为 Hypertext Preprocessor。PHP 是在 1994 年由 Rasmus Lerdorf 设计的，最初只是一个用 Perl 语言编写的小程序，用于统计他自己的网站访问者数量。后来他重新用 C 语言编写了这个程序，同时可以访问数据库，1995 年，他发布了第一个版本——PHP1。此后，越来越多的网站开始使用 PHP1，并且强烈要求增加一些特性，如循环语句和数组变量等。PHP2 加入了对 MysQL 的支持。

Andi Gutmans 和 Zeev Suraski 在开发电子商务程序时发现 PHP2 的功能有明显不足，于是他们重写了代码，发布了 PHP3。PHP3 是接近现在的 PHP 语法结构的第一个版本，它最突出的特点是可扩展性。PHP3 的新功能和广泛的第三方数据库、API 的支持使得它成为真正的编程语言。

PHP3 发布不久，Andi Gutmans 和 Zeev Suraski 又重新编写了 PHP 代码，目标是提高复杂程序运行时的性能和增强 PHP 自身代码的模块性。经过不懈努力，Zend 引擎研发成功，并在 1999 年引入 PHP。基于该引擎并结合了更多新功能的 PHP4 于 2000 年 5 月正式发布。除了更高的性能以外，PHP4 还包含一些关键功能，比如，支持更多的 Web 服务器，支持 HTTP 会话，具有输出缓冲，新增了一些语法结构。

PHP5 于 2004 年 7 月正式发布，它的核心是 Zend 引擎 2 代（PHP7 是 Zend 加强版 3 代），引入了新的对象模型和大量新功能，开始支持面向对象编程。PHP6 经历了长时间的开发，最终没有正式推出。2015 年 12 月，PHP 7 正式发布，其性能比上一个正式发布的版本 PHP5.6 大为提升。PHP7 的成功发布让很多核心开发成员回归到 PHP 社区，并且在 2020 年 11 月发布了 PHP8。和 PHP7 相比，PHP8 对各种变量和运算采用了更严格的验证判断模式。

PHP 作为一种高级语言，在设计体系上属于 C 语言体系，它可以让初学者快速入门。

对于中小型项目，PHP 是十分适合的高级编程语言。但是对于较大的和较复杂的项目，最常见的 PHP-FPM 编程模式就显现出它的薄弱了。针对 PHP-FPM 暴露的一系列缺点，PHP7.4 提供了预加载（preloading）机制，实现了部分程序常驻内存，获取了不错的性能提升。PHP8 提供了高效的 JIT（Just-In-Time，即时编译）运算支持。另外，有经验的开发者可以转向难度更高的 PHP-CLI 编程，它能解决 PHP 面临的大部分系统性能问题。PHP7 和 PHP8 都支持这种模式的编程。

PHP 各版本的情况如表 1-1 所示。

表 1-1　PHP 各版本的情况

版本	发布日期	新的特性
1.0	1995-6-8	
2.0	1996-4-16	速度更快，体积更小，更容易开发动态网页
3.0	1998-6-6	Andi Gutmans 和 Zeev Suraski 重写了底层代码，支持可扩展组件
4.0	2000-5-22	增加了 Zend 引擎，支持更多的 Web 服务器，支持 HTTP 会话，具有输出缓冲，用户输入更安全，新增了一些语法结构
4.1	2001-12-10	加入了 superglobal（超全局）的概念，即 $_GET、$_POST 等
4.2	2002-4-22	默认禁用 register_globals
4.3	2002-12-27	引入了命令行界面
4.4	2005-7-11	修复了一些致命错误
5.0	2004-7-13	Zend 引擎升级到第二代，开始支持面向对象编程
5.1	2005-11-24	引入了编译器以提高性能，增加了 PDO 作为访问数据库的接口
5.2	2006-11-2	默认启用过滤器扩展
5.3	2009-6-30	支持命名空间，使用 XMLReader 和 XMLWriter 增强 XML 支持，支持 SOAP、延迟静态绑定、跳转标签（有限的 goto）、闭包，PHP-FPM 在 PHP5.3.3 版本中成为正式组件
5.4	2012-3-1	支持 Trait、简短数组表达式。移除了 register_globals、safe_mode、allow_call_time_pass_reference、session_register、session_unregister、magic_quotes 以及 session_is_registered。加入了内建的 Web 服务器。增强了性能，减小了内存使用量
5.5	2013-6-20	支持 generators，增加了用于异常处理的 finally，将 OpCache（基于 Zend Optimizer+）加入了官方发布的正式版本中

续表

版本	发布日期	新的特性
5.6	2014-8-28	扩展了包含常数标量表达式、可变参数函数、参数拆包、新的求幂运算符、函数和常量的 use 语句，新的 phpdbg 调试器成为 SAPI 模块。使用 php://input 替代了 $HTTP_RAW_POST_DATA，废弃了 iconv 和 mbstring 配置选项中和编码相关的选项
6.x		未正式发布
7.0	2015-12-3	Zend 引擎升级到第三代，整体性能是 PHP5.6 的 2 倍。移除了 ereg、mssql、mysql、sybase_ct 这 4 个扩展。引入了类型声明，有强制(默认)和严格两种模式。支持匿名类
7.1	2016-12-1	新增 void 返回值类型、类常量、可见性修饰符。新增可为空(Nullable)类型。新增短数组语法。支持多异常捕获处理。废弃了 mcrypt 扩展，用 OpenSSL 取代
7.2	2017-11-30	GD 扩展中的 png2wbmp 和 jpeg2wbmp 被废弃。新增了对象参数和返回类型提示、抽象方法重写等
7.3	2018-12-6	更灵活的 Heredoc 和 Nowdoc 语法。废弃了大小写不敏感的常量声明。在字符串中搜索非字符串内容都将被视为字符串，而不是 ASCII 编码值
7.4	2019-11-28	新增预加载机制，改进了 OpenSSL、弱引用等。新增属性添加限定类型、有限返回类型协变与参数类型逆变、数值文字分隔符，为过渡到 PHP8 作了准备
8.0.0	2020-11-26	JIT(Just-In-Time，即时编译)，新增 static 返回类型、mixed 类型、命名参数和注释。不再允许通过静态方式调用非静态方法。字符串与数字比较时，首先将数字转为字符串

1.1.2 PHP 的运行模式

PHP 常见的运行模式有两种，分别是 PHP-FPM 和 PHP-CLI。当 PHP 选择运行在 PHP-FPM 模式下时，所有的变量都是页面级的，无论是全局变量还是类的静态成员，都会在页面执行完毕后被清空。当 PHP 选择运行在 PHP-CLI 模式下时，可以实现程序常驻内存，各种变量和数据库连接都能长久保存在内存中，实现资源复用，性能可以得到很大的提升。PHP-CLI 模式下的开发比较复杂，但是能够获取更高的性能，对开发者的要求也比较高。常用的模式是结合 Swoole 组件编写 CLI 框架，各种变量能保存在跨进程的高性能共享内存 Table 中，可以开发出支持热启动的各类应用系统。

PHP-FPM 在 PHP 5.3.3 版本中成为官方正式组件。它提供了稳定可靠的进程管理服务，进程不足时可以智能地扩充进程数量，进程闲置时可以自动回收(销毁)多余的进程。同时，它对程序的容错能力很强大，运行非常稳定，可以满足企业级开发需求。PHP-FPM 采用的页面级生命周期使各种资源用完即释放，不存在内存泄漏的问题。PHP-FPM 也提供了一些常驻内存的技术支持，例如 PHP7.4 引入的 opcache.preload 也能实现局部的 PHP 类和函数常驻内存，不过这个方法不够灵活，和服务器配置关联得太紧了。

PHP-CLI 因为能实现各类资源常驻内存，所以可以实现资源复用，更高效地完成多进程编程和异步编程，可以开发出负载能力更强的应用系统。但是相对于 PHP-FPM 的简单编程开发，在采用 PHP-CLI 模式时，开发者要注意很多事项并且需要做很多附加的控制器开发，否则就无法实现期待中的高性能。

1.1.3 PHP 的特点

PHP 有以下几个主要特点。

1. 开源免费

PHP是一个使用者规模大并且拥有众多开发者的开源软件项目，Linux + Nginx + MySQL + PHP是它的经典安装部署方式，相关的软件都是开源免费的，所以使用PHP可以节省很多授权费用。不过，作为一个开源软件，PHP缺乏大型科技公司的支持背景，网络上对它的批评也是经久不衰。不过，它的持续迭代和性能持续增强的现实是很有说服力的。

2. 快捷高效

PHP的内核是用C语言编写的，基础好，效率高，可以用C语言开发高性能的扩展组件。PHP的核心包含了1000多个内置函数，功能很全面，开箱即用，程序代码简洁。PHP数组支持动态扩容，支持以数字、字符串或者混合键名关联的数组，能大幅提高开发效率。PHP是一门弱类型语言，程序编译通过率高，相对于其他强类型语言开发效率高。PHP在PHP-FPM运行模式下覆盖代码文件即可完成热部署。PHP经过20多年的发展，在互联网上可以找到海量的参考资料供参考学习。

3. 性能持续提升

PHP版本越高，整体性能越好。根据PHP官方介绍，PHP7.0.0的性能比PHP5.6提升了一倍，PHP7.4比PHP7.0提升了约30%，PHP8.0比PHP7.4又提升了10%。PHP8.0引入了JIT编译器特性，同时加入多项新的语言功能，例如命名参数、联合类型、注解、构造函数属性提升(Constructor Property Promotion)、match表达式、nullsafe运算符以及对类型系统、错误处理和一致性的改进。PHP拥有自己的核心开发团队，保持5年发布一个大版本、1个月发布两个小版本的更新频率，2024年4月推出的版本是PHP8.3.7。

4. 跨平台

每个平台都有对应的PHP解释器版本。用PHP开发的程序可以不经修改运行在Windows、Linux、UNIX等多个操作系统上。

5. 常驻内存

在PHP-CLI模式下可以实现程序常驻内存，各种变量和数据库连接都能长久保存在内存中，实现资源复用。

6. 页面级生命周期

在PHP-FPM模式下，所有变量的生命周期都是页面级的，无论是全局变量还是类的静态成员，都会在页面执行完毕后被清空，对程序员的开发经验要求低，占用内存非常少，特别适合中小型系统的开发。

1.1.4 PHP的资源

PHP的主要开发资源如下。

1. WordPress内容管理系统

WordPress内容管理系统(Content Management System，CMS)功能强大，扩展性强，易于扩充功能。利用它搭建的博客对SEO搜索引擎友好，收录快，排名靠前。WordPress有强大的社区支持，有上千万名开发者贡献和审查内容。

2. Hyperf

Hyperf是一个基于Swoole的高性能、高灵活性的渐进式PHP协程(coroutine)框架，内置协程服务器及大量常用的组件，性能较传统基于PHP-FPM的框架有质的提升。

Hyperf 在提供超高性能的同时，也保持着极其灵活的可扩展性，标准组件均基于 PSR(PHP Standard Recommendations，PHP 标准推荐规范)实现，采用强大的依赖注入设计，保证了绝大部分组件或类都是可替换与可复用的。

3. ThinkPHP

ThinkPHP 是一个快速、兼容而且简单的轻量级国产 PHP 开发框架，诞生于 2006 年年初，遵循 Apache 2 开源协议发布。它具有简洁实用、出色的性能和至简的代码，注重易用性，并且拥有众多原创功能和特性，在社区团队的积极参与下，在易用性、可扩展性和性能方面不断优化和改进。

4. Drupal

Drupal 诞生于 2000 年，是一个基于 PHP 编写的开发型 CMF(Content Management Framework，内容管理框架)。Drupal 的架构由 3 部分组成：内核、模块、主题，三者通过 Hook 机制紧密联系起来。Drupal 可自由配置，能支持从个人博客到大型社区等各种应用的网站项目。

5. EasySwoole

EasySwoole 是一款常驻内存型的国产分布式 Swoole 框架，支持同时混合监听 HTTP、WebSocket、自定义 TCP/UDP，且拥有丰富的组件，例如协程连接池、协程 Kafka 客户端、协程 ElasticSearch 客户端、协程 Redis 客户端、协程自定义队列、协程 Memcached 客户端、协程 HTTP 客户端、Crontab 定时器等。

6. Laravel

Laravel 是一套简洁、优雅的 PHP Web 开发框架。它可以让开发者从代码中解脱出来，轻松地构建网络 APP。它的代码简洁、富于表达力。

7. CakePHP

CakePHP 在设计层面简洁、优雅，没有自带的库，所有功能都是纯粹的框架，执行效率较高。

8. imi

imi 是长连接分布式微服务 PHP 框架，可以运行在 PHP-FPM、Swoole、Workerman 等多种容器环境下。

1.2 PHP 开发环境的搭建

搭建 PHP 开发环境的方法有很多种，主要分为独立安装和集成安装两种，独立安装需要分别安装并配置 Apache、MySQL 和 PHP 等软件，而集成安装只需要下载并安装一个软件安装包(如 PHPStudy、WampServer、AppServ、EasyPHP、XAMPP 等)就可以了。

1.2.1 在 Windows 下搭建 PHP 开发环境

(1) 准备工作。下载所需软件：

- Apache。安装文件为 httpd-2.2.22-win32-x86-openssl-0.9.8t.msi。
- PHP。安装文件为 php-5.3.10-Win32-VC9-x86.zip。
- MySQL。安装文件为 mysql-5.5.20-win32.msi。

(2) 在 Windows 下安装 Apache 服务器。

双击已下载的 Apache 安装文件，安装 Apache 服务器，与安装其他 Windows 软件类似。在填写服务器信息(Server Infomation)时，并没有特殊规定，只要输入的信息符合格式要求即可。安装过程如图 1-1～图 1-5 所示。

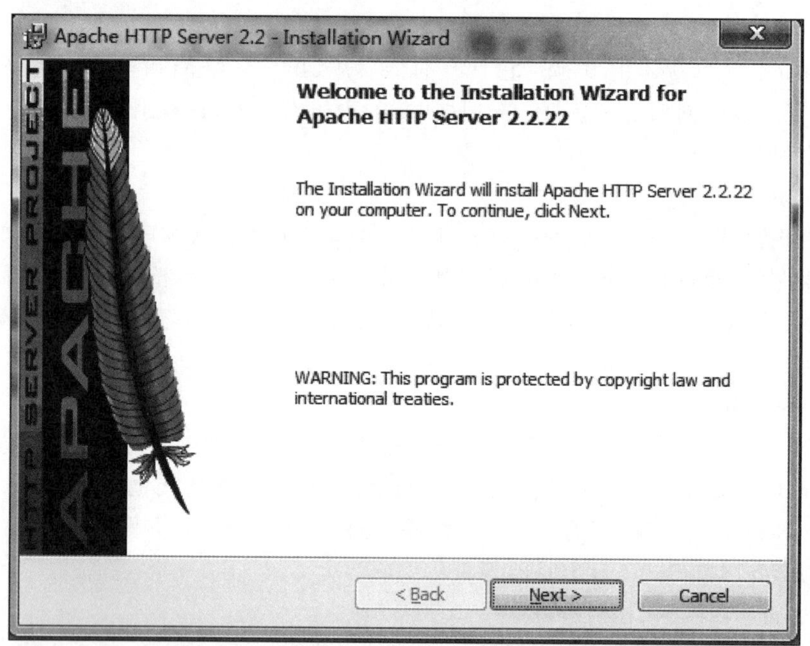

图 1-1 在 Windows 下安装 Apache 服务器(一)

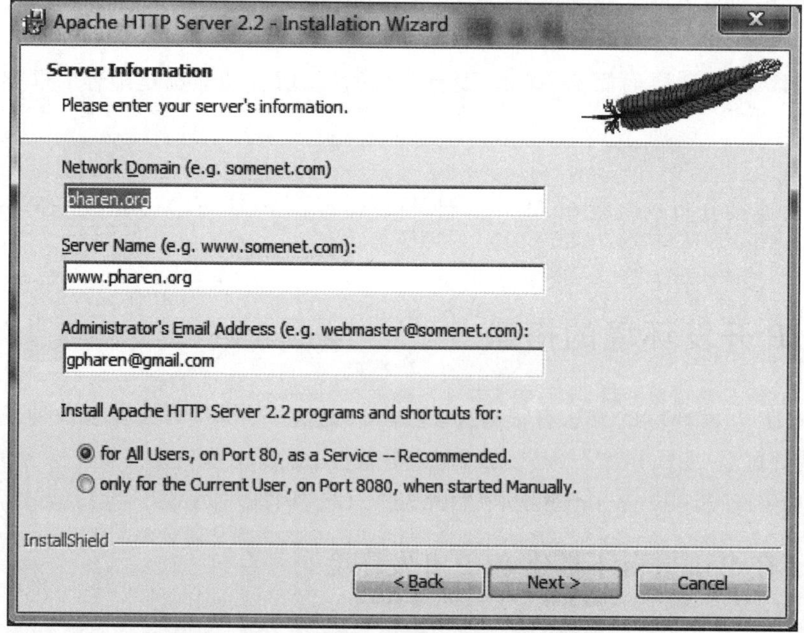

图 1-2 在 Windows 下安装 Apache 服务器(二)

安装完成之后，在浏览器地址栏中输入 http://localhost，如果显示“It works!”，表示 Apache 服务器安装成功，如图 1-6 所示。

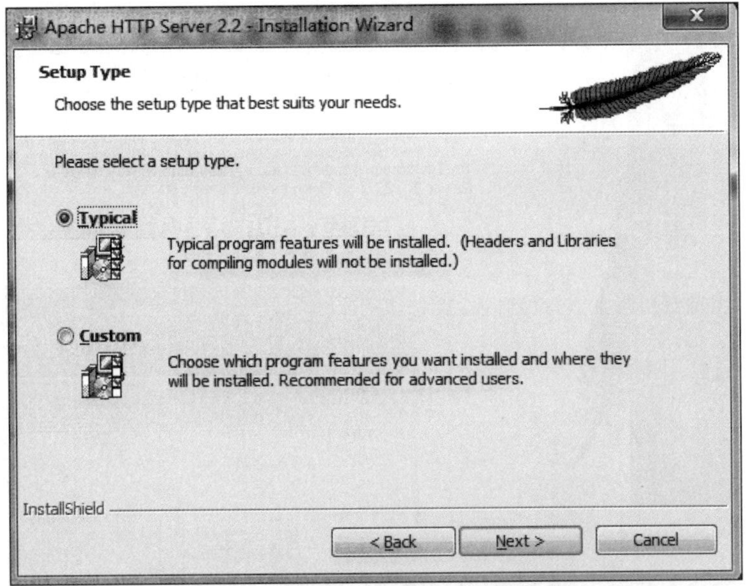

图 1-3　在 Windows 下安装 Apache 服务器(三)

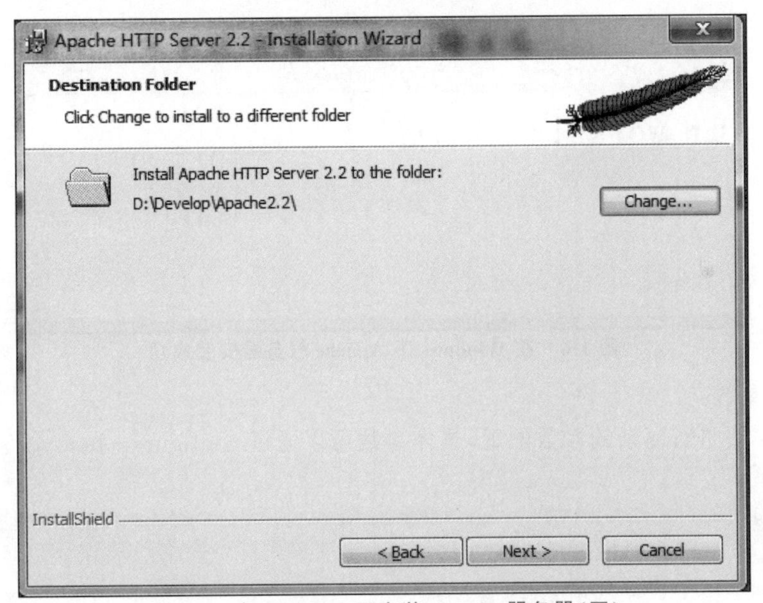

图 1-4　在 Windows 下安装 Apache 服务器(四)

1.2.2　在 Linux 下搭建 PHP 开发环境

PHP 和 Apache 等在 Linux 下要采用编译安装方式进行安装，然而编译安装方式需要 C、C++ 编译环境。这里通过 apt 方式安装 build-essential，命令如下：

```
$ sudo apt-get install build-essential
```

编译安装的步骤如下：

(1) 编译配置：

```
$ ./configure --xxx
```

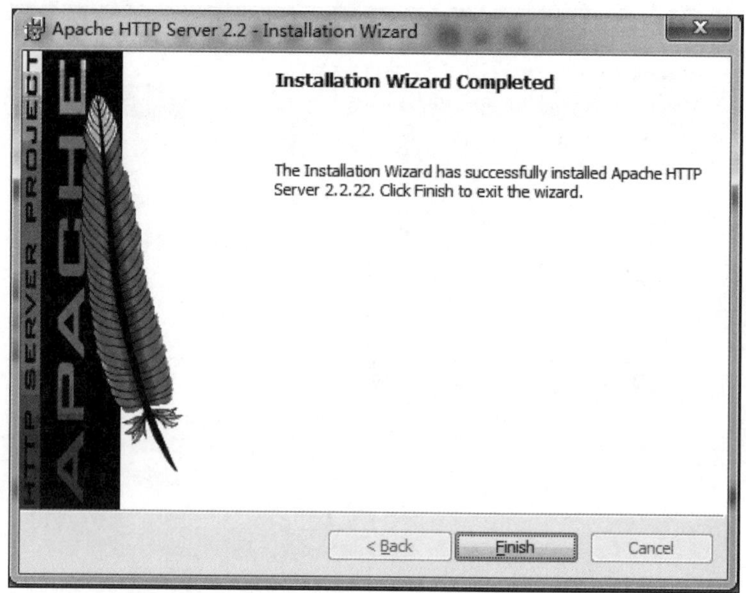

图 1-5 在 Windows 下安装 Apache 服务器(五)

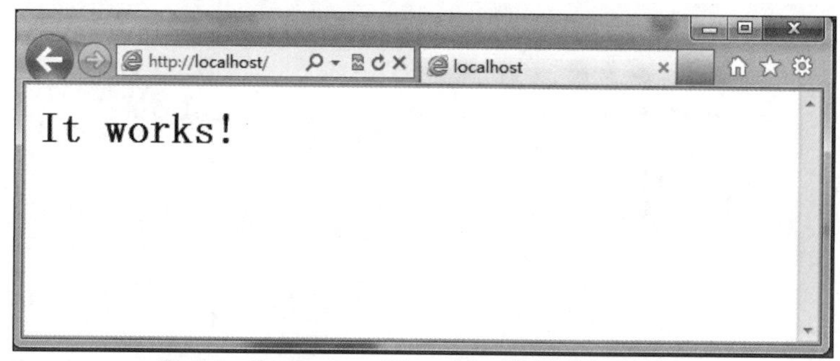

图 1-6 在 Windows 下 Apache 服务器安装成功

其中,xxx 为参数。

该过程需要进行复杂的参数配置,具体参数可以通过 configure --help 命令查看。

(2) 编译:

```
$ make
```

(3) 安装:

```
$ sudo make install
```

在 Linux 下安装 Apache 服务器的步骤如下:

(1) 下载 httpd-2.2.11.tar.gz。

(2) 解压:

```
tar zxvf httpd-2.2.11.tar.gz
```

在执行 tar 命令的路径下会产生一个名为 httpd-2.2.11 的目录。

(3) 查看编译的配置信息。切换到解压之后的 httpd-2.2.11 目录,执行以下命令:

```
./configure --help
```

通过本步骤可以了解有哪些可以安装的模块以及安装配置信息。

(4) 进行编译配置:

```
$ ./configure --prefix=/usr/local/apache2 \        (指定安装目录)
--enable-so \                                      (允许使用外部 so 模块)
--with-mpm=prefork                                 (URL 请求跳转策略)
```

(5) 编译:

```
$ make
```

(6) 安装:

```
$ sudo make install
```

使用 sudo 命令是因为要安装的路径/usr/local/apache2 不属于个人路径。

(7) 测试。修改 httpd.conf,将 # ServerName www.example.com:80 修改为 ServerName 127.0.0.1:80。

启动:

```
sudo ./apachectl -k start
```

停止:

```
sudo ./apachectl -k stop
```

重新启动:

```
sudo ./apachectl -k restart
```

该命令有时无效,可以用 stop+start 代替。

1.3 PHP 的安装和配置

1.3.1 在 Windows 下安装 PHP

在 Windows 下安装 PHP 的步骤如下:

(1) 安装 PHP。将 php-5.3.10-Win32-VC9-x86.zip 解压到一个目录下即可。

(2) 安装 MySQL。双击已下载的 MySQL 安装文件启动 MySQL 的安装。如果需要更改安装目录,则在 Choose Setup Type 界面中选择 Custom(自定义)安装类型。MySQL 的安装过程如图 1-7~图 1-9 所示。

安装完成后,开始配置 MySQL,全部保持默认选项即可,但最好把 MySQL 默认编码改为 utf8,如图 1-10 所示。单击 Next 按钮,在 Modify Security Settings 选项中设置密码,如图 1-11 所示,最后单击 Execute 按钮完成配置。

1.3.2 在 Linux 下安装 PHP

在 Linux 下安装 PHP 的步骤如下:

(1) 下载 php-5.2.8.tar.gz。

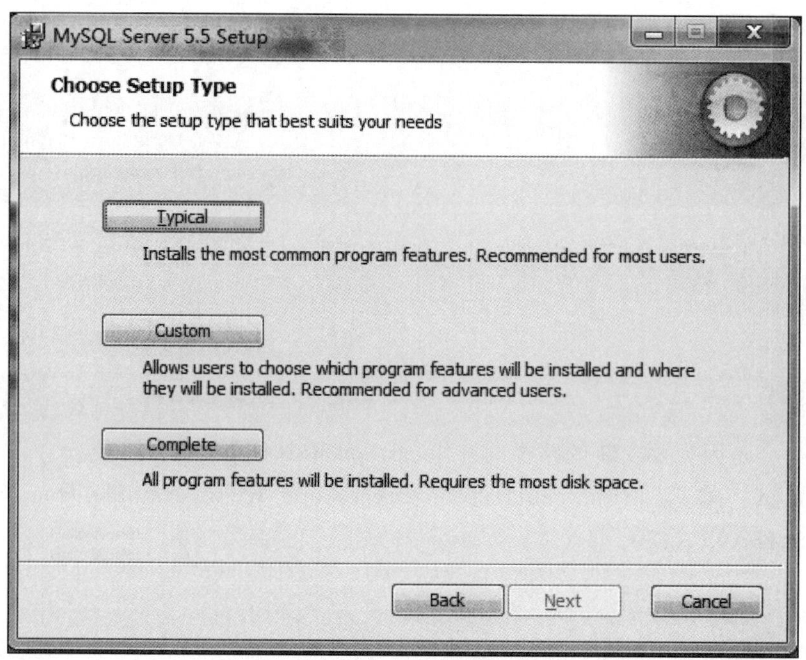

图 1-7　在 Windows 下安装 PHP(一)

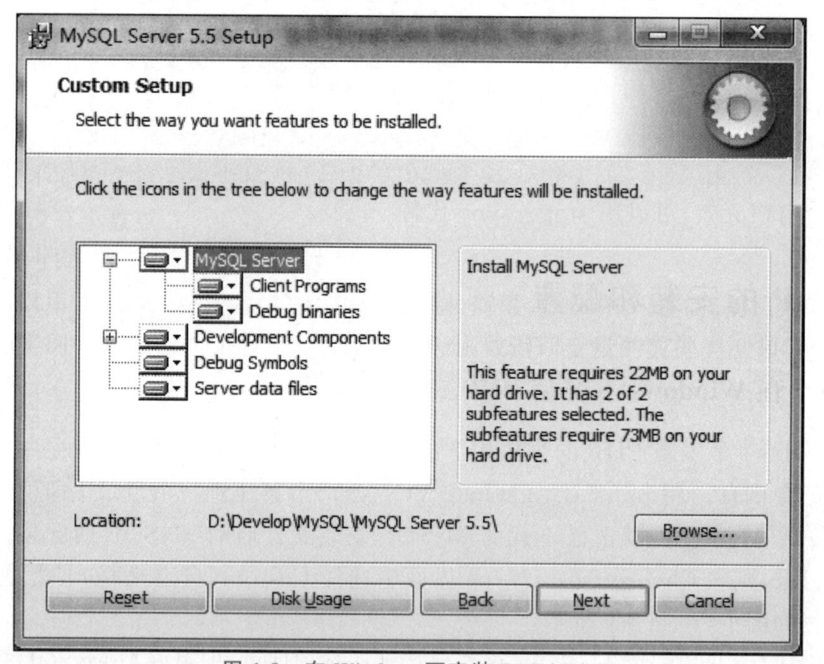

图 1-8　在 Windows 下安装 PHP(二)

(2) 将下载的文件解压,命令为 tar zxvf php-5.2.8.tar.gz。

(3) 查看编译的配置信息。切换到解压之后的 httpd-2.2.11 目录,执行以下命令:

```
./configure --help
```

通过本步骤可以了解有哪些可以安装的模块以及配置信息。查看手册也可以了解相关信息。

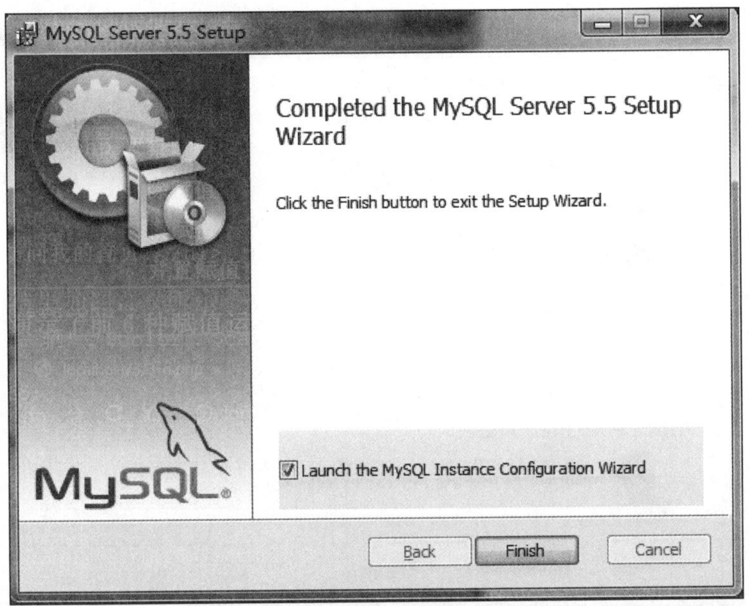

图 1-9 在 Windows 下安装 PHP(三)

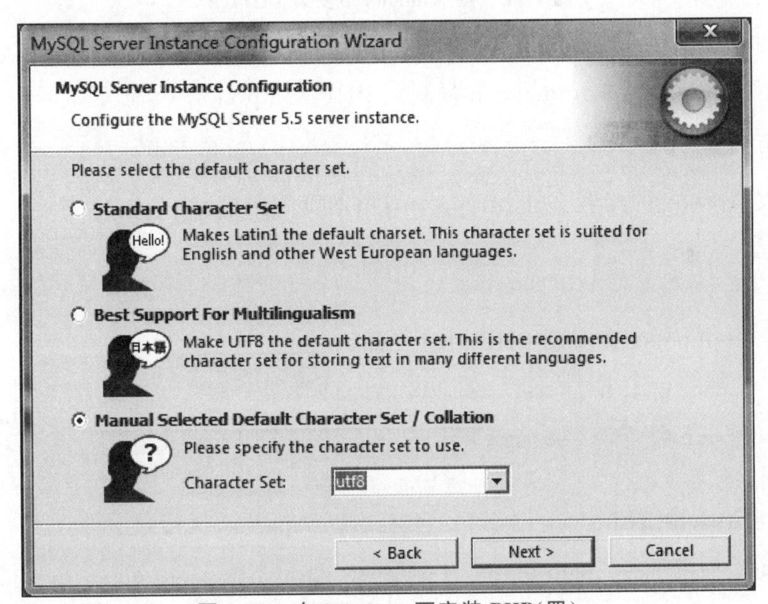

图 1-10 在 Windows 下安装 PHP(四)

(4) 编译配置:

```
./configure --prefix=/home/guandl/webenv/php528 \
--enable-mbstring \
--with-apxs2=/usr/local/apache2/bin/apxs
```

(5) 执行 make 命令对安装文件进行编译。

(6) 安装命令如下:

```
sudo make install
```

至此 PHP 安装完毕。

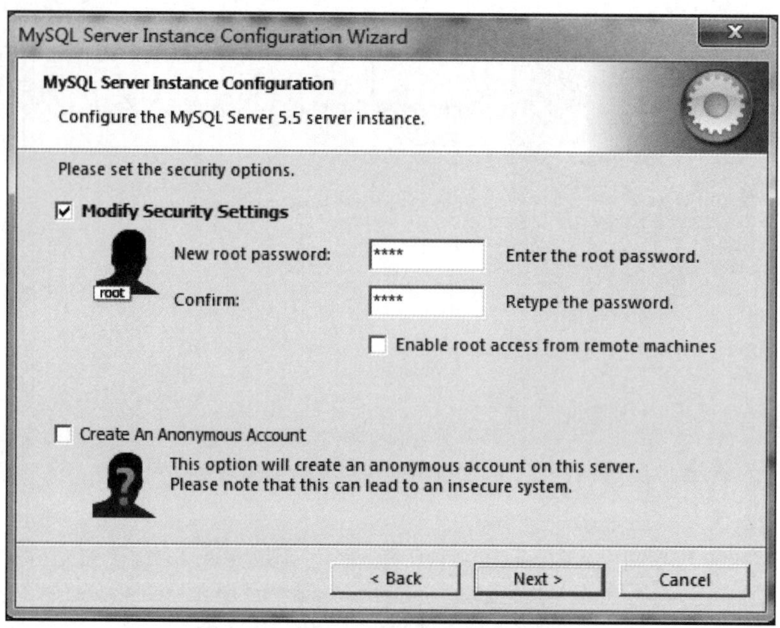

图 1-11 在 Windows 下安装 PHP(五)

(7) 复制 php.ini。因为安装后 PHP 的 lib 目录下没有 PHP 的配置文件,需要把 httpd-2.2.11 目录下的 php.ini-recommended 复制到 PHP 的 lib 目录下,命令如下:

```
sudo cp php.ini-recommended /home/guandl/webenv/php528/lib/php.ini
```

(8) 修改 Apache 的配置文件 httpd.conf,增加以下内容:

```
LoadModule php5_module
AddType application/x-httpd-php .php
```

modules/libphp5.so 在安装 PHP 时已经自动生成了。

(9) 测试。编写一个 PHP 文件,如 any.php,内容如下:

```
phpinfo();
?>
```

将其放到 Apache 的 htdocs 目录下。重新启动 Apache,执行该文件:

```
http://127.0.0.1/any.php
```

1.4 应用集成包快速搭建 PHP 环境

初学者为了快速入门,只需要掌握集成安装方法。

1.4.1 phpStudy 调试环境集成包安装

phpStudy 调试环境集成包集成了最新的 Apache、Nginx、LightTPD、PHP、MySQL、PHPMyAdmin、Zend Optimizer 和 Zend Framework Loader,一次性安装,无须配置即可使用,是非常方便且好用的 PHP 开发环境。

下载 phpStudy 的安装包，本书选用的是 phpstudy_x64_8.1.1.2.exe，解压后安装 phpStudy，安装过程中更换安装路径为 D:\ phpstudy_pro，安装主界面如图 1-12 所示。

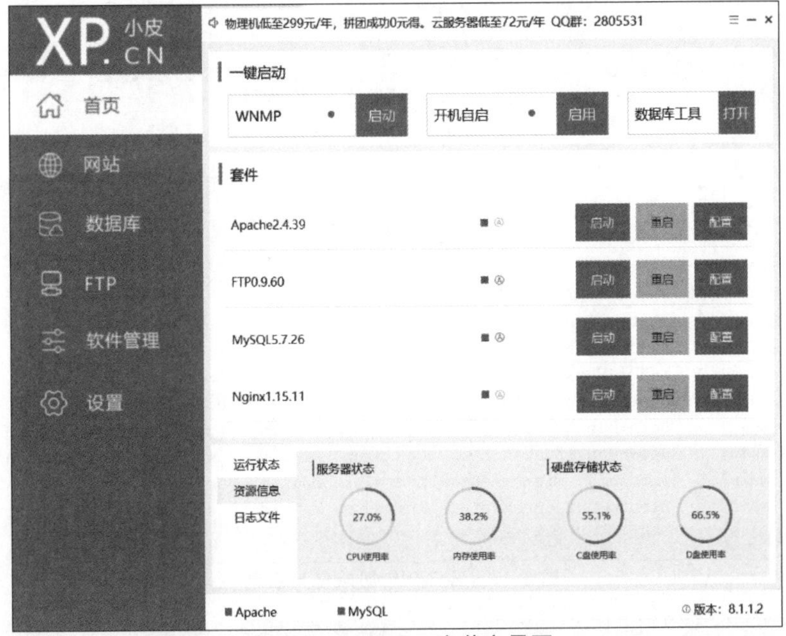

图 1-12 phpStudy 安装主界面

1.4.2 XAMPP 建站集成软件包安装

XAMPP(Apache+MySQL+PHP+Perl)是一个功能强大的建站集成软件包。它可以在 Windows、Linux、Solaris、macOS 等多种操作系统下安装和使用，支持英文、简体中文、繁体中文、韩文、俄文、日文等语言。

XAMPP 是一个易于安装且包含 MySQL、PHP 和 Perl 的 Apache 发行版，非常容易安装和使用。

Windows Vista 用户请注意：由于对 Windows Vista 默认安装的 C:\program files (x86)目录没有足够的写权限，建议用户为 XAMPP 安装创建新的路径，如 C:\xampp 或 C:\myfolder\xampp。

XAMPP 安装文件下载地址为 https://www.apachefriends.org/zh_cn/download.html。

进入 XAMPP 下载页面后，选择对应的操作系统版本下载，本书的操作系统为 Windows。

下载后可根据提示一步步进行安装。本书的软件安装目录为 D:\XAMPP。

注意：安装路径最好放置到 D 盘，不要放置到系统盘。

接下来进行初始化与启动。

双击安装目录内的 setup_xampp.bat 初始化 XAMPP。然后运行 xampp-control.exe，可以启动或停止 Apache、MySQL 等各个模块并可将其注册为服务，如图 1-13 所示。

接下来配置 Apache。单击 Apache 右侧的 Config 按钮，在弹出的菜单中选择 Apache (httpd.conf)，如图 1-14 所示。

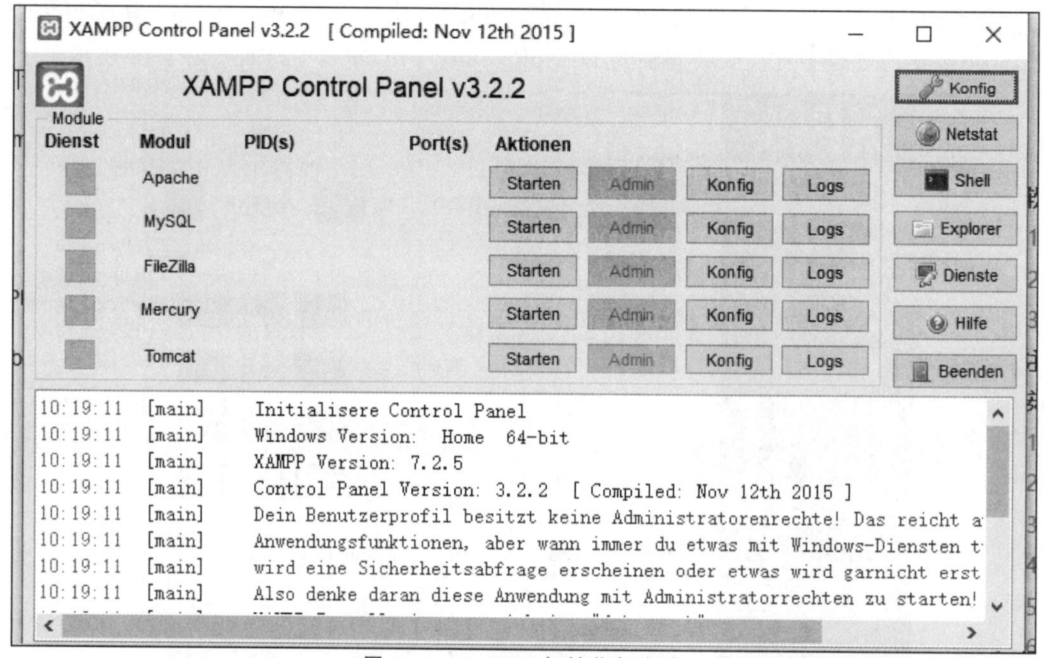

图 1-13 XAMPP 初始化与启动

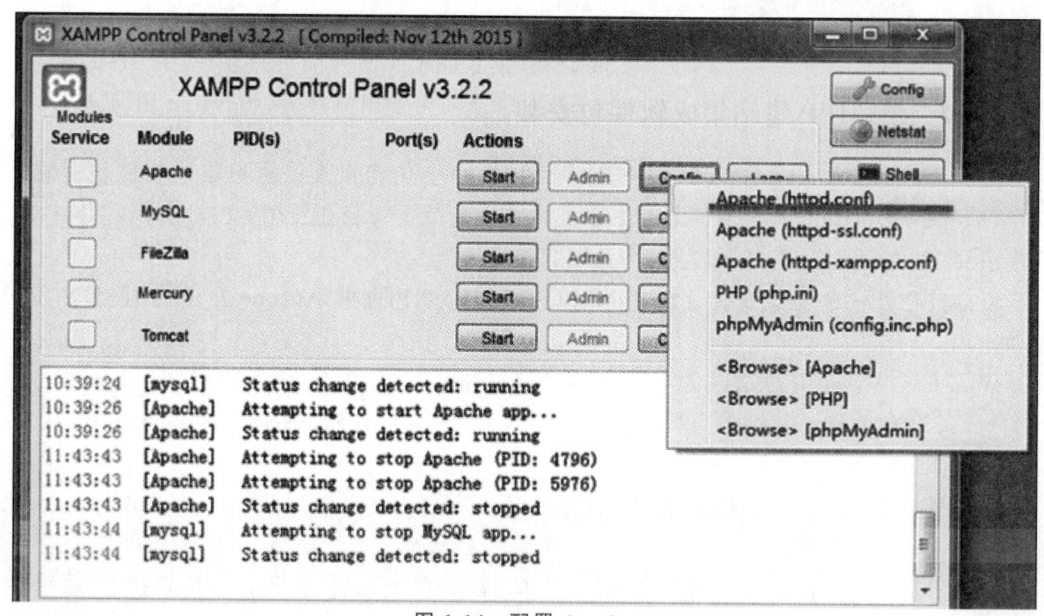

图 1-14 配置 Apache

把 httpd.conf 中的 80 端口全部修改为 8081，否则会与默认的 80 端口产生冲突，严重时可能导致浏览器不能正常工作(图 1-15)。

注意：没有更改 Apache 的端口时，使用的是 http://localhost 访问 XAMPP 主页；更改后(假设 80 改为 8081)，则使用 http://localhost:8081 访问 XAMPP 主页。

打开 httpd-ssl.conf 文件，按照图 1-16 所示修改端口配置。

接下来配置 MySQL。单击 MySQL 右侧的 Config 按钮，在弹出的菜单中选择 my.ini，如图 1-17 所示。

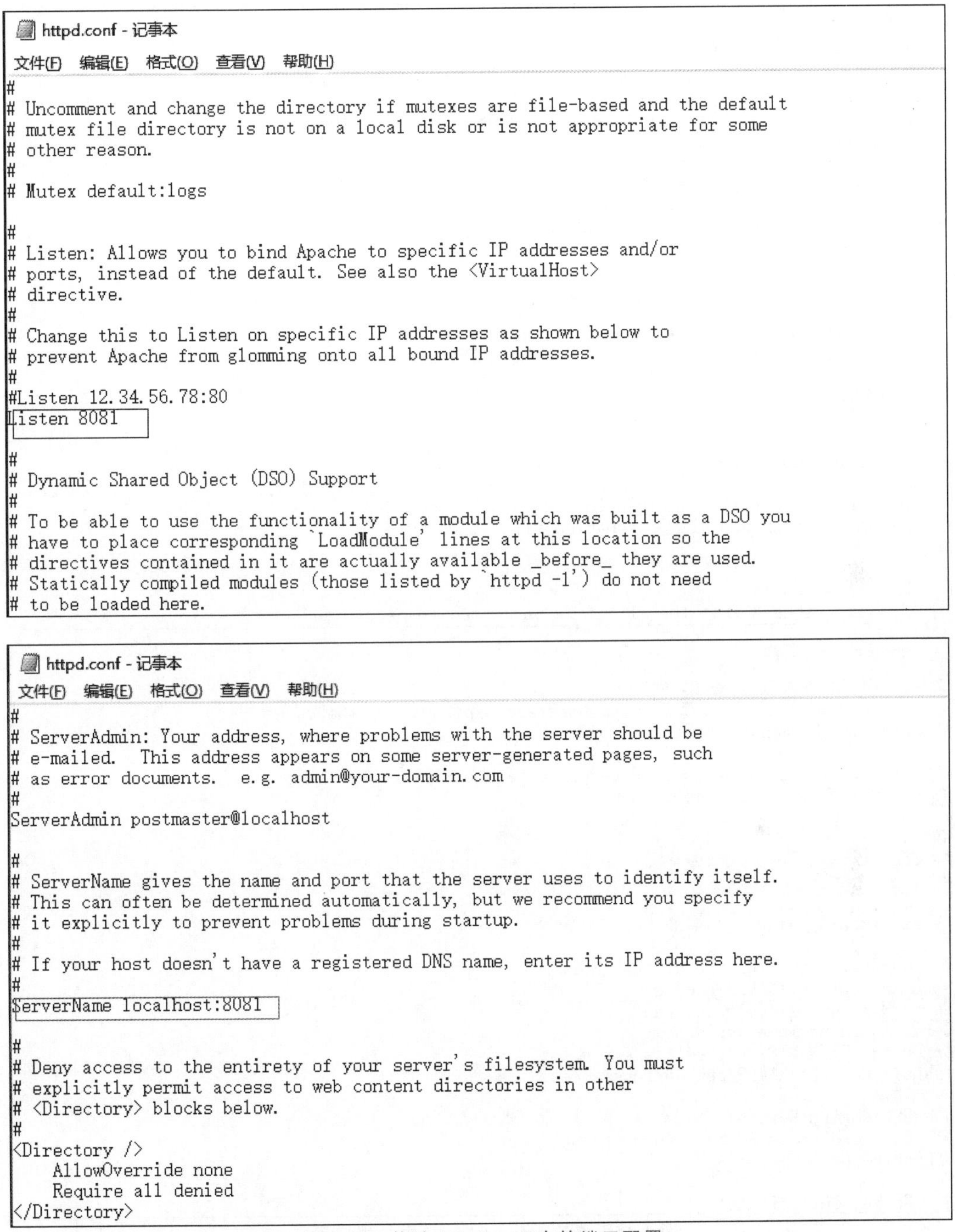

```
httpd.conf - 记事本
文件(F)  编辑(E)  格式(O)  查看(V)  帮助(H)
#
# Uncomment and change the directory if mutexes are file-based and the default
# mutex file directory is not on a local disk or is not appropriate for some
# other reason.
#
# Mutex default:logs

#
# Listen: Allows you to bind Apache to specific IP addresses and/or
# ports, instead of the default. See also the <VirtualHost>
# directive.
#
# Change this to Listen on specific IP addresses as shown below to
# prevent Apache from glomming onto all bound IP addresses.
#
#Listen 12.34.56.78:80
Listen 8081

#
# Dynamic Shared Object (DSO) Support
#
# To be able to use the functionality of a module which was built as a DSO you
# have to place corresponding `LoadModule' lines at this location so the
# directives contained in it are actually available _before_ they are used.
# Statically compiled modules (those listed by `httpd -l') do not need
# to be loaded here.
```

```
httpd.conf - 记事本
文件(F)  编辑(E)  格式(O)  查看(V)  帮助(H)
#
# ServerAdmin: Your address, where problems with the server should be
# e-mailed.  This address appears on some server-generated pages, such
# as error documents.  e.g. admin@your-domain.com
#
ServerAdmin postmaster@localhost

#
# ServerName gives the name and port that the server uses to identify itself.
# This can often be determined automatically, but we recommend you specify
# it explicitly to prevent problems during startup.
#
# If your host doesn't have a registered DNS name, enter its IP address here.
#
ServerName localhost:8081

#
# Deny access to the entirety of your server's filesystem. You must
# explicitly permit access to web content directories in other
# <Directory> blocks below.
#
<Directory />
    AllowOverride none
    Require all denied
</Directory>
```

图 1-15　修改 httpd.conf 中的端口配置

把 my.ini 中的 3306 改为 3316(如果与默认的 3306 端口不冲突,可以不修改)。

把 my.ini 中的字符集改为 utf8,即删除原来在行首的注释符(如果不配置 utf8,中文会显示为乱码)。

另外,MySQL 数据库也需要设置字符集,默认字符集为 latin1,在数据库中会造成中文乱码,在创建数据库和数据表时都要注意使用 utf8 字符集(图 1-18)。

单击 Start 按钮,启动 Apache 服务器和 MySQL 服务器,如图 1-19 所示。Apache 默认

```
httpd-ssl.conf - 记事本
文件(F)  编辑(E)  格式(O)  查看(V)  帮助(H)
 it requires to make more entropy available). But usually those
 platforms additionally provide a /dev/urandom device which doesn't
 block. So, if available, use this one instead. Read the mod_ssl User
 Manual for more details.

SSLRandomSeed startup file:/dev/random  512
SSLRandomSeed startup file:/dev/urandom 512
SSLRandomSeed connect file:/dev/random  512
SSLRandomSeed connect file:/dev/urandom 512



 When we also provide SSL we have to listen to the
 standard HTTP port (see above) and to the HTTPS port

isten 4433

#
#  SSL Global Context
#
#  All SSL configuration in this context applies both to
#  the main server and all SSL-enabled virtual hosts.
#

   SSL Cipher Suite:
   List the ciphers that the client is permitted to negotiate,
```

```
httpd-ssl.conf - 记事本
文件(F)  编辑(E)  格式(O)  查看(V)  帮助(H)
#   Seconds before valid OCSP responses are expired from the cache
#SSLStaplingStandardCacheTimeout 3600

#   Seconds before invalid OCSP responses are expired from the cache
#SSLStaplingErrorCacheTimeout 600

##
## SSL Virtual Host Context
##

<VirtualHost _default_:4433>

#   General setup for the virtual host
DocumentRoot "D:/XAMPP/htdocs"
ServerName www.example.com:4433
ServerAdmin admin@example.com
ErrorLog "D:/XAMPP/apache/logs/error.log"
TransferLog "D:/XAMPP/apache/logs/access.log"

#   SSL Engine Switch:
#   Enable/Disable SSL for this virtual host.
SSLEngine on

#   Server Certificate:
```

图 1-16 修改 httpd-ssl.conf 中的端口配置

网站目录为..\xampp/htdocs。

接下来在浏览器地址栏输入 http://localhost:8081/dashboard/,若出现如图 1-20 所示的界面,则表明安装成功。

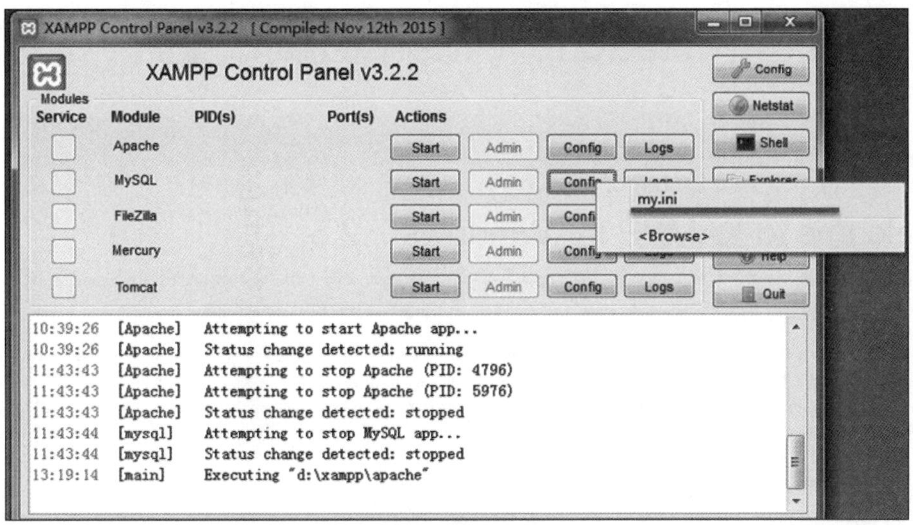

图 1-17　配置 MySQL

```
## UTF 8 Settings
#init-connect=\'SET NAMES utf8\'
#collation_server=utf8_unicode_ci
#character_set_server=utf8
#skip-character-set-client-handshake
#character_sets-dir="D:/xampp/mysql/share/charsets"
```

⇩

```
# UTF 8 Settings
init-connect=\'SET NAMES utf8\'
collation_server=utf8_unicode_ci
character_set_server=utf8
skip-character-set-client-handshake
character_sets-dir="D:/xampp/mysql/share/charsets"
```

图 1-18　修改 MySQL 的配置文件

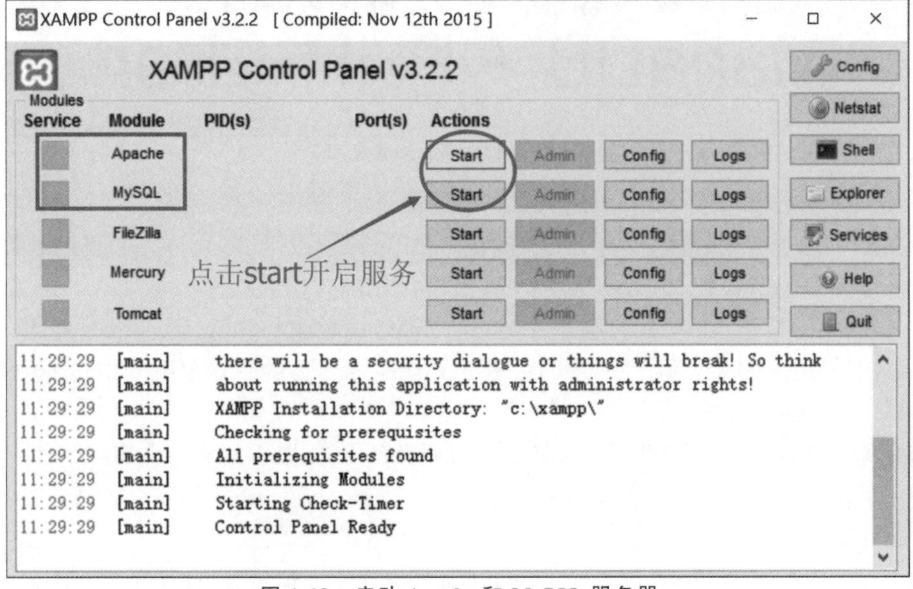

图 1-19　启动 Apache 和 MySQL 服务器

XAMPP Apache + MariaDB + PHP + Perl

Welcome to XAMPP for Windows 7.2.5

You have successfully installed XAMPP on this system! Now you can start using Apache, MariaDB, PHP and other components. You can find more info in the FAQs section or check the HOW-TO Guides for getting started with PHP applications.

XAMPP is meant only for development purposes. It has certain configuration settings that make it easy to develop locally but that are insecure if you want to have your installation accessible to others. If you want have your XAMPP accessible from the internet, make sure you understand the implications and you checked the FAQs to learn how to protect your site. Alternatively you can use WAMP, MAMP or LAMP which are similar packages which are more suitable for production.

Start the XAMPP Control Panel to check the server status.

图 1-20 安装成功界面

接下来修改 MySQL 默认密码。

按照默认的安装方式，MySQL 没有密码。可以在 XAMPP 中启动 Apache 和 MySQL 后，为 MySQL 设置密码。

在浏览器中输入 http://localhost:8081/dashboard/，打开本地管理页面，如图 1-21 所示。

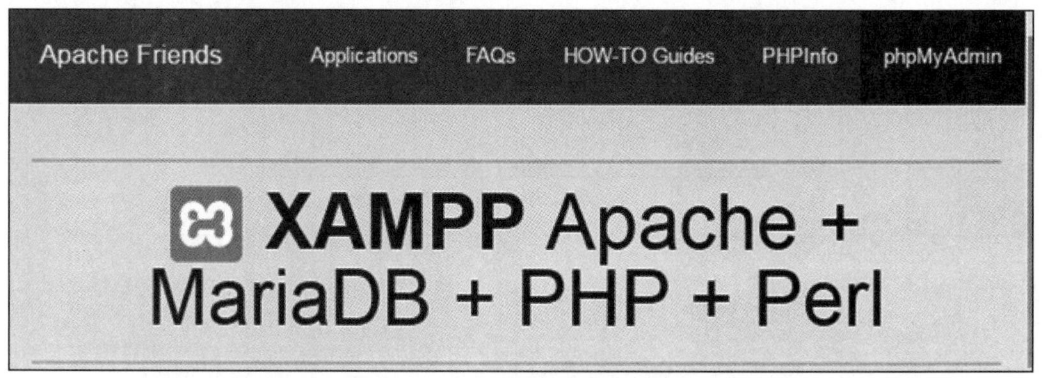

图 1-21 XAMPP 本地管理页面

单击右上角的 phpMyAdmin，进入数据库管理页面，如图 1-22 所示。

在“账户”选项卡中，可以单击 root 右侧的“修改权限”按钮，为 root 用户修改权限。

单击“修改密码”按钮，为 root 用户设置密码，如图 1-23 所示。

单击 Config 按钮，在弹出的菜单中选择 phpMyAdMin(config.inc.php)，打开 config.inc.php 文件，如图 1-24 所示。在该文件的['password'] =后的一对单引号中输入数据库密码，如图 1-25 所示。

接下来对 XAMPP 进行部署。XAMPP 有两种部署方式：

(1) 复制文件到..\xampp\htdocs 目录下，如..\xampp\htdocs\test，在浏览器中访问 localhost/test。

(2) 打开 XAMPP，在 httpd-xampp.conf 文件中建立虚拟目录，如图 1-26 所示。

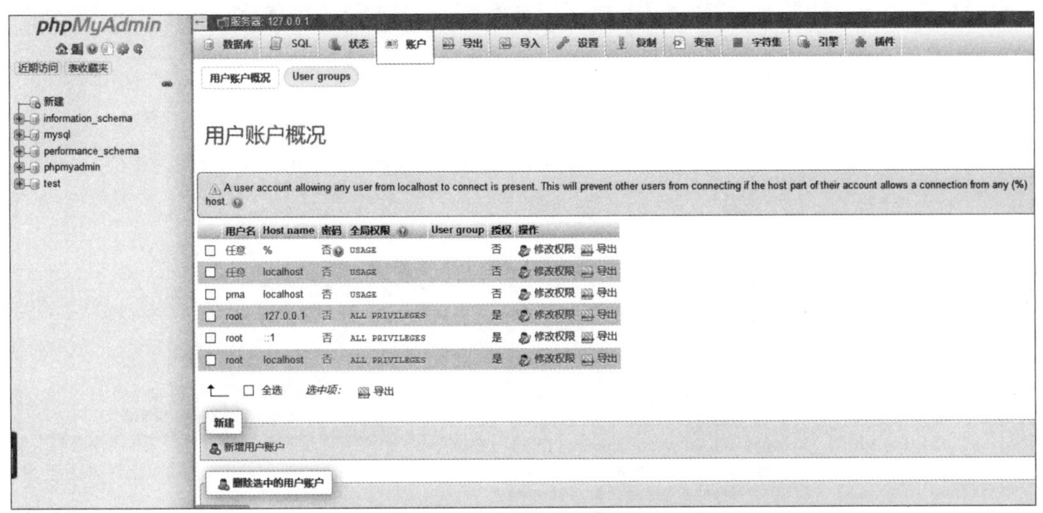

图 1-22　数据库管理页面

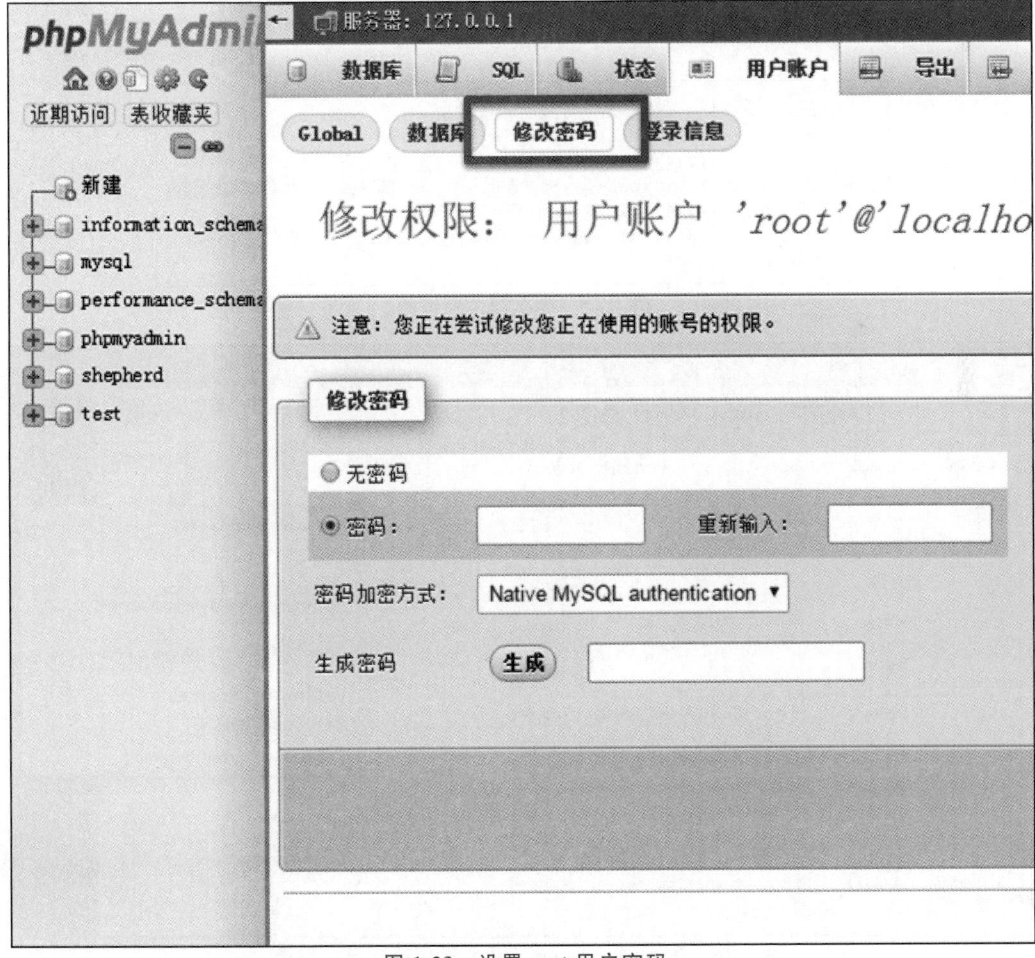

图 1-23　设置 root 用户密码

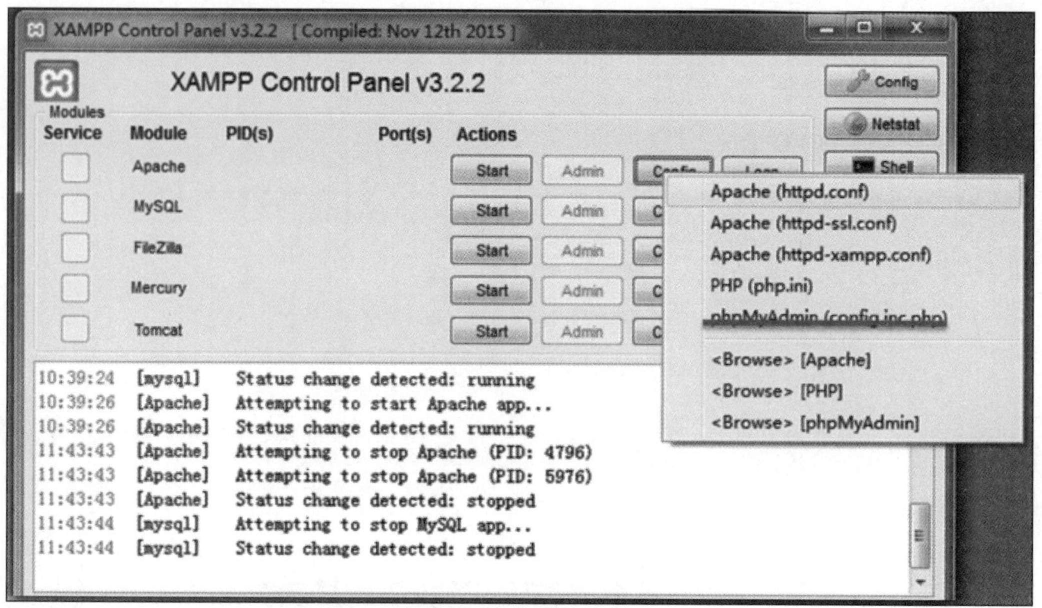

图 1-24 修改数据库密码

```
/* Authentication type and info */
$cfg['Servers'][$i]['auth_type'] = 'config';
$cfg['Servers'][$i]['user'] = 'root';
$cfg['Servers'][$i]['password'] = '';
$cfg['Servers'][$i]['extension'] = 'mysqli';
$cfg['Servers'][$i]['AllowNoPassword'] = true;
$cfg['Lang'] = '';
```

图 1-25 修改数据库密码

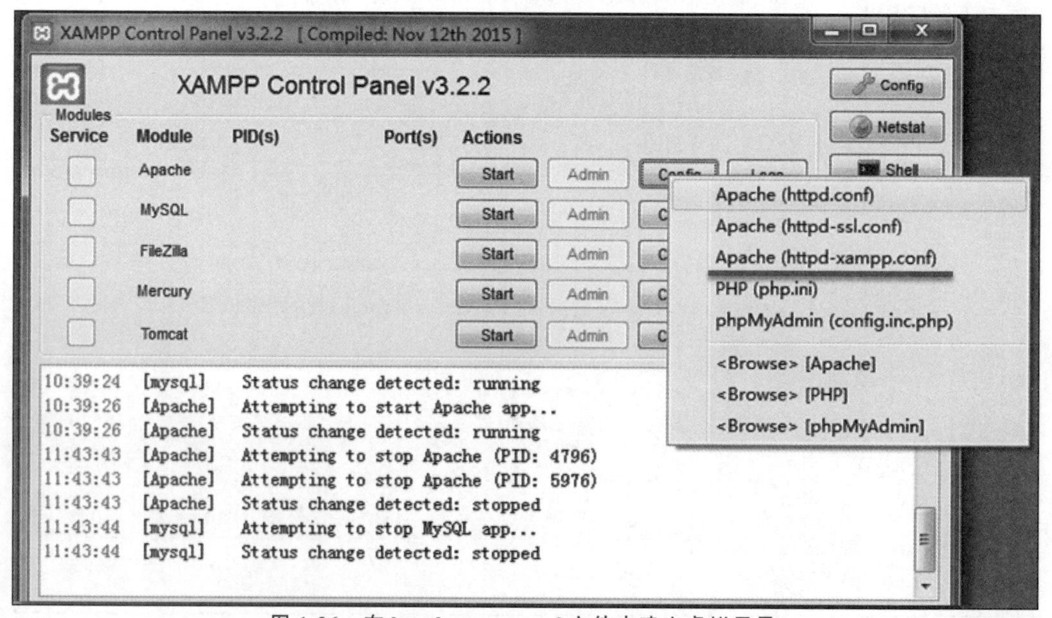

图 1-26 在 httpd-xampp.conf 文件中建立虚拟目录

经过上述配置后,XAMPP 的基本配置已经完成。站点的根目录为 XAMPP 目录下的 htdocs 目录。可以在 htdocs 目录下创建任意一个站点。例如,将 test.php 放在.\xampp\htdocs\new 目录下,就可以在浏览器的地址栏中输入 http://localhost/new/test.php 访问这个文件。

1.5　第一个 PHP 程序

PHP 是一种服务器端脚本语言,在服务器上执行,然后将结果发送回浏览器。

1.5.1　使用 Adobe Dreamweaver 编写源程序

【例 1-1】　第一个 PHP 程序(1-1.php)。

```
<?php
  header("Content-Type:text/html;charset=utf8");
  echo "大家好!这是我的第一个 PHP 程序!";
?>
```

1.5.2　运行 PHP 程序

用 IE 浏览器运行程序并输出结果,如图 1-27 所示。

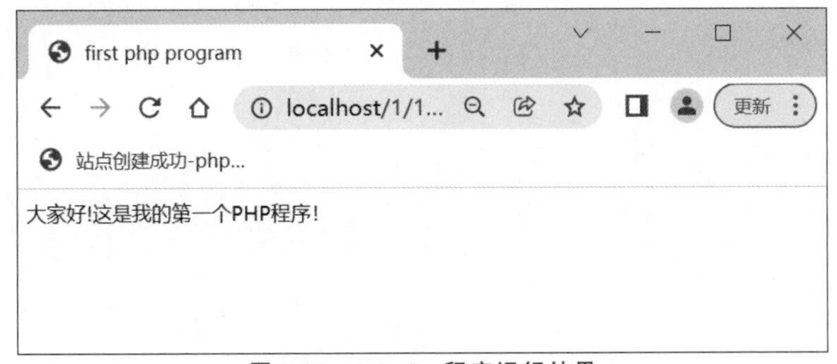

图 1-27　1-1.php 程序运行结果

学习成果达成与测评

<table>
<tr><td>学号</td><td></td><td>姓名</td><td></td><td>项目序号</td><td></td><td>项目名称</td><td></td><td>学时</td><td>6</td><td>学分</td><td></td></tr>
<tr><td>职业技能等级</td><td colspan="2">初级</td><td colspan="3">职业能力</td><td colspan="4"></td><td>任务量数</td><td></td></tr>
<tr><td>序号</td><td colspan="10">评 价 内 容</td><td>分数</td></tr>
<tr><td>1</td><td colspan="10">了解 PHP 的概念</td><td>25</td></tr>
<tr><td>2</td><td colspan="10">能够安装并搭建应用环境</td><td>25</td></tr>
<tr><td>3</td><td colspan="10">能够安装和配置 PHP</td><td>25</td></tr>
<tr><td>4</td><td colspan="10">能够应用集成包搭建 PHP 环境</td><td>25</td></tr>
<tr><td rowspan="2">考核评价</td><td colspan="10">总分数</td><td></td></tr>
<tr><td colspan="11">指导教师评语</td></tr>
<tr><td>备注</td><td colspan="11">奖励：
(1) 可以按照完成质量给予 1～10 分奖励。
(2) 每超额完成一个任务加 3 分。
(3) 巩固提升任务完成情况优秀，加 2 分。
惩罚：
(1) 完成任务超过规定时间，扣 2 分。
(2) 完成任务有缺项，每项扣 2 分。
(3) 任务实施报告中有歪曲事实、杜撰或抄袭内容者不予评分。</td></tr>
</table>

学习成果实施报告书

<table>
<tr><td>题目</td><td colspan="5"></td></tr>
<tr><td>班级</td><td></td><td>姓名</td><td></td><td>学号</td><td></td></tr>
<tr><td colspan="6">任务实施报告</td></tr>
<tr><td colspan="6">简要记述完成的各项任务，描述任务规划以及实施过程、遇到的重点难点以及解决过程，字数不少于 800 字。</td></tr>
<tr><td colspan="6">考核评价（10 分制）</td></tr>
<tr><td colspan="4" rowspan="2">教师评语：</td><td>态度分数</td><td></td></tr>
<tr><td>工作量分数</td><td></td></tr>
<tr><td colspan="6">考 核 标 准</td></tr>
<tr><td colspan="6">（1）在规定时间内完成任务。
（2）操作规范。
（3）任务实施报告书内容真实可靠、条理清晰、文字流畅、逻辑性强。
（4）没有完成工作量扣 1 分，有抄袭内容扣 5 分。</td></tr>
</table>

第2章

PHP基础

知识导读

PHP 是一种运行在服务器端的脚本语言，利用它编程时需要掌握其语法基础，本章通过多个例子讲解 PHP 的基本语法，包括数据类型、常量和变量、运算符、函数、输出语句、引用文件。通过本章的学习，读者可以掌握 PHP 语法的基础知识。

学习目标

- 了解 PHP 的数据类型。
- 掌握 PHP 的常量和变量以及运算符的操作。
- 掌握函数、输出语句等的使用方法。
- 掌握引用文件的方法。

2.1 PHP 语法基础

2.1.1 PHP 标记风格

例 1-1 中使用了“＜?php”和“?＞”这对符号，这就是 PHP 脚本的标记。PHP 脚本可以放在文档中的任何位置。PHP 脚本以“＜?php”开始，以“?＞”结束：

```
<?php
…                                                    //PHP 代码
?>
```

PHP 文件的默认扩展名是.php。

PHP 文件通常包含 HTML 标签和一些 PHP 脚本代码。

下面是一个简单的 PHP 文件实例，它可以向浏览器输出文本“Hello World!”：

```
<?php
header("Content-Type:text/html;charset=utf8");
echo "Hello World!";
?>
```

程序运行结果如图 2-1 所示。

PHP 中的每个代码行都必须以分号结束。分号是一种分隔符，用于把指令集区分开来。

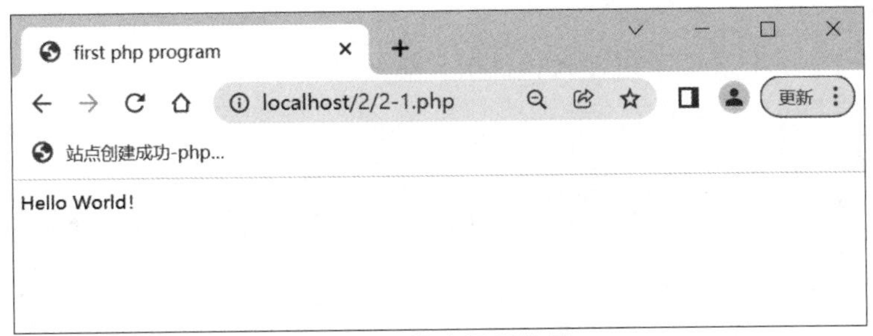

图 2-1　程序运行结果

PHP 有两个在浏览器输出文本的基本指令：echo 和 print。

2.1.2　PHP 的注释

PHP 的单行注释和多行注释格式如下：

```
<html>
<body>
<?php
//这是 PHP 单行注释

/*
这是
PHP 多行
注释
*/
?>

</body>
</html>
```

2.2　PHP 的数据类型

PHP 支持以下几种数据类型：

- 字符串(string)。
- 整型(integer)。
- 浮点型(float)。
- 布尔型(boolean)。
- 数组(array)。
- 对象(object)。
- 空值(null)。
- 资源(resource)。

2.2.1　标量数据类型

标量数据类型是数据结构的基本单元，只能存储一个数据。PHP 中的标量数据类型有 4 种：字符串、整型、浮点型和布尔型。

1. 字符串

一个字符串是一个字符序列,例如"Hello World!"。

```
<?php
$x = "Hello World!";
echo $x;
echo "<br>";
$x = 'Hello World!';
echo $x;
?>
```

程序输出结果如图 2-2 所示。

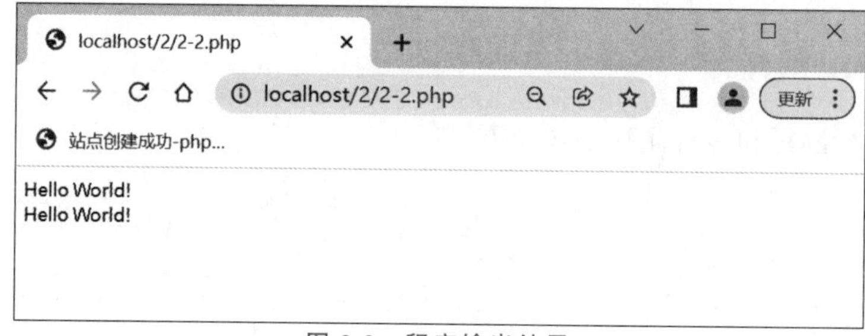

图 2-2　程序输出结果

2. 整型

整型用于存储一个整数。整数是一个没有小数部分的数字。

整数有以下规则:

- 整数必须至少有一个数字(0~9)。
- 整数不能包含逗号或空格。
- 整数没有小数点。
- 整数可以是正数或负数。

整型可以用 3 种格式指定:十进制、十六进制(前缀为 0x)和八进制(前缀为 0)。

在以下实例中测试不同的数字。var_dump()函数返回变量的数据类型和值。

```
<?php
$x = 5985;
var_dump($x);
echo "<br>";
$x = -345;                                    //负数
var_dump($x);
echo "<br>";
$x = 0x8C;                                    //十六进制数
var_dump($x);
echo "<br>";
$x = 047;                                     //八进制数
var_dump($x);
?>
```

程序输出结果如图 2-3 所示。

3. 浮点型

浮点型用于存储一个浮点数。浮点数是带小数部分的数字,可以用指数形式表示。

在以下实例中测试不同的数字。

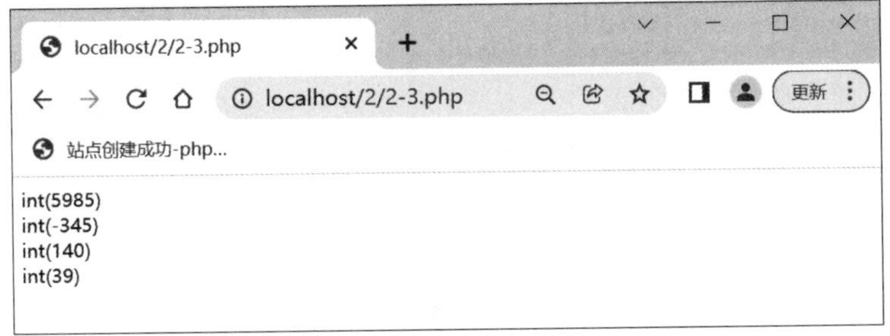

图 2-3 程序输出结果

```
<?php
$x = 10.365;
var_dump($x);
echo "<br>";
$x = 2.4e3;
var_dump($x);
echo "<br>";
$x = 8E-5;
var_dump($x);
?>
```

程序输出结果如图 2-4 所示。

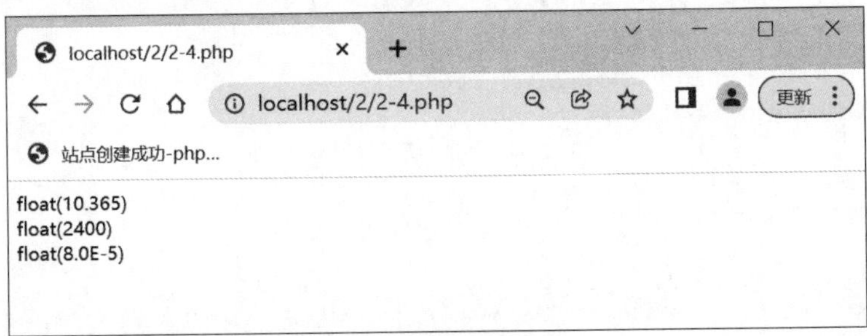

图 2-4 程序输出结果

4. 布尔型

布尔型用于存储布尔值 true 或 false。

```
$x=true;
$y=false;
```

布尔型通常用于流程控制结构中的条件判断。

2.2.2 复合数据类型

PHP 中的复合数据类型有两种：数组和对象。

1. 数组

数组可以在一个变量中存储多个值。

在以下实例中创建了一个数组，然后使用 var_dump()函数返回数组的数据类型和值。

```
<?php
$cars=array("Volvo","BMW","Toyota");
var_dump($cars);
?>
```

程序输出结果如图 2-5 所示。

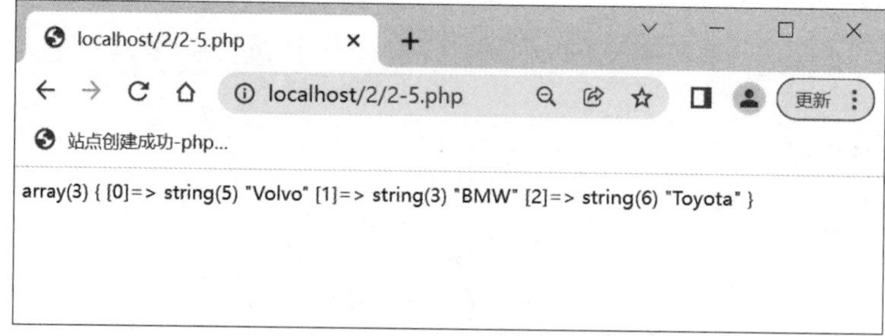

图 2-5 程序输出结果

2. 对象

对象数据类型也可以用于存储数据。

在 PHP 中,对象必须声明。

首先,必须使用 class 关键字声明类的对象。类是可以包含属性和方法的结构。然后,在类中定义数据类型。最后,在实例化的类中使用数据类型。

下面给出一个实例:

```
<?php
class Car
{
    var $color;
    function __construct($color="green") {
        $this->color = $color;
    }
    function what_color() {
        return $this->color;
    }
}
?>
```

程序输出结果如图 2-6 所示。

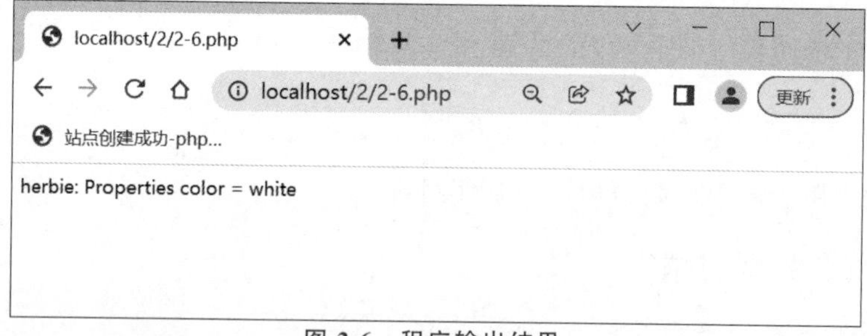

图 2-6 程序输出结果

2.2.3 特殊数据类型

PHP 中特殊数据类型分为两种:空值和资源。

1. 空值

空值表示变量没有值,用 null 表示。

可以通过设置变量值为 null 清空变量数据:

```
<?php
$x="Hello world!";
$x=null;
var_dump($x);
?>
```

程序输出结果如图 2-7 所示。

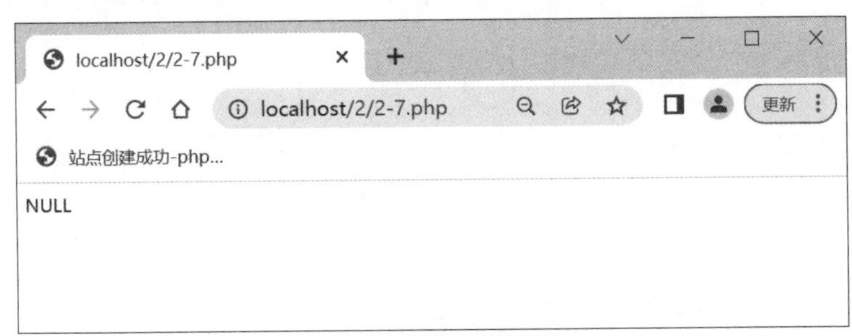

图 2-7 程序输出结果

2. 资源

资源是一种特殊的变量，保存了对外部资源的一个引用。

常见的资源有打开文件、数据库连接、图形画布区域等。

由于资源类型的变量保存了用于打开文件、连接数据库、访问图形画布区域等的特殊句柄，因此将其他类型的值转换为资源没有意义。

使用 get_resource_type()函数可以返回资源类型：

```
get_resource_type(resource $handle): string
```

此函数返回一个字符串，用于表示传递给它的资源的类型。如果参数不是合法的资源，将产生错误。

2.2.4 数据类型转换

PHP 中的数据类型转换属于强制转换，格式如下：

- (int)：转换成整型。
- (float)：转换成浮点型。
- (string)：转换成字符串。
- (bool)：转换成布尔类型。
- (array)：转换成数组。
- (object)：转换成对象。

PHP 数据类型有 3 种转换方式：

(1) 在要转换的变量之前加上用括号括起来的目标数据类型。

(2) 使用 3 个具体类型的转换函数，即 intval()、floatval()、strval()。

(3) 使用通用类型转换函数 settype。

第一种转换方式示例如下：

```
<?php
$num1=3.14;
```

```
$num2=(int)$num1;
var_dump($num1);                                    //输出 float(3.14)
var_dump($num2);                                    //输出 int(3)
?>
```

第二种转换方式示例如下：

```
<?php
$str="123.9abc";
$int=intval($str);                                  //转换后数值为 123
$float=floatval($str);                              //转换后数值为 123.9
$str=strval($float);                                //转换后字符串为"123.9abc"
?>
```

第三种转换方式示例如下：

```
<?php
$num4=12.8;
$flg=settype($num4,"int");
var_dump($flg);                                     //输出 bool(true)
var_dump($num4);                                    //输出 int(12)
?>
```

2.2.5 数据类型检测

在 PHP 中，有 3 种检测数据类型的方法，具体如下：

（1）利用 gettype()函数输出变量的数据类型，例如：

```
<?php
$arr = array('a','b','c');
echo gettype($arr);                                 //输出 array
?>
```

（2）利用 var_dump()函数输出变量的数据类型、长度以及具体值，例如：

```
<?php
$str = 'hello World';
var_dump($str);                                     //输出 string(11) "hello World"
?>
```

（3）利用 is_array()、is_string()、is_int()、is_double()等函数检测某个变量是否是指定的数据类型，如果为真返回 1，如果为假返回空。

```
<?php
$num = 123;
if(is_array($num)){
    echo '这是一个数组';
}else if(is_string($num)){
    echo '这是一个字符串';
}else if(is_int($num)){
    echo '这是一个整数';
}else if(is_double($num)){
    echo '这是一个浮点数';
}
?>
```

2.3　PHP 的常量

PHP 常量是一个简单值的标识符，该值在脚本中不能改变。

一个常量由英文字母、下画线和数字组成，但数字不能作为首字母出现。常量名不需要加 $ 修饰符。

注意：常量在整个脚本中都可以使用。

2.3.1　声明和使用常量

声明常量使用 define()函数，语法如下：

```
bool define(string $name , mixed $value [, bool $case_insensitive = false])
```

该函数有 3 个参数：

- name：必选参数，为常量名称。
- value：必选参数，为常量的值。
- case_insensitive：可选参数。如果设置为 true，该常量不区分大小写。默认区分大小写。

2.3.2　预定义常量

以下实例创建一个区分大小写的常量，常量值为"欢迎访问 Runoob.com"：

```
<?php
//区分大小写的常量名
define("GREETING", "欢迎访问 Runoob.com");
echo GREETING;                          //输出"欢迎访问 Runoob.com"
echo '<br>';
echo greeting;                          //输出"greeting",但是有警告信息,表示该常量未定义
?>
```

以下实例创建一个不区分大小写的常量，常量值为"欢迎访问 Runoob.com"：

```
<?php
//不区分大小写的常量名
define("GREETING", "欢迎访问 Runoob.com", true);
echo greeting;                          //输出"欢迎访问 Runoob.com"
?>
```

常量在定义后默认是全局的，可以在整个脚本的任何地方使用。

以下实例演示了在函数内使用常量，即使该常量定义在函数外也可以正常使用。

```
<?php
define("GREETING", "欢迎访问 Runoob.com");
function myTest() {
    echo GREETING;
}
myTest();                               //输出"欢迎访问 Runoob.com"
?>
```

2.4 PHP 的变量

变量是用于存储信息的容器。例如：

```
<?php
$x=5;
$y=6;
$z=$x+$y;
echo $z;
?>
```

程序输出结果如图 2-8 所示。

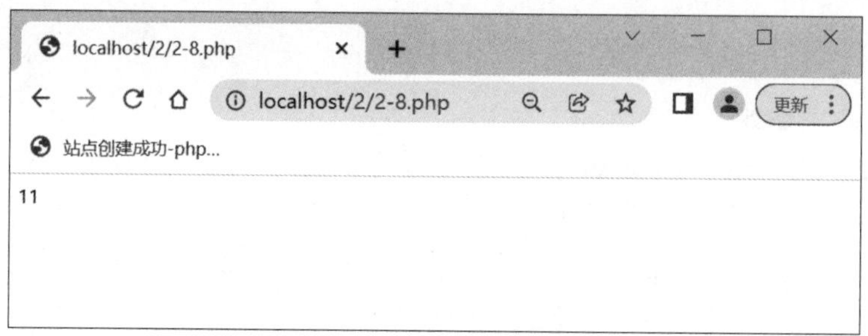

图 2-8 程序输出结果

在上面的程序中，3 行变量赋值语句与以下 3 行代数式类似：

$x=5$

$y=6$

$z=x+y$

在代数中，使用字母(如 x)表示变量，并给它赋值(如 5)。

从表达式 $z=x+y$，可以计算出 z 的值为 11。

在 PHP 中，这些字母被称为变量。

与代数类似，可以给 PHP 变量赋予某个值或者表达式。

变量可以是很短的名称(如 x 和 y)，也可以是更具描述性的名称(如 age、carname、totalvolume)。

关于 PHP 变量有以下规则：

(1) 变量以 $ 符号开始，后面跟着变量名。

(2) 变量名必须以字母或者下画线字符开始。

(3) 变量名只能包含字母、数字以及下画线(A～z、0～9 和_)。

(4) 变量名不能包含空格。

(5) 变量名是区分大小写的($y 和 $Y 是两个不同的变量)。

2.4.1 变量声明及使用

变量在第一次赋值给它的同时被声明。例如：

```
<?php
$txt="Hello World!";
```

```
$x=5;
$y=10.5;
echo $txt;
?>
```

程序输出结果如图 2-9 所示。

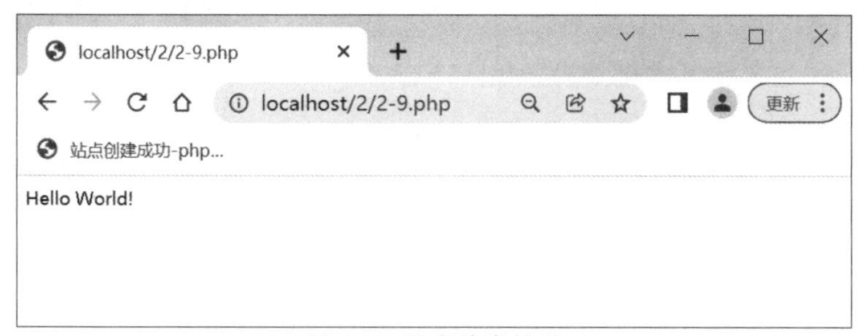

图 2-9 程序输出结果

注意：在上面的语句执行中，变量 txt 将保存值"Hello World!"，变量 x 将保存值 5。当将一个文本值赋予变量时，要在文本值两侧加上单引号或双引号。

2.4.2 变量的作用域

变量的作用域是脚本中可以引用/使用变量的代码部分。

PHP 有 4 种不同的变量作用域：全局(global)、局部(local)、静态(static)、参数(parameter)。

1. 全局和局部作用域

在所有函数外部声明的变量是全局变量。除了函数外，全局变量可以被脚本中的任何部分访问。要在一个函数中访问一个全局变量，需要使用 global 关键字。

在一个函数内部声明的变量是局部变量，仅能在该函数内部访问。

以下是全局变量和局部变量的示例：

```
<?php
$x=5;                                          //全局变量
function myTest()
{
    $y=10;                                     //局部变量
    echo "<p>测试函数内变量:<p>";
    echo "变量 x 为: $x";
    echo "<br>";
    echo "变量 y 为: $y";
}
myTest();
echo "<p>测试函数外变量:<p>";
echo "变量 x 为: $x";
echo "<br>";
echo "变量 y 为: $y";
?>
```

程序输出结果如图 2-10 所示。

在以上实例中，声明了 $x 和 $y 变量。$x 变量在 myTest()函数外声明，所以它是全

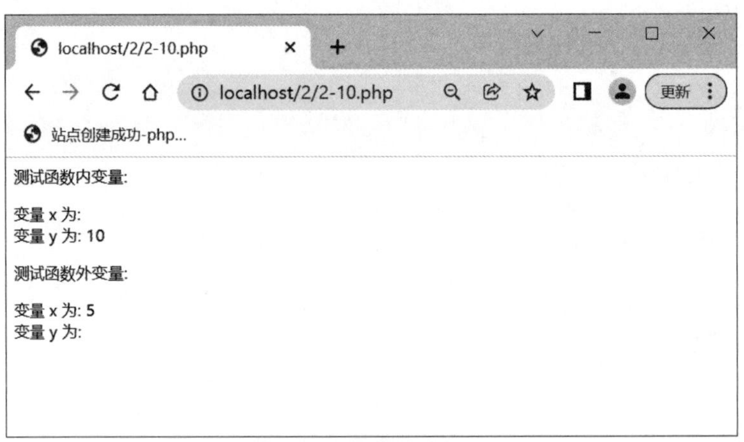

图 2-10 程序输出结果

局变量；$y 变量在 myTest()函数内声明，所以它是局部变量。

当调用 myTest()函数并输出两个变量的值时，该函数将会输出局部变量 $y 的值，但是不能输出 $x 的值，因为 $x 变量在该函数外声明，无法在该函数内使用。如果要在一个函数中访问一个全局变量，需要使用 global 关键字。

当在 myTest()函数外输出两个变量的值时，该函数将会输出全局变量 $x 的值，但是不能输出 $y 的值，因为 $y 变量在该函数中声明，属于局部变量。

global 关键字用于在函数内访问全局变量。

在函数内调用函数外声明的全局变量时，需要在函数中的变量名前加上 global 关键字。例如：

```
<?php
$x=5;
$y=10;
function myTest()
{
    global $x,$y;
    $y=$x+$y;
}
myTest();
echo $y;                                    //输出 15
?>
```

程序输出结果如图 2-11 所示。

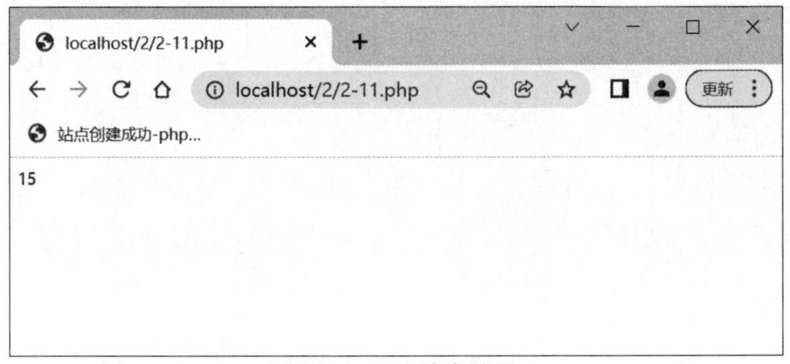

图 2-11 程序输出结果

PHP 将所有全局变量存储在一个名为 $GLOBALS[index]的数组中，index 保存变量的名称。这个数组可以在函数内部访问，也可以直接用来更新全局变量。

上面的实例可以写成这样：

```
<?php
$x=5;
$y=10;
function myTest()
{
    $GLOBALS['y']=$GLOBALS['x']+$GLOBALS['y'];
}
myTest();
echo $y;
?>
```

程序输出结果如图 2-12 所示。

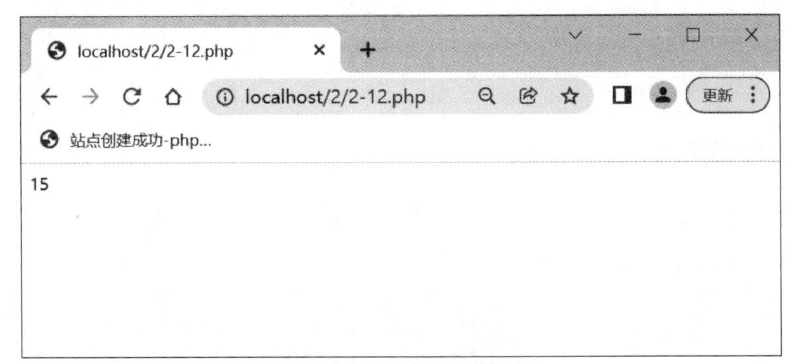

图 2-12　程序运行结果

2. 静态作用域

当一个函数调用完成时，它的所有变量通常都会被删除。然而，有时候希望某个局部变量不要被删除。要做到这一点，要在第一次声明变量时使用 static 关键字。例如：

```
<?php
function myTest()
{
    static $x=0;
    echo $x;
    $x++;
    echo PHP_EOL;                                   //换行符
}
myTest();
myTest();
myTest();
?>
```

程序输出结果如图 2-13 所示。

然后，每次调用 myTest()函数时，该变量将会保留函数前一次被调用时的值。

注意：静态变量仍然是函数的局部变量。

3. 参数作用域

参数是通过调用代码将值传递给函数的局部变量。

参数是在参数列表中声明的，作为函数声明的一部分。例如：

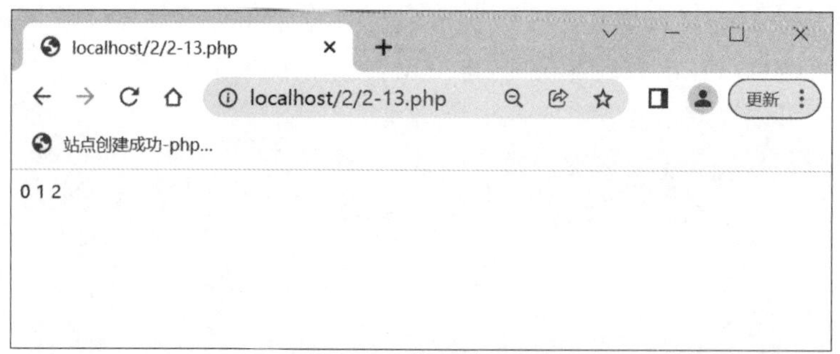

图 2-13 程序输出结果

```
<?php
function myTest($x)
{
    echo $x;
}
myTest(5);
?>
```

2.4.3 可变变量

PHP 中的可变变量允许动态地改变变量的名称。

PHP 普通变量是通过赋值声明的，例如：

```
$a = 'Hello';
?>
```

一个可变变量获取一个普通变量的值作为变量名称。例如，hello 使用两个 $ 符号以后就能够作为一个可变变量了。

```
$$a = 'World';
?>
```

此时，两个变量都被声明了：$ a 是普通变量，其值是'Hello'; $$ a 相当于 $ Hello，其值是'World'。因此，输出'Hello World'可以表述为

```
echo "$a ${$a}";
?>
```

以下写法更准确并且会输出同样的结果：

```
echo "$a $Hello";
?>
```

最终都是输出"Hello World"。

2.4.4 超级全局变量

超级全局变量从 PHP 4.1.0 起被启用，是 PHP 系统中自带的变量，在一个脚本的全部作用域中都可用。

PHP 的超级全局变量有 $ GLOBALS、$ _SERVER、$ _REQUEST、$ _POST、$ _GET、$ _FILES、$ _ENV、$ _COOKIE、$ _SESSION。

本节介绍 5 个常用的超级全局变量，其余超级全局变量将在后面的内容中介绍。

1. $ GLOBALS

$ GLOBALS 是一个包含了全部全局变量的数组，变量的名字就是数组的键。

以下实例展示了如何使用超级全局变量 $ GLOBALS：

```
<?php
$x = 75;
$y = 25;
function addition()
{
    $GLOBALS['z'] = $GLOBALS['x'] + $GLOBALS['y'];
}
addition();
echo $z;
?>
```

在以上实例中，z 是 $ GLOBALS 数组中的一个全局变量，该变量同样可以在函数外访问。

2. $ _SERVER

$ _SERVER 是一个包含了诸如头信息（header）、路径（path）以及脚本位置（script locations）等元素的数组。这个数组中的项目由 Web 服务器创建。不能保证每个服务器都提供相同的元素，有的服务器可能会忽略一些元素，或者提供一些没有在这里列举的元素。

以下实例中展示了如何使用 $ _SERVER 中的元素：

```
<?php
echo $_SERVER['PHP_SELF'];
echo "<br>";
echo $_SERVER['SERVER_NAME'];
echo "<br>";
echo $_SERVER['HTTP_HOST'];
echo "<br>";
echo $_SERVER['HTTP_REFERER'];
echo "<br>";
echo $_SERVER['HTTP_USER_AGENT'];
echo "<br>";
echo $_SERVER['SCRIPT_NAME'];
?>
```

表 2-1 列出了 $ _SERVER 中的主要元素。

表 2-1　$ _SERVER 中的主要元素

元素/代码	描　　述
$ _SERVER['PHP_SELF']	当前执行脚本的文件名，与 document root 有关。例如，在地址为 http://example.com/test.php/foo.bar 的脚本中使用 $ _SERVER['PHP_SELF'] 将得到 /test.php/foo.bar。从 PHP 4.3.0 版本开始，如果 PHP 以命令行模式运行，这个变量将包含脚本名。以前的版本该变量不可用
$ _SERVER['GATEWAY_INTERFACE']	服务器使用的 CGI 规范的版本，例如"CGI/1.1"
$ _SERVER['SERVER_ADDR']	当前运行脚本所在的服务器的 IP 地址

续表

元素/代码	描　述
$_SERVER['SERVER_NAME']	当前运行脚本所在的服务器的主机名。如果脚本运行于虚拟主机中，该名称是由虚拟主机所设置的值决定（如www.runoob.com）
$_SERVER['SERVER_SOFTWARE']	服务器标识字符串，在响应请求时的头信息中给出（如Apache/2.2.24）
$_SERVER['SERVER_PROTOCOL']	请求页面时通信协议的名称和版本，例如"HTTP/1.0"
$_SERVER['REQUEST_METHOD']	访问页面使用的请求方法，例如"GET"、"HEAD"、"POST"、"PUT"
$_SERVER['REQUEST_TIME']	请求开始时的时间戳，从 PHP 5.1.0 起可用（如1377687496）
$_SERVER['QUERY_STRING']	如果有查询字符串，通过它进行页面访问
$_SERVER['HTTP_ACCEPT']	当前请求头中"Accept:"项的内容（如果存在）
$_SERVER['HTTP_ACCEPT_CHARSET']	当前请求头中"Accept-Charset:"项的内容（如果存在），例如"iso-8859-1，*，utf-8"
$_SERVER['HTTP_HOST']	当前请求头中"Host:"项的内容（如果存在）
$_SERVER['HTTP_REFERER']	引导用户代理到当前页的前一页的地址（如果存在），由user agent 设置决定。并不是所有的用户代理都会设置该项，有的还提供了修改 HTTP_REFERER 的功能
$_SERVER['HTTPS']	如果脚本是通过 HTTPS 被访问的，则被设为一个非空的值
$_SERVER['REMOTE_ADDR']	浏览当前页面的用户的 IP
$_SERVER['REMOTE_HOST']	浏览当前页面的用户的主机名。DNS 反向解析不依赖于用户的 IP
$_SERVER['REMOTE_PORT']	用户计算机连接到 Web 服务器所使用的端口号
$_SERVER['SCRIPT_FILENAME']	当前执行脚本的绝对路径
$_SERVER['SERVER_ADMIN']	该值指明了 Apache 服务器配置文件中的 SERVER_ADMIN 参数。如果脚本运行在一个虚拟主机上，则该值是那个虚拟主机的值（如 someone@runoob.com）
$_SERVER['SERVER_PORT']	Web 服务器使用的端口号，默认值为 80。如果使用 SSL 连接，则这个值为用户设置的 HTTP 端口号
$_SERVER['SERVER_SIGNATURE']	包含服务器版本和虚拟主机名的字符串
$_SERVER['PATH_TRANSLATED']	当前脚本所在文件系统（非文档根目录）的基本路径。这是在服务器进行虚拟路径到真实路径的映像后的结果
$_SERVER['SCRIPT_NAME']	包含当前脚本的路径。这在页面需要指向自己时非常有用
$_SERVER['SCRIPT_URI']	用来指定要访问的页面例（如"/index.html"）

3. $_REQUEST

$_REQUEST 用于收集 HTML 表单提交的数据。

以下实例显示了一个包含输入字段（input）及提交按钮（submit）的表单（form）。当用户通过单击 Submit 按钮提交表单数据时，表单数据将发送至<form>标签中 action 属性指定的脚本文件。在这个实例中，指定当前执行的脚本文件处理表单数据。如果要用其他的 PHP 文件处理该数据，可以修改指定的脚本文件名。然后，可以使用超级全局变量 $_REQUEST 收集表单中的 input 字段数据。

```
<html>
<body>
<form method="post" action="<?php echo $_SERVER['PHP_SELF'];?>">
Name: <input type="text" name="fname">
<input type="submit">
</form>
<?php
$name = $_REQUEST['fname'];
echo $name;
?>
</body>
</html>
```

4. $_POST

$_POST 被广泛应用于收集表单数据，在 HTML 文档的<form>标签中指定该属性：method="post"。

以下实例显示了一个包含输入字段及提交按钮的表单。当用户通过单击 Submit 按钮提交表单数据时，表单数据将发送至<form>标签中 action 属性指定的脚本文件。在这个实例中，指定当前执行的脚本文件处理表单数据。如果要用其他的 PHP 文件处理该数据，可以修改指定的脚本文件名。然后，可以使用超级全局变量 $_POST 收集表单中的 input 字段数据。

```
<html>
<body>
<form method="post" action="<?php echo $_SERVER['PHP_SELF'];?>">
Name: <input type="text" name="fname">
<input type="submit">
</form>
<?php
$name = $_POST['fname'];
echo $name;
?>
</body>
</html>
```

5. $_GET

$_GET 同样被广泛应用于收集表单数据，在 HTML 文档的<form>标签指定该属性：method="get"。

$_GET 也可以收集 URL 中发送的数据。

假定有一个包含参数的超链接 HTML 页面：

```
<html>
<body>
<a href="test_get.php?subject=PHP&web=runoob.com">Test $GET</a>
</body>
</html>
```

当用户单击链接 Test $GET，参数 subject 和 web 将发送至 test_get.php，可以在 test_ get.php 文件中使用 $ _GET 变量获取这些数据。

以下是 test_get.php 文件的代码：

```
<html>
<body>
<?php
echo "Study " . $_GET['subject'] . " @ " . $_GET['web'];
?>
</body>
</html>
```

2.4.5 变量的生命周期

变量不仅有其特定的作用范围，还有其存活的周期，称为生命周期。变量的生命周期指的是变量可被使用的时间段，在这个时间段内变量是有效的。一旦超出这个时间段，变量就会失效，就不能再访问该变量的值了。

PHP 对变量的生命周期有如下规定：

- 局部变量的生命周期为其所在函数被调用的整个过程。当对局部变量所在的函数结束调用时，局部变量的生命周期也随之结束。
- 全局变量的生命周期为其所在的脚本文件被调用的整个过程。当对全局变量所在的脚本文件结束调用时，全局变量的生命周期也随之结束。

有的时候，在某个自定义函数结束后，希望该函数内的一个变量仍然存在，这时就需要将这个变量声明为静态变量。将一个变量声明为静态变量的方法是在变量名前面加 static 关键字。

应用静态变量的示例代码如下：

```
<html>
<head>
<title>静态变量的应用</title>
</head>
<body>
<?php
function test(){
    static $a = 0;                              //定义一个静态变量 a 并赋初始值为 0
    echo $a."<br>";                             //输出变量 a 的值
    $a = $a+1;                                  //将变量 a 的值加 1 再赋给变量 a
}
test();                                         //调用 test()函数
test();
test();
echo $a;                                        //$a,不在变量作用域中,不输出
?>
</body>
</html>
```

从上面的代码可以看出，每次调用 test()函数的时候，变量 a 的值都会增加 1。也就是说，每次调用函数结束以后，变量 a 都仍然存在。再次调用函数 test()函数时，变量 a 将会使用上一次调用该函数后得到的值。从上面的例子也可以得出这样的结论：静态变量的作用域与局部变量相同，但是生命周期与全局变量相同。

可以这样理解静态变量：只有函数首次被调用时，才取函数体内静态变量的初始值。以后再次调用该函数时，静态变量将取上次调用这个函数后得到的值。

在为静态变量赋初值的时候，不可以将一个表达式赋给它。

2.5 PHP 的运算符

本节介绍 PHP 中不同运算符的应用。

2.5.1 算术运算符

算术运算符如表 2-2 所示。

表 2-2 算术运算符

运算符	名 称	描 述	实 例	结果
+	加	x + y 为求 x 和 y 的和	2 + 2	4
−	减	x − y 为求 x 和 y 的差	5 − 2	3
*	乘	x * y 为求 x 和 y 的积	5 * 2	10
/	除	x / y 为求 x 和 y 的商	15 / 5	3
%	模(除法的余数)	x % y 为求 x 除以 y 的余数	5 % 2	1
			10 % 8	2
			10 % 2	0
−	符号取反	−x 为求将 x 的符号取反	$ x= 2; echo- $ x;	−2
~	按位取反	~x 为求 x 按二进制位进行取反运算	$ x= 2; echo~ $ x;	−3
.	并置	a . b 为连接 a 和 b 两个字符串	"Hi" . "Ha"	HiHa

以下实例演示了算术运算符的用法：

```
<?php
$x=10;
$y=6;
echo ($x + $y);                                   //输出 16
echo '<br>';                                      //换行
echo ($x - $y);                                   //输出 4
echo '<br>';                                      //换行
echo ($x * $y);                                   //输出 60
echo '<br>';                                      //换行
echo ($x / $y);                                   //输出 1.6666666666667
echo '<br>';                                      //换行
echo ($x % $y);                                   //输出 4
echo '<br>';                                      //换行
echo -$x;
?>
```

程序输出结果如图 2-14 所示。

PHP 7 版本新增整除函数 intdiv()，该函数返回值为第一个参数除以第二个参数的商向下取整的值。实例如下：

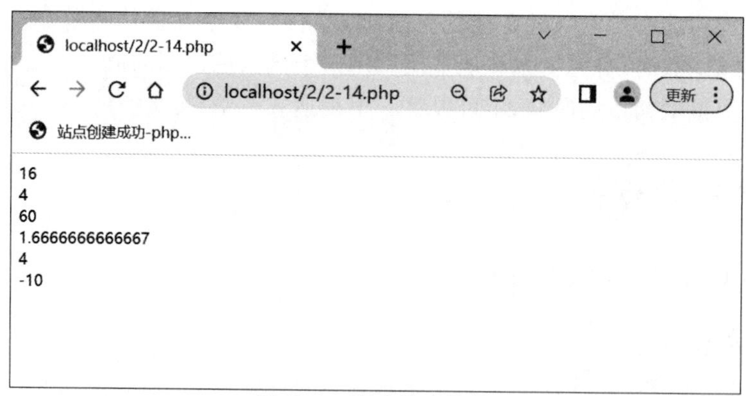

图 2-14　程序输出结果

```
<?php
var_dump(intdiv(10, 3));
?>
```

程序输出如下：

```
int(3)
```

2.5.2　字符串运算符

在 PHP 中，只有一个字符串运算符——并置运算符(.)，用于把两个字符串值连接起来。

下面的实例演示了如何将两个字符串连接在一起：

```
<?php
$txt1="Hello world!";
$txt2="What a nice day!";
echo $txt1 . " " . $txt2;
?>
```

程序输出如下：

```
Hello world! What a nice day!
```

注意：在上面的代码中，使用了两次并置运算符。这是由于需要在两个字符串之间插入一个空格。

2.5.3　赋值运算符

在 PHP 中，基本的赋值运算符是=。它意味着左侧操作数被设置为右侧表达式的值。

赋值运算符如表 2-3 所示。

表 2-3　赋值运算符

运　算　符	名　　称	描　　述
=	赋值	左侧操作数被设置为右侧表达式的值
+=	加赋值	x += y 等同于 x = x + y

续表

运算符	名称	描述
−=	减赋值	x −= y 等同于 x = x − y
*=	乘赋值	x *= y 等同于 x = x * y
/=	除赋值	x /= y 等同于 x = x / y
%=	模赋值	x %= y 等同于 x = x % y
.=	并置赋值	a .= b 等同于 a = a . b

以下实例演示了前 6 种赋值运算符的用法：

```
<?php
$x=10;
echo $x;                          //输出 10
$y=20;
$y += 100;
echo $y;                          //输出 120
$z=50;
$z -= 25;
echo $z;                          //输出 25
$i=5;
$i *= 6;
echo $i;                          //输出 30
$j=10;
$j /= 5;
echo $j;                          //输出 2
$k=15;
$k %= 4;
echo $k;                          //输出 3
?>
```

程序输出结果如图 2-15 所示。

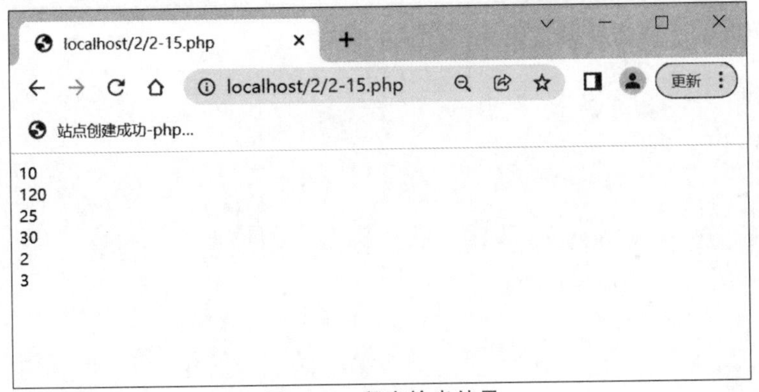

图 2-15　程序输出结果

以下实例演示了并置赋值运算符的用法：

```
<?php
$a = "Hello";
$b = $a . " world!";
echo $b;                          //输出 Hello world!
$x="Hello";
```

```
$x .= " world!";
echo $x;                                          //输出 Hello world!
?>
```

程序输出结果如图 2-16 所示。

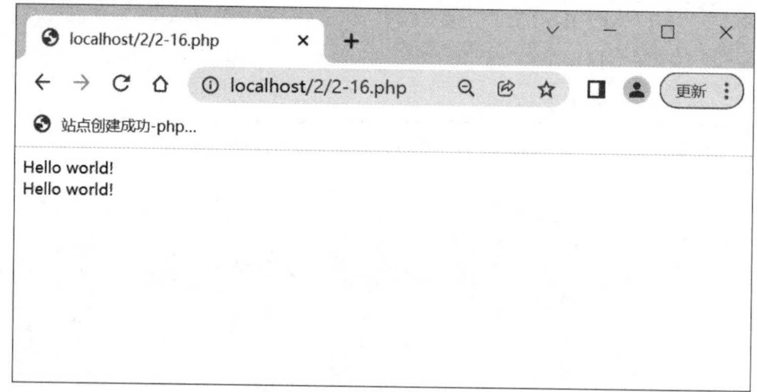

图 2-16　程序输出结果

2.5.4　递增递减运算符

递增递减运算符如表 2-4 所示。

表 2-4　递增递减运算符

运　算　符	名　　称	描　　述
++	递增	++ x：预递增。x 加 1，然后返回 x
		x ++：后递增。返回 x，然后 x 加 1
--	递减	-- x：预递减。x 减 1，然后返回 x
		x --：后递减。返回 x，然后 x 减 1

以下实例演示了递增递减运算符的用法：

```
<?php
$x=10;
echo ++$x;                                        //输出 11
$y=10;
echo $y++;                                        //输出 10
$z=5;
echo --$z;                                        //输出 4
$i=5;
echo $i--;                                        //输出 5
?>
```

程序输出结果如图 2-17 所示。

2.5.5　位运算符

位运算符是指对参与运算的二进制数从低位到高位逐位运算。

位运算符如表 2-5 所示。

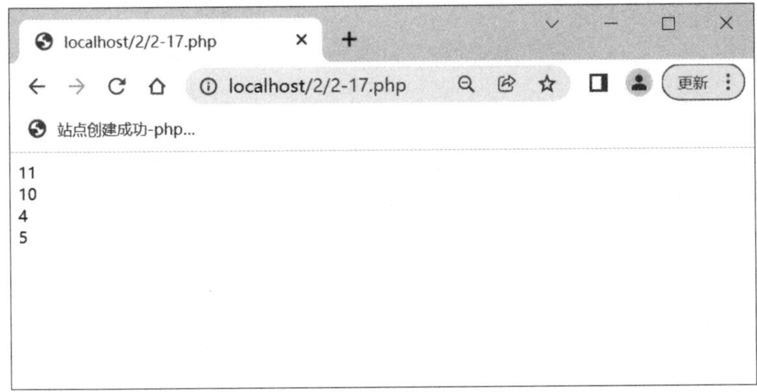

图 2-17 程序输出结果

表 2-5 位运算符

运 算 符	名 称	描 述
&	按位与	相同位均为 1,本位运算结果为 1;否则为 0
|	按位或	相同位均为 0,本位运算结果为 0;否则为 1
^	按位异或	相同位均为 1 或均为 0,本位运算结果为 0;否则为 1
~	按位取反	当前位为 1,本位运算结果为 0;当前位为 0,本位运算结果为 1
<<	左移	逐位左移指定位数
>>	右移	逐位右移指定位数

下面给出位运算符的实例。

```
<?php
$m = 1;
$n = 2;
$mn = $m & $n;
echo $mn;
?>
```

将 1 和 2 分别转换为二进制数 00000001 和 00000010。按位与的结果为 00000000,即十进制数 0。

```
<?php
$m = 1;
$n = 2;
$mn = $m | $n;
echo $mn;
?>
```

按位或的结果为 00000011,即十进制数 3。

```
<?php
$m = 1;
$n = 2;
$mn = $m ^ $n;
echo $mn;
?>
```

按位亦或的结果为 00000011,即十进制数 3。

```
<?php
$m = 2;
$m1 = ~$m;
echo $m1;
?>
```

在计算机中,负数以其正值的补码形式表达。

2 的 32 位原码为 0000 0000 0000 0000 0000 0000 0000 0010。

按位取反后为 1111 1111 1111 1111 1111 1111 1111 1101。

由于最前面的符号位为 1,即负数,所以以其正值的补码形式表示(符号位不变,按位取反,末尾加 1)为 1000 0000 0000 0000 0000 0000 0000 0011,即十进制数−3。

```
<?php
$m = 3;
$m1=$m << 1;
echo $m1;
?>
```

3 的 32 位原码为 0000 0000 0000 0000 0000 0000 0000 0011,左移一位为 0000 0000 0000 0000 0000 0000 0000 0110,即十进制数 6。

左移运算在空出的低位上填 0,最高位溢出并被舍弃。

可以看出,左移一位是实现了乘 2 运算。由于位移运算比乘法运算速度快很多,因此乘法运算可以用位移运算代替。

```
<?php
$m = 3;
$m1=$m >> 1;
echo $m1;
?>
```

3 的 32 位原码右移一位为 0000 0000 0000 0000 0000 0000 0000 0001,即十进制数 1。

右移运算在空出的高位上填 0。

2.5.6 逻辑运算符

逻辑运算符如表 2-6 所示。

表 2-6 逻辑运算符

运算符	名称	描 述	实 例
and	与	x and y: 如果 x 和 y 都为 true,则返回 true	x=6,y=3,则 x < 10 and y > 1 返回 true
or	或	x or y: 如果 x 和 y 至少有一个为 true,则返回 true	x=6,y=3,则 x==6 or y==5 返回 true
xor	异或	x xor y: 如果 x 和 y 有且仅有一个为 true,则返回 true	x=6,y=3,则 x==6 xor y==3 返回 false
&&	与	x && y: 如果 x 和 y 都为 true,则返回 true	x=6,y=3,则 x < 10 && y > 1 返回 true
||	或	x || y: 如果 x 和 y 至少有一个为 true,则返回 true	x=6,y=3,则 x==5 || y==5 返回 false
!	非	!x: 如果 x 不为 true,则返回 true	x=6,y=3,则!(x==y) 返回 true

2.5.7 比较运算符

比较运算符如表 2-7 所示。

表 2-7 比较运算符

运算符	名称	描　　述	实　　例
==	等于	x == y：如果 x 等于 y，则返回 true	5==8 返回 false
===	绝对等于	x === y：如果 x 等于 y，且它们的类型相同，则返回 true	5==="5"返回 false
!=(或<>)	不等于	x != y：如果 x 不等于 y，则返回 true	5!=8 返回 true
!==	不绝对等于	x !== y：如果 x 不等于 y，或它们的类型不相同，则返回 true	5!=="5"返回 true
>	大于	x > y：如果 x 大于 y，则返回 true	5>8 返回 false
<	小于	x < y：如果 x 小于 y，则返回 true	5<8 返回 true
>=	大于或等于	x >= y：如果 x 大于或等于 y，则返回 true	5>=8 返回 false
<=	小于或等于	x <= y：如果 x 小于或等于 y，则返回 true	5<=8 返回 true

以下实例演示了比较运算符的用法：

```
<?php
$x=100;
$y="100";
var_dump($x == $y);
echo "<br>";
var_dump($x === $y);
echo "<br>";
var_dump($x != $y);
echo "<br>";
var_dump($x !== $y);
echo "<br>";
$a=50;
$b=90;
var_dump($a > $b);
echo "<br>";
var_dump($a < $b);
?>
```

程序输出结果如图 2-18 所示。

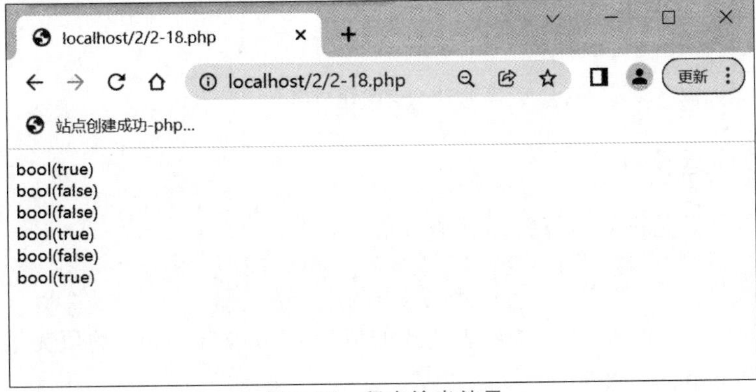

图 2-18 程序输出结果

2.5.8 数组运算符

数组运算符如表 2-8 所示。

表 2-8 数组运算符

运 算 符	名称	描 述
+	数组合并	x + y：将数组 x 和 y 合并
==	相等	x == y：如果 x 和 y 具有相同的键值对，则返回 true
===	绝对等于	x === y：如果 x 和 y 具有相同的键值对，且顺序和类型均相同，则返回 true
!=(或<>)	不相等	x != y：如果 x 和 y 不具有相同的键值对，则返回 true
!==	不绝对等于	x !== y：如果 x 和 y 不具有相同的键值对，或它们的顺序不同，或它们的类型不同，则返回 true

以下实例演示了数组运算符的用法：

```
<?php
$x = array("a" => "red", "b" => "green");
$y = array("c" => "blue", "d" => "yellow");
$z = $x + $y;                                    //$x 和 $y 数组合并
var_dump($z);
var_dump($x == $y);
var_dump($x === $y);
var_dump($x != $y);
var_dump($x <> $y);
var_dump($x !== $y);
?>
```

程序输出结果如图 2-19 所示。

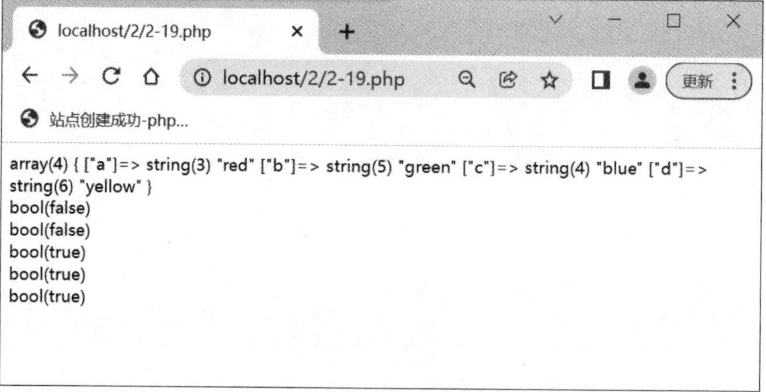

图 2-19 程序输出结果

2.5.9 条件运算符

条件运算符“?:”是三元运算符。其语法格式如下：

```
(expr1) ?(expr2) : (expr3)
```

当 expr1 的值为 true 时整个条件表达式的值为 expr2，当 expr1 的值为 false 时整个条件表达式的值为 expr3。

自 PHP 5.3 起，可以省略三元运算符中间部分。表达式 expr1 ?: expr3 在 expr1 求值为 TRUE 时返回 expr1，否则返回 expr3。

以下实例判断 $_GET 请求中是否含有 user 值。如果有，返回 $_GET['user']；否则返回 nobody：

```
<?php
//普通写法
$username = isset($_GET['user']) ? $_GET['user'] : 'nobody';
echo $username, PHP_EOL;

//PHP 5.3 及以上版本写法
$username = $_GET['user'] ?: 'nobody';
echo $username, PHP_EOL;
?>
```

注意：PHP_EOL 是一个换行符，兼容更多的平台。

自 PHP 7 起增加了一个 NULL 合并运算符"??"，实例如下：

```
<?php
//如果$_GET['user']不存在返回'nobody',否则返回$_GET['user']的值
$username = $_GET['user'] ?? 'nobody';
//类似的三元运算符
$username = isset($_GET['user']) ? $_GET['user'] : 'nobody';
?>
```

2.5.10 运算符的优先级和结合性

表 2-9 按照优先级从高到低的顺序列出了运算符的结合性。同一行中的运算符具有相同优先级，此时它们的结合方向决定求值顺序。

说明：左＝从左到右，右＝从右到左。

表 2-9 运算符优先级

结 合 性	运 算 符
clone，new	无
[	左
++，--，~，(int)，(float)，(string)，(array)，(object)，(bool)，@	右
instanceof	无
!	右
*，/，%	左
+，-，.	左
<<，>>	左
==，!=，===，!==	无
&	左
^	左
|	左
&&	左
||	左

续表

结 合 性	运 算 符
? :	左
=,+=,-=,*=,/=,.=,%=,&=,|=,^=,<<=,>>=	右
and	左
xor	左
or	左
,	左

or 和||、&& 和 and 都是逻辑运算符,效果一样,但是其优先级却不一样。

```
<?php
//优先级: && 高于 and
//优先级: ||高于 or
$a = 3;
$b = false;
$c = $a or $b;
var_dump($c);                           //这里的 $c 为整型值 3,而不是布尔值 true
$d = $a || $b;
var_dump($d);                           //这里的 $d 就是布尔值 true
?>
```

以上实例输出结果为

```
int(3)
bool(true)
```

可以通过括号明确运算顺序,能够增强代码的可读性。

```
<?php
//括号优先运算
$a = 1;
$b = 2;
$c = 3;
$d = $a + $b * $c;
echo $d;
echo "\n";
$e = ($a + $b) * $c;                    //使用括号
echo $e;
echo "\n";
?>
```

以上实例输出结果为

```
7
9
```

2.6 PHP 的函数

PHP 的真正威力源自它的函数。在 PHP 中,提供了超过 1000 个内建的函数。

本节讲解如何创建函数。例如,要在页面加载时执行脚本,可以把它放到函数中。函数是通过调用函数执行的，可以在页面的任何位置调用函数。

2.6.1 定义和调用函数

函数定义的语法如下：

```
<?php
function functionName()
{
    …                                       //要执行的代码
}
?>
```

PHP的函数名应该提示它的功能。函数名以字母或下画线开头(不能以数字开头)。

下面是一个简单的函数定义和调用：

```
<?php
function writeName()
{
    echo "Kai Jim Refsnes";
}
echo "My name is ";
writeName();
?>
```

输出为

```
My name is Kai Jim Refsnes
```

2.6.2 在函数间传递参数

为了给函数增加更多的功能，可以添加参数。参数类似于变量，在函数名称后面的括号内指定。

下面的实例输出不同的名字，但姓是相同的。

```
<?php
function writeName($fname)
{
    echo $fname . " Refsnes.<br>";
}
echo "My name is ";
writeName("Kai Jim");
echo "My sister's name is ";
writeName("Hege");
echo "My brother's name is ";
writeName("Stale");
?>
```

输出为

```
My name is Kai Jim Refsnes.
My sister's name is Hege Refsnes.
My brother's name is Stale Refsnes.
```

下面的函数有两个参数。

```
<?php
function writeName($fname,$punctuation)
{
    echo $fname . " Refsnes" . $punctuation . "<br>";
}
echo "My name is ";
writeName("Kai Jim",".");
echo "My sister's name is ";
writeName("Hege","!");
echo "My brother's name is ";
writeName("Stale","?");
?>
```

输出为

```
My name is Kai Jim Refsnes.
My sister's name is Hege Refsnes!
My brother's name is Stale Refsnes?
```

2.6.3 从函数中返回值

如需让函数返回一个值,使用 return 语句。例如:

```
<?php
function add($x,$y)
{
    $total=$x+$y;
    return $total;
}
echo "1 + 16 = " . add(1,16);
?>
```

输出为

```
1 + 16 = 17
```

2.6.4 变量函数

PHP 中的变量函数相当于 C 语言中的函数指针和 C# 中的委托。例如:

```
function come() {                              //定义 com()函数
    echo "来了<p>";
}
function go($name = "jack") {                  //定义 go()函数
    echo $name."走了<p>";
}
function back($string)                         //定义 back()函数
{
    echo "又回来了,$string<p>";
}
$func = "come";                                //声明一个变量,将变量赋值为"come"
$func();                                       //使用变量函数调用函数 come()
$func = "go";                                  //重新将变量赋值为"go"
$func("Tom");                                  //使用变量函数调用函数 go()
```

```
$func = "back";                        //重新将变量赋值为"back"
$func("Lily");                         //使用变量函数调用函数 back()
```

2.6.5　对函数的引用

在 PHP 中，引用是指用不同的名字访问同一个变量的内容。

引用与 C 语言中的指针是有差别的。C 语言中的指针存储的是变量的内容在内存中存放的地址，而 PHP 的引用允许用两个变量指向同一个内容。例如：

```
<?php
$a="ABC";
$b =&$a;
echo $a;                               //这里输出"ABC"
echo $b;                               //这里输出"ABC:
$b="EFG";
echo $a;                               //这里$a 的值变为"EFG",所以输出"EFG"
echo $b;                               //这里输出"EFG:
?>
```

下面是函数的传址调用实例：

```
<?php
function test(&$a)
{
    $a=$a+100;
}
$b=1;
echo $b;                               //输出 1
test($b);                              //这里$b 传递给函数的其实是$b 的变量内容所处的内存地址
                                       //通过在函数里改变$a 的值就可以改变$b 的值
echo "";
echo $b;                               //输出 101
?>
```

函数的引用返回

```
<?php
function &test()
{
    static $b=0;                       //声明一个静态变量
    $b=$b+1;
    echo $b;
    return $b;
}
$a=test();                             //这条语句输出的值为 1
$a=5;
$a=test();                             //这条语句输出的值为 2
$a=&test();                            //这条语句输出的值为 3
$a=5;
$a=test();                             //这条语句输出的值为 6
?>
```

以 $a=test() 方式调用函数，只是将函数的值赋给 $a 而已，$a 的任何改变都不会影响函数中的 $b；而通过 $a=&test() 方式调用函数，是将 return　$b 中的 $b 变量的内存地址与 $a 变量的内存地址指向了同一个地方，即产生了相当于 $a=&b 的效果，所以改变

$a 的值就会同时改变 $b 的值。

```
$a=&test();
$a=5;
```

此时，$b 的值也变为 5。

2.6.6 取消引用

用 unset 取消一个引用，只是断开了变量名和变量内容之间的绑定，并不意味着变量内容被销毁了。例如：

```
<?php
$a = 1;
$b =& $a;
unset ($a);
?>
```

2.7 输出语句

在 PHP 中有两个基本的输出语句：print 和 echo。

print 只允许输出一个字符串，返回值总为 1。echo 可以输出一个或多个字符串。

注意：echo 输出的速度比 print 快。print 有返回值 1，echo 没有返回值。

2.7.1 应用 print 语句输出字符

1. 显示字符串

下面的实例演示了如何使用 print 语句输出字符串(字符串可以包含 HTML 标签)：

```
<?php
print "<h2>PHP 很有趣!</h2>";
print "Hello world!<br>";
print "我要学习 PHP!";
?>
```

程序输出结果如图 2-20 所示。

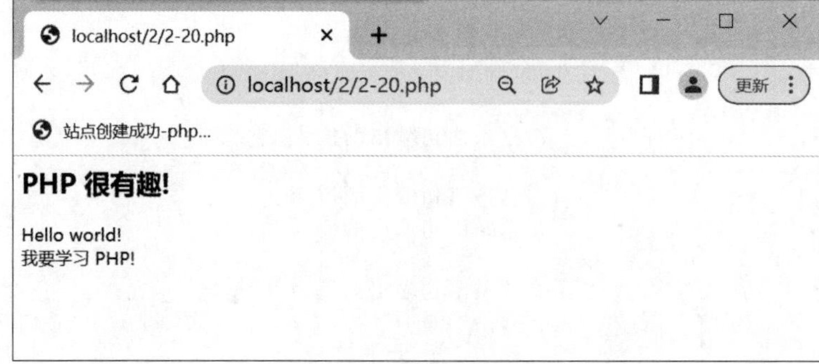

图 2-20 程序输出结果

2. 显示变量

下面的实例演示了如何使用 print 语句输出包含变量的字符串：

```
<?php
$txt1="学习 PHP";
$txt2="RUNOOB.COM";
$cars=array("Volvo","BMW","Toyota");
print $txt1;
print "<br>";
print "在 $txt2 学习 PHP ";
print "<br>";
print "我车的品牌是 {$cars[0]}";
?>
```

程序输出结果如图 2-21 所示。

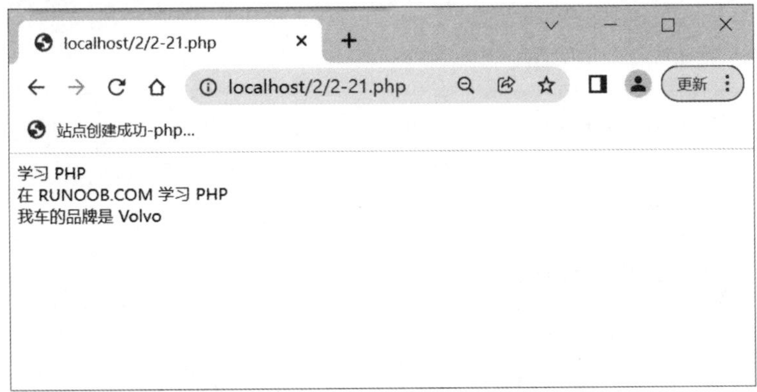

图 2-21　程序输出结果

2.7.2　应用 echo 语句输出字符

1. 显示字符串

下面的实例演示了如何使用 echo 命令输出字符串(字符串可以包含 HTML 标签)：

```
<?php
echo "<h2>PHP 很有趣!</h2>";
echo "Hello world!<br>";
echo "我要学 PHP!<br>";
echo "这是一个", "字符串,", "使用了", "多个", "参数。";
?>
```

程序输出结果如图 2-22 所示。

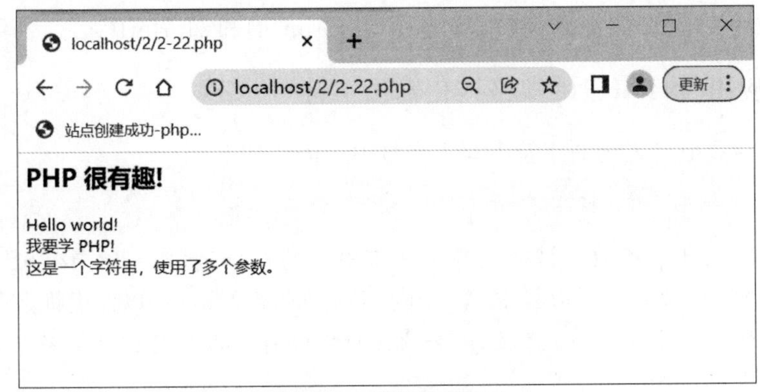

图 2-22　程序输出结果

2. 显示变量

下面的实例演示了如何使用 echo 命令输出包含变量的字符串：

```
<?php
$txt1="学习 PHP";
$txt2="RUNOOB.COM";
$cars=array("Volvo","BMW","Toyota");
echo $txt1;
echo "<br>";
echo "在 $txt2 学习 PHP ";
echo "<br>";
echo "我车的品牌是 {$cars[0]}";
?>
```

程序输出结果如图 2-23 所示。

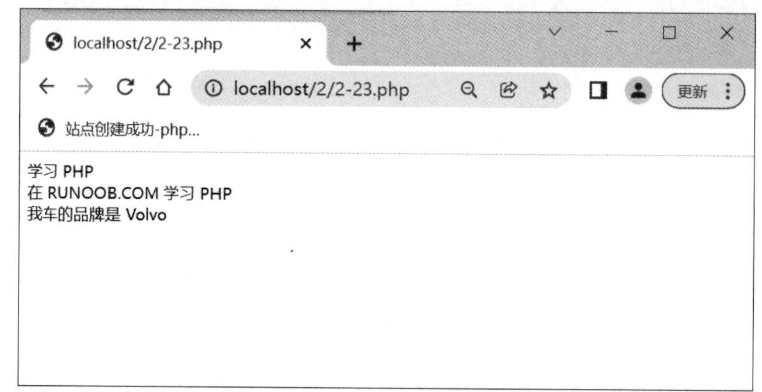

图 2-23 程序输出结果

2.7.3 应用 printf()函数格式化输出字符

printf()函数输出格式化的字符串。语法如下：

```
printf(format,arg1,arg2,arg++)
```

arg1、arg2、arg++参数将被插入到主字符串中的百分号(%)处。该函数是逐步执行的，在第一个%符号处插入 arg1，在第二个%符号处插入 arg2，以此类推。

注意：如果%符号多于 arg 参数，则必须使用占位符。占位符被插入到%符号之后，由数字和\$组成。

相关函数为 sprintf()、vprintf()、vsprintf()、fprintf()和 vfprintf()。

2.7.4 应用 sprintf()函数格式化输出字符

sprintf()函数把格式化的字符串写入变量中。语法如下：

```
sprintf(format,arg1,arg2,arg++)
```

arg1、arg2、arg++参数将被插入到主字符串中的百分号(%)处。该函数是逐步执行的。在第一个%符号处，插入 arg1，在第二个%符号处，插入 arg2，以此类推。

注意：如果%符号多于 arg 参数，则必须使用占位符。占位符位于%符号之后，由数字和“\$”组成。

实例：

```
<?php
$number = 2;
$str = "Shanghai";
$txt = sprintf("There are %u million cars in %s.",$number,$str);
echo $txt;?>
```

运行结果为

```
There are 2 million cars in Shanghai.
```

2.8 引用文件

服务器端包含(Server Side Includes，SSI)用于创建可在多个页面重复使用的函数、页眉、页脚或元素。

include(或 require)语句获取指定文件中存在的所有文本、代码和标记，并复制到使用 include 语句的文件中。

通过 include 或 require 语句可以将 PHP 文件的内容插入另一个 PHP 文件(在服务器执行它之前)。

2.8.1 应用 include 语句和 require 语句引用文件

1. include 语句

include 语句的语法如下：

```
include 'filename';
```

假设有一个名为 footer.php 的页脚文件，内容如下：

```
<?php
echo "<p>Copyright ? 2006-" . date("Y") . " W3School.com.cn</p>";
?>
```

如果需要在一个页面中引用这个页脚文件，应使用 include 语句：

```
<html>
<body>
<h1>欢迎访问我们的首页!</h1>
<p>一段文本。</p>
<p>一段文本。</p>
<?php
include 'footer.php';
?>
</body>
</html>
```

程序输出结果如图 2-24 所示。

假设有一个名为 menu.php 的菜单文件，内容如下：

```
<?php
echo '<a href="/index.asp">首页</a> -
<a href="/html/index.asp">HTML 教程</a> -
```

```
<a href="/css/index.asp">CSS 教程</a> -
<a href="/js/index.asp">JavaScript 教程</a> -
<a href="/php/index.asp">PHP 教程</a>';
?>
```

图 2-24　程序输出结果

网站中的所有页面均使用此菜单文件。具体的做法如下(这里使用了<div>元素,这样今后就可以轻松地通过 CSS 设置样式):

```
<html>
<body>
<div class="menu">
<?php include 'menu.php';?>
</div>
<h1>欢迎访问我的首页!</h1>
<p>Some text.</p>
<p>Some more text.</p>
</body>
</html>
```

程序输出结果如图 2-25 所示。

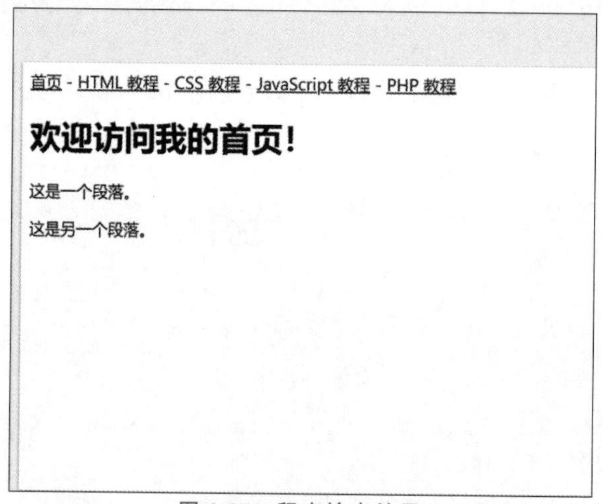

图 2-25　程序输出结果

假设有一个名为 vars.php 的文件,其中定义了一些变量,内容如下:

```
<?php
```

```
$color='银色的';
$car='奔驰轿车';
?>
```

如果引用 vars.php 文件，就可以在代码中使用这些变量：

```
<html>
<body>
<h1>欢迎访问我的首页!</h1>
<?php
include 'vars.php';
echo "我有一辆" . $color . $car "。";
?>
</body>
</html>
```

程序输出结果如图 2-26 所示。

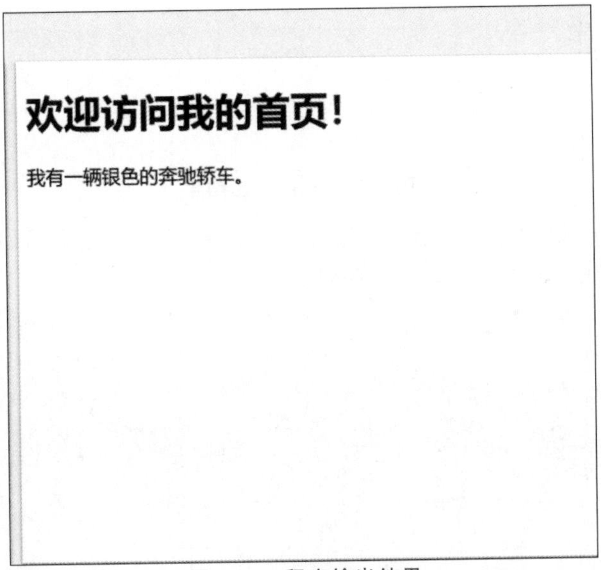

图 2-26　程序输出结果

2. require 语句

require 语句的语法如下：

```
require 'filename';
```

require 语句同样用于向 PHP 代码中引用文件。

不过，include 语句与 require 语句有一个很大的差异。如果用 include 语句引用某个文件并且 PHP 无法找到它，程序会继续执行。例如：

```
<html>
<body>
<h1>Welcome to my home page!</h1>
<?php
include 'noFileExists.php';
echo "I have a $color $car.";
?>
```

```
</body>
</html>
```

程序输出结果如图 2-27 所示。

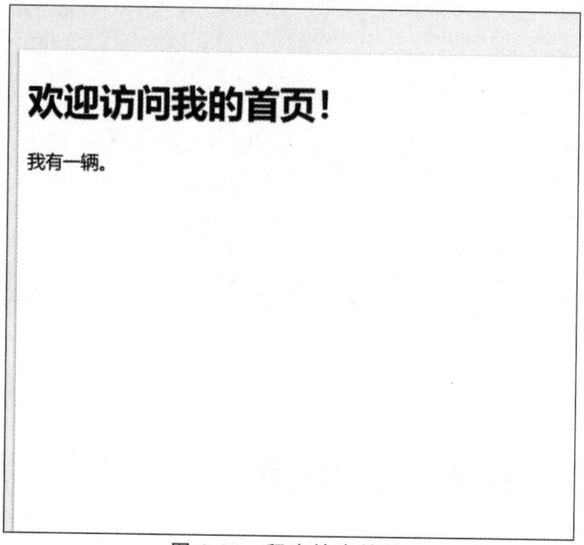

欢迎访问我的首页!

我有一辆。

图 2-27　程序输出结果

如果使用 require 语句完成相同的功能,echo 语句不会继续执行,因为在 require 语句返回严重错误之后程序就会中止运行。代码如下:

```
<html>
<body>
<h1>Welcome to my home page!</h1>
<?php
require 'noFileExists.php';
echo "I have a $color $car.";
?>
</body>
</html>
```

程序在执行 echo 语句前中止运行,如图 2-28 所示。

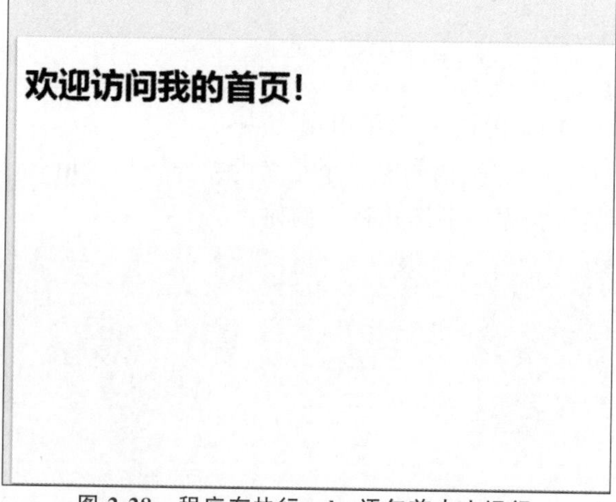

图 2-28　程序在执行 echo 语句前中止运行

3. include 语句和 require 语句的区别

include 语句和 require 语句是基本相同的，只在错误处理方面存在不同之处。

require 语句会生成致命错误(E_COMPILE_ERROR)并停止运行。

include 语句只生成警告(E_WARNING)，并且程序会继续运行。

因此，如果希望程序在遇到错误时继续执行，并向用户输出结果，即使包含文件已丢失，应使用 include 语句；而在框架、CMS 或者复杂的 PHP 应用程序编程中，应始终使用 require 语句引用关键文件，这有助于提高程序的安全性和完整性。

包含文件省去了大量的工作。这意味着可以为所有页面创建标准的页头、页脚和菜单文件。在页头需要更新时，只需更新页头文件即可。

2.8.2 应用 include_once 语句和 require_once 语句引用文件

1. include_once 语句

应用 include_once 语句会在导入文件前先检测该文件是否在该页面的其他部分被引用过。如果是，则不会重复导入该文件，程序只导入一次该文件。

例如，要导入的文件中存在一些自定义函数，那么，如果在同一个程序中重复导入这个文件，在第二次导入时便会发生错误，因为 PHP 不允许相同名称的函数被重复声明。

2. require_once 语句

require_once 语句是 require 语句的延伸，它的功能与 require 语句基本相同。不同的是，在应用 require_once 语句时，会先检查要引用的文件是否已经在该程序中的其他部分被引用过。如果是，则不会重复调用该文件。

例如，应用 require_once 语句在同一个页面中两次引用同一个文件，那么在输出时只在第一个引用处执行该文件，第二个引用处不执行文件。

3. include_once 语句和 require_once 语句的区别

include_once 语句在脚本执行期间调用外部文件发生错误时产生一个警告，而 require_once 语句则导致一个致命错误。

这两个语句的用途都是确保一个文件只被包含一次，以防止多次包含相同的函数库导致函数的重复定义并产生错误。

2.9 实战

2.9.1 判断闰年的方法

称能被 100 整除的年为世纪年，其余年为普通年。判断闰年的规则如下：

(1) 普通年能被 4 整除的为闰年。例如，2004 年是闰年。

(2) 世纪年能被 400 整除而不能被 3200 整除的为闰年。例如，2000 年是闰年。

代码如下：

```
$year=mt_rand(1900,2200);                    //从 1900 年到 2200 年
if($year%100==0){                            //判断世纪年
    if($year%400==0&&$year%3200!=0){
        echo "世纪年".$year."是闰年!";        //世纪年里的闰年
```

```
        }
        else{echo "世纪年".$year."不是闰年!";}
    }
    else{//剩下的就是普通年
        if($year%4==0&&$year%100!=0){
            echo "普通年".$year."是闰年!";            //普通年里的闰年
        }
        else {echo "普通年".$year."不是闰年!";}
    }
```

程序运行结果如图 2-29 所示。

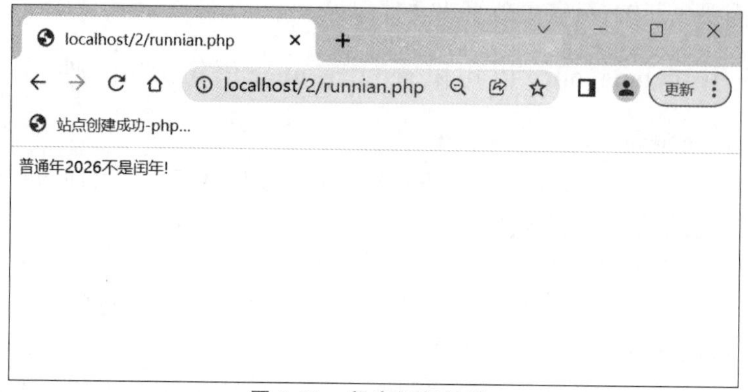

图 2-29 程序运行结果

2.9.2 通过自定义函数防止新闻主题信息出现中文乱码

为了保持整个页面的合理布局，经常需要对一些较长的字符进行部分输出。由于汉字占两个字符，如果截取位置不当，就可能导致截取的字符串尾出现乱码的现象。

首先创建了一个自定义函数，用于实现屏蔽中文乱码的输出，将该函数封装在 function.php 中。然后在 index.php 中应用 include_once 语句引用这个文件，再通过 echo 语句输出新闻主题信息，截取前 16 个字符，并应用自定义函数屏蔽中文乱码。

function.php 代码如下：

```
<?php
function chinesesubstr($str,$start,$len){
    $strlen=$start+$len;
    for($i=0;$i<$strlen;$i++){
        if(ord(substr($str,$i,1))>0xa0){
            $tmpstr.=substr($str,$i,2);
            $i++;
        }else
            $tmpstr.=substr($str,$i,1);
        }
    return $tmpstr;
}
?>
```

index.php 代码如下：

```
<linkrel="stylesheet"type="text/css"href="style.css">
<tablewidth="160"border="0"align="center"cellpadding="0"cellspacing="0">
```

```
<tr>
<tdwidth="165"height="32"><imgsrc="images/tell_top.gif"width="165"
height="32"border="0"></td>
</tr>
<tr>
<tdheight="52"background="images/tell_center.gif">
<?php
include_once("function.php");
$news="中小学因雾霾放假!";
$i=1;
do{
    ?>
    <tablewidth="148"height="25"border="0"align="center"cellpadding="0"
    cellspacing="0">
    <tr>
    <tdwidth="17"height="20"><imgsrc="images/mark_0.gif"width="10"
    height="10"></td>
    <tdwidth="333">
    <?php
    echo chinesesubstr($news,0,16);
    if(strlen($news)>16){
        echo " ...";
    }
    ?>
    </td>
    </tr>
    <tr>
    <tdheight="5"></td>
    <tdheight="5"background="images/back_point_write.gif"></td>
    </tr>
    </table>
    <?php
    $i++;
}while($i<=5);
?>
</td>
</tr>
<tr>
<tdwidth="165"height="12"><imgsrc="images/tell_bottom.gif"width="165"
height="12"></td>
</tr>
</table>
```

index.php 运行结果如图 2-30 所示。

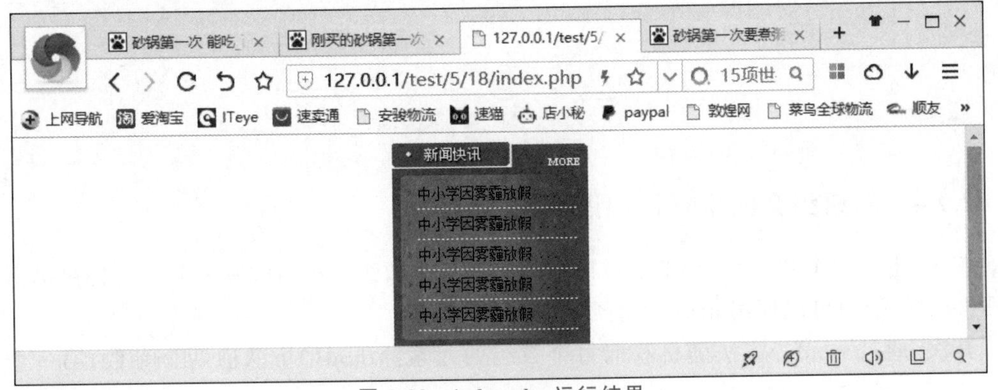

图 2-30 index.php 运行结果

2.9.3 应用 include 语句构建在线音乐网站主页

yinyue.php 代码如下：

```
<?php
@header('Content-type: text/html;charset=UTF-8');
/**
 * 百度音乐列表 api [开始]
 */
if($_POST["music"] == true)
{
    $str = $_POST['musicname'];
    $utf = '';
    for ($i=0;$i<strlen($str);$i++) $utf.=sprintf("%%%02X",ord(substr($str,
$i,1)));
    $url = 'http://tingapi.ting.baidu.com/v1/restserver/ting?from=webapp_
music&method=baidu.ting.search.catalogSug&format=json&callback=&query=
'.$utf.'&_=1513017198449format:json|xml|jsonp';
    define('APP_PATH',dirname(__DIR__));
    $curl = curl_init();
    $cfg = include(APP_PATH.'\config\cfg.php');
    curl_setopt($curl,CURLOPT_URL,$url);
    curl_setopt($curl,CURLOPT_HEADER,1);
    curl_setopt($curl,CURLOPT_RETURNTRANSFER,1);
    $res = curl_exec($curl);
    if(curl_getinfo($curl,CURLINFO_HTTP_CODE) == '200')
    {
        $headersize = curl_getinfo($curl,CURLINFO_HEADER_SIZE);
        $header = substr($res,0,$headersize);
        $body = substr($res,$headersize);
        $result = array();
        preg_match_all("/(?:\()(.*)(?:\))/i",$body, $result);
        printf($result[1][0]);
    }
    curl_close($curl);
}
/**
 *  百度音乐列表 api [结束]
 */
function getUTF8($str)
{
    $str=iconv("GBK", "UTF-8", $str);
    $utf='';
    for ($i=0;$i<strlen($str);$i++) $utf.=sprintf("%%%02X",ord(substr($str,
$i,1)));
    return $utf;
}
?>
```

2.9.4 随机组合的生日祝福语

首先，定义两个数组，一个是生日祝福语的开头语数组 \$data1，另一个是生日祝福语数组 \$data2。数组可以使用 array()函数定义。

其次，通过 rand()方法随机获取每个数组的元素。rand()方法有两个参数，第一个是最小值,第二个是最大值,用 rand()方法随机取一个整数,用于在数组中选取元素。

最后,将随机获得的两个数组的元素通过并置运算符连接起来,通过 echo 语句输出随机组合的生日祝福语。

代码如下:

```
<html>
<body>
<?php
$data1=array ("在你生日到来之际,",
              "今天是你的生日,",
              "生日来临之际,",
              "今天是一年一度的你的生日,在这美好的一天,"
             );
$data2=array ("祝你生日快乐,笑口常开!",
              "祝你永远平安如意,美丽无比!",
              "祝你生日快乐,健康幸福每一天!",
              "愿你心想事成,吉祥如意!",
              "祝你万事如意,健康平安,天天都开心快乐!"
             );
$rand1=rand(0,3);
$rand2=rand(0,4);
echo $data1[$rand1].$data2[$rand2];
?>
</body>
</html>
```

程序运行结果如图 2-31 所示。

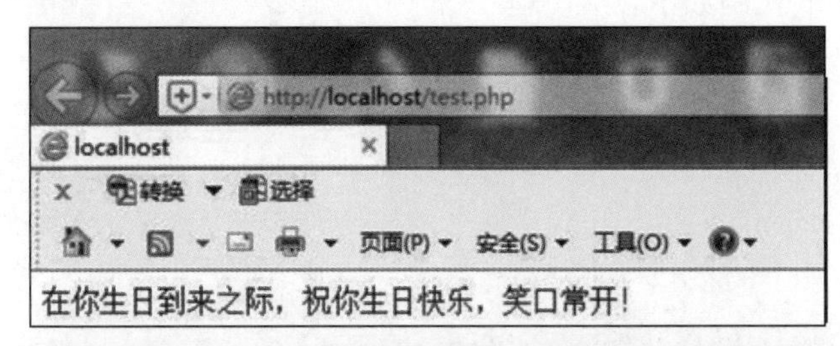

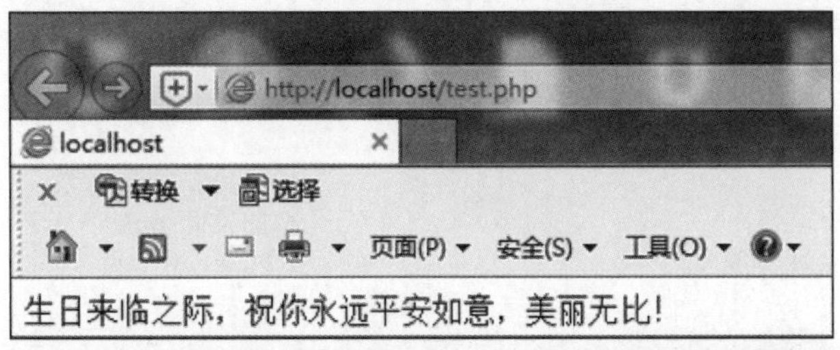

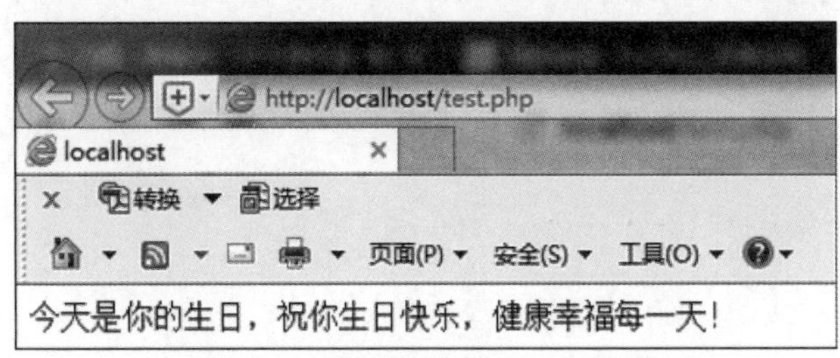

图 2-31 随机组合的生日祝福语

2.9.5 计算器

jisuanqi.php 代码如下：

```
<html>
<body>
<form action="jisuanqi_test.php" method="post">
<input type="text" name="first" />
<select name="s">
<option value="+">+</option>
<option value="-">-</option>
<option value="*">*</option>
<option value="%">%</option>
<option value="/">/</option>
</select>
<input type="text" name="second" />
<input type="submit" value="send" />
</form>
<?php
$first=$_POST["first"];
$v=$_POST["s"];
$second=$_POST["second"];
echo $first.$v.$second;
?>
</body>
</html>
```

jisuanqi_test.php 代码如下：

```
<html>
<body>
<?php
$first=$_POST["first"];                          //获取 name 为"first"的值
$v=$_POST["s"];                                  //获取 name 为"s"的值
$second=$_POST["second"];                        //获取 name 为"second"的值
if($v=="+"){                                     //如果是加法运算
    echo "结果为:".($first+$second);
}elseif($v=="-"){                                //如果是减法运算
    echo "结果为:".($first-$second);
}elseif($v=="*"){                                //如果是乘法运算
    echo "结果为:".($first*$second);
}elseif($v=="%"){                                //如果是除法运算
    if($second==0){                              //如果除数等于 0
        echo "除数不能是 0";
    }else{
        echo "结果为:".($first%$second);
    }
}elseif($v=="/"){                                //如果是模运算
    if($second==0){
        echo "模不能是 0";
    }else{
        echo "结果为:".($first/$second);
    }
}
?>
```

```
</body>
</html>
```

程序运行结果如图 2-32 所示。

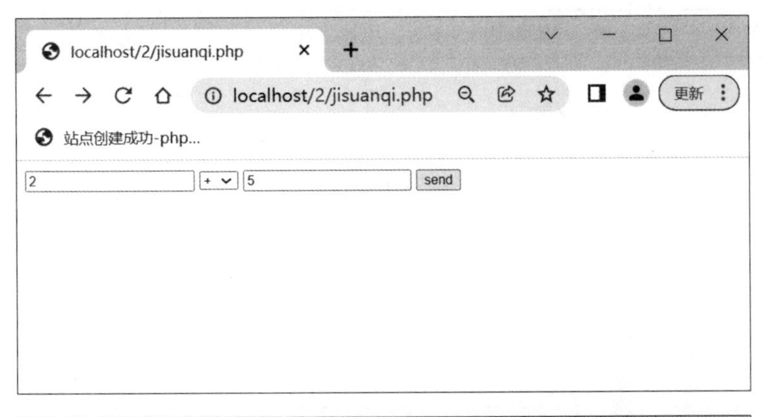

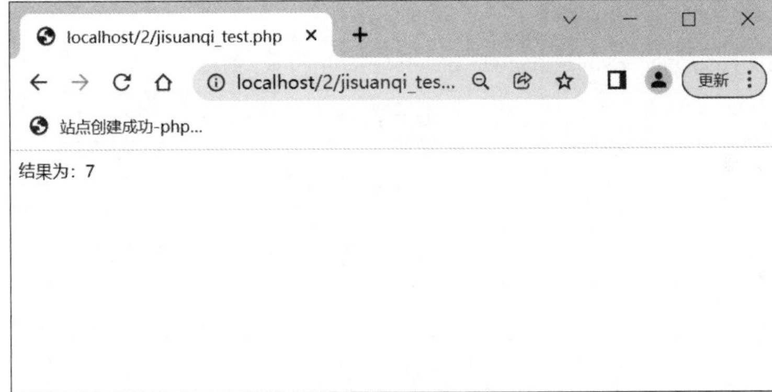

图 2-32 程序运行结果

学习成果达成与测评

<table>
<tr><td>学号</td><td></td><td>姓名</td><td></td><td>项目序号</td><td></td><td>项目名称</td><td></td><td>学时</td><td>6</td><td>学分</td><td></td></tr>
<tr><td>职业技能等级</td><td colspan="2">中级</td><td colspan="3">职业能力</td><td colspan="4"></td><td>任务量数</td><td></td></tr>
<tr><td>序号</td><td colspan="10">评价内容</td><td>分数</td></tr>
<tr><td>1</td><td colspan="10">掌握 PHP 数据类型的应用</td><td>15</td></tr>
<tr><td>2</td><td colspan="10">掌握 PHP 的常量和变量的应用</td><td>15</td></tr>
<tr><td>3</td><td colspan="10">掌握 PHP 运算符的应用</td><td>20</td></tr>
<tr><td>4</td><td colspan="10">掌握 PHP 函数的应用</td><td>20</td></tr>
<tr><td>5</td><td colspan="10">掌握输出语句 print、echo、printf 和 sprintf 的用法</td><td>15</td></tr>
<tr><td>6</td><td colspan="10">掌握引用文件 include、require、include_once 和 require_once 的用法</td><td>15</td></tr>
<tr><td rowspan="2">考核评价</td><td colspan="10">总分数</td><td></td></tr>
<tr><td colspan="11">指导教师评语</td></tr>
<tr><td>备注</td><td colspan="11">奖励：
(1) 可以按照完成质量给予 1～10 分奖励。
(2) 每超额完成一个任务加 3 分。
(3) 巩固提升任务完成情况优秀，加 2 分。
惩罚：
(1) 完成任务超过规定时间，扣 2 分。
(2) 完成任务有缺项，每项扣 2 分。
(3) 任务实施报告中有歪曲事实、杜撰或抄袭内容者不予评分。</td></tr>
</table>

学习成果实施报告书

<table>
<tr><td>题目</td><td colspan="5"></td></tr>
<tr><td>班级</td><td></td><td>姓名</td><td></td><td>学号</td><td></td></tr>
<tr><td colspan="6">任务实施报告</td></tr>
<tr><td colspan="6">简要记述完成的各项任务，描述任务规划以及实施过程、遇到的重点难点以及解决过程，字数不少于800字。</td></tr>
<tr><td colspan="6">考核评价(10分制)</td></tr>
<tr><td colspan="4" rowspan="2">教师评语：</td><td>态度分数</td><td></td></tr>
<tr><td>工作量分数</td><td></td></tr>
<tr><td colspan="6">考 核 标 准</td></tr>
<tr><td colspan="6">(1) 在规定时间内完成任务。
(2) 操作规范。
(3) 任务实施报告书内容真实可靠、条理清晰、文字流畅、逻辑性强。
(4) 没有完成工作量扣1分，有抄袭内容扣5分。</td></tr>
</table>

第3章

PHP流程控制语句

知识导读

PHP 支持结构化程序设计，这是面向过程的程序设计的一种基本方法。在 PHP 结构化程序设计中有 3 种基本的流程控制结构，即条件结构、循环结构和跳转结构。通过本章的学习，读者可以掌握 PHP 程序结构的基本语法和操作。

学习目标

- 了解 PHP 的流程控制。
- 掌握 PHP 的条件控制语句。
- 掌握 PHP 的循环控制语句。
- 掌握 PHP 的跳转控制语句。

3.1 条件控制语句

条件语句用于基于不同条件执行不同的动作。在 PHP 中，可以使用以下条件语句：

（1）if 语句。如果指定条件为真，则执行代码。

（2）if…else 语句。如果条件为真，则执行一个代码块；否则执行另一个代码块。

（3）if…elseif…else 语句。根据两个或更多的条件执行不同的代码块。

（4）switch 语句。选择多个代码块之一执行。

3.1.1 if 语句

if 语句用于在指定条件为真时执行代码。其语法如下：

```
if (条件) {
  当条件为 true 时执行的代码;
}
```

下例在当前时间（以小时为单位）小于 20 时输出"Have a good day!"。

```
<?php
$t=date("H");
if ($t<"20") {
  echo "Have a good day!";
}
?>
```

程序输出结果如图 3-1 所示。

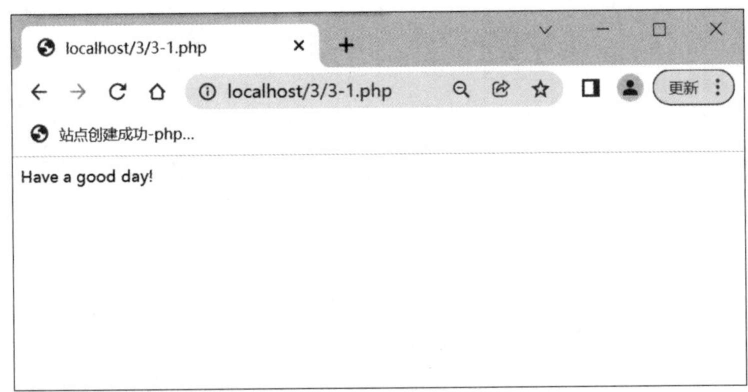

图 3-1　程序输出结果

if…else 语句在条件为真时执行一个代码块，在条件为假时执行另一个代码块。其语法如下：

```
if (条件) {
  条件为真时执行的代码块;
} else {
  条件为假时执行的代码块;
}
```

下例在当前时间(以小时为单位)小于 20 时输出"Have a good day!"，否则输出"Have a good night!"。

```
<?php
$t=date("H");
if ($t<"20") {
  echo "Have a good day!";
} else {
  echo "Have a good night!";
}
?>
```

程序输出结果如图 3-2 所示。

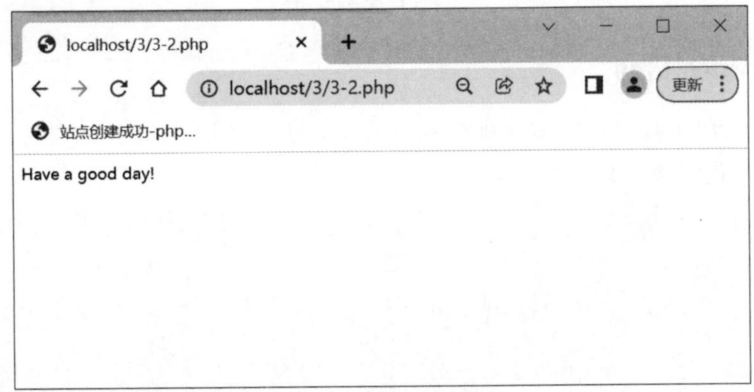

图 3-2　程序输出结果

if…elseif…else 语句根据两个或更多的条件执行不同的代码块。

语法：

```
if (条件 1) {
  条件 1 为真时执行的代码块;
} elseif (条件 2) {
  条件 2 为真时执行的代码块;
} else {
  条件 2 为假时执行的代码块;
}
```

如果当前时间(以小时为单位)小于 10，下例输出"Have a good morning!"。如果当前时间小于 20，则输出"Have a good day!"；否则输出"Have a good night!"。

```
<?php
$t=date("H");
if ($t<"10") {
  echo "Have a good morning!";
} elseif ($t<"20") {
  echo "Have a good day!";
} else {
  echo "Have a good night!";
}
?>
```

程序输出结果如图 3-3 所示。

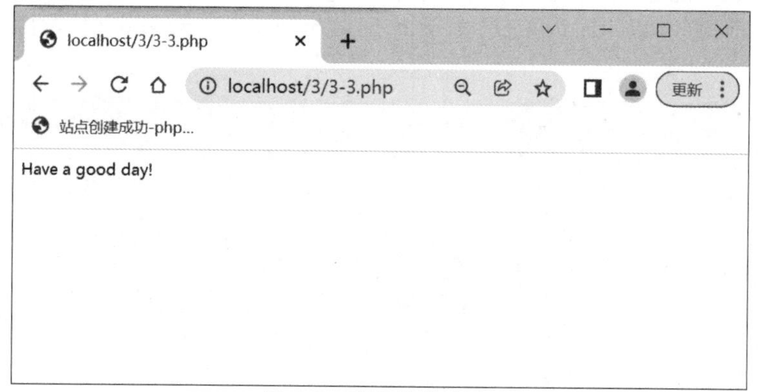

图 3-3 程序输出结果

3.1.2 switch 语句

switch 语句用于基于不同条件执行不同的代码块。使用 switch 语句可以避免冗长的 if…elseif…else 代码块。其语法如下：

```
switch (expression)
{
case label1:
  expression = label1 时执行的代码块;
  break;
case label2:
  expression = label2 时执行的代码块;
  break;
…
```

```
case labelN:
  expression = labelN 时执行的代码块;
  break;
default:
  表达式的值不等于 label1 及 label2 时执行的代码块;
}
```

switch 语句的工作原理如下：对表达式(通常是变量)求值。把表达式的值与 case 的值依次进行比较。如果存在相等的 case 值，则执行与之关联的代码块，代码执行后，break 语句结束 switch 语句的执行，而不再与下一个 case 的值比较。如果没有相等的 case 值，则执行 default 语句。

下面是 switch 语句的实例：

```
<?php
$favfruitG=array("apple","orange","banana","grape","pear","cherry");
$rnd=mt_rand(0,5);
$favfruit=$favfruitG[$rnd];
switch ($favfruit) {
   case "apple":
     echo "Your favorite fruit is apple!";
     break;
   case "banana":
     echo "Your favorite fruit is banana!";
     break;
   case "orange":
     echo "Your favorite fruit is orange!";
     break;
   default:
     echo "Your favorite fruit is neither apple, banana, nor orange!";
}
?>
```

程序输出结果如图 3-4 所示。

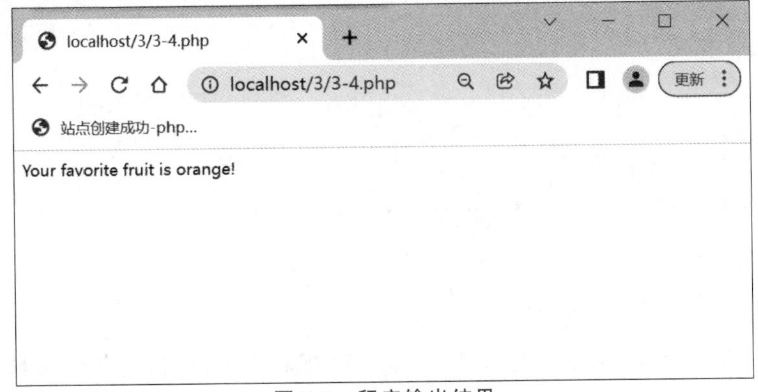

图 3-4　程序输出结果

3.2　循环控制语句

在编写代码时，经常需要反复运行同一代码块。可以使用循环控制结构执行这样的任务。

在 PHP 中，有以下循环语句：

（1）while 语句。只要指定条件为真，则循环执行代码块。

（2）do…while 语句。先执行一次代码块，然后指定条件为真时循环执行代码块。

（3）for 语句。循环执行代码块指定次数。

（4）foreach 语句。遍历数组中的每个元素并循环执行代码块。

3.2.1 while 语句

while 语句在指定条件为真时执行代码块。其语法如下：

```
while (条件) {
  要执行的代码块;
}
```

下例首先把变量 $x 设置为 1（$x=1）。然后，只要 $x 小于或等于 5，就循环执行 while 语句中的代码块。循环每运行一次，$x 就递增 1。

```
<?php
$x=1;
while($x<=5) {
  echo "这个数字是:$x <br>";
  $x++;
}
?>
```

程序输出结果如图 3-5 所示。

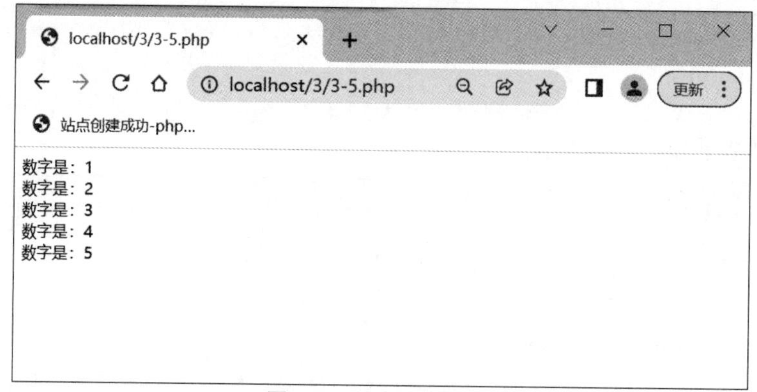

图 3-5 程序输出结果

3.2.2 do…while 语句

do…while 语句首先执行一次代码块，然后检查条件，如果指定条件为真，则循环执行代码块。其语法如下：

```
do {
  要执行的代码块;
} while (条件);
```

下面的例子首先把变量 $x 设置为 1（$x=1）。然后，执行一次 do…while 语句，输出一个字符串，让变量 $x 递增 1，再对条件（$x 是否小于或等于 5）进行检查。只要 $x 小于或等于 5，就会循环执行代码块。

```
<?php
$x=1;
do {
  echo "这个数字是:$x <br>";
  $x++;
} while ($x<=5);
?>
```

程序输出结果如图 3-6 所示。

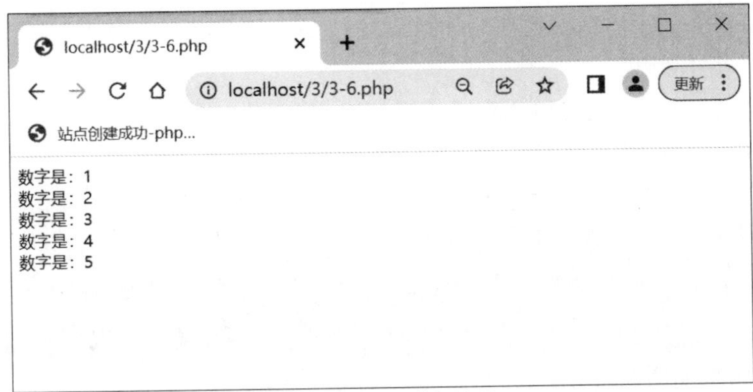

图 3-6　程序输出结果

注意：do…while 语句在执行一次循环体内的语句块之后才对条件进行测试，这意味着 do…while 语句至少会执行一次循环体内语句块，即使条件在第一次执行时就为假。

下面的例子把 $ x 设置为 6，然后执行 do…while 语句，随后对条件进行检查。

```
<?php
$x=6;
do {
  echo "这个数字是:$x <br>";
  $x++;
} while ($x<=5);
?>
```

程序输出结果如图 3-7 所示。

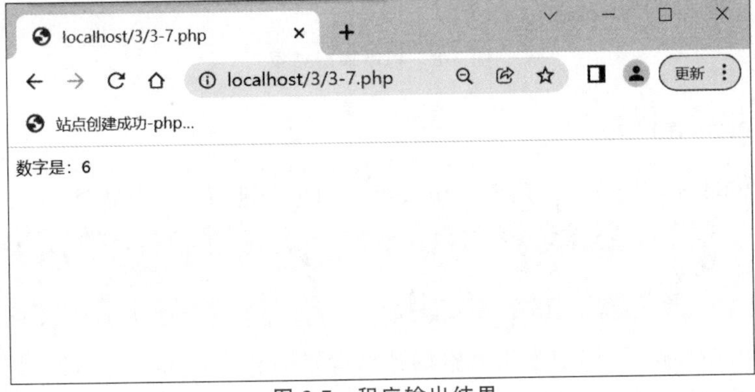

图 3-7　程序输出结果

3.2.3 for 语句

for 语句执行循环代码块指定的次数。其语法如下：

```
for (init counter; test counter; increment counter) {
  code to be executed;
}
```

参数如下：

- init counter：初始化计数器的值。
- test counter：评估每次循环时计数器的值是否满足条件。如果为真，继续循环；如果为假，循环结束。
- increment counter：增加计数器的值。

下面是 for 语句的例子：

```
<?php
for ($x=0; $x<=10; $x++) {
  echo "数字是:$x <br>";
}
?>
```

程序输出结果如图 3-8 所示。

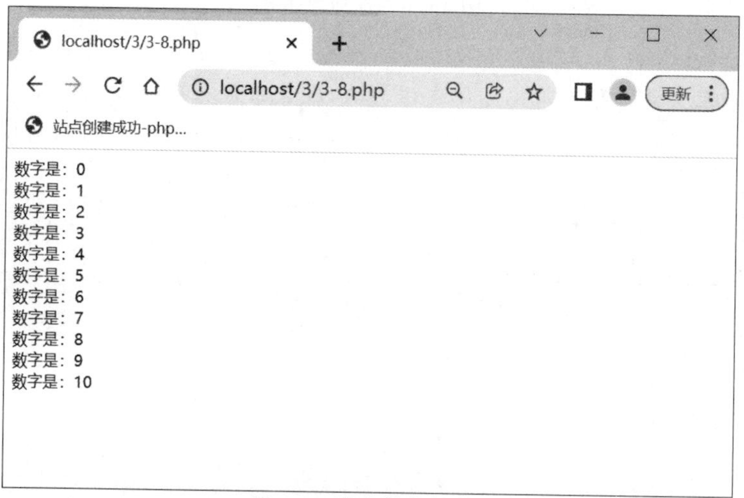

图 3-8 程序输出结果

3.2.4 foreach 语句

foreach 语句只适用于数组，用于遍历数组中的每个键值对。其语法如下：

```
foreach ($array as $value) {
  要执行的代码
}
```

每进行一次循环迭代，当前数组元素的值就会被赋给 $ value 变量，并且数组指针会移动到下一个元素，直到到达最后一个元素。

下面的例子演示了循环输出给定数组($ colors)的值：

```
<?php
$colors = array("red","green","blue","yellow");
foreach ($colors as $value) {
  echo "$value <br>";
}
?>
```

程序输出结果如图 3-9 所示。

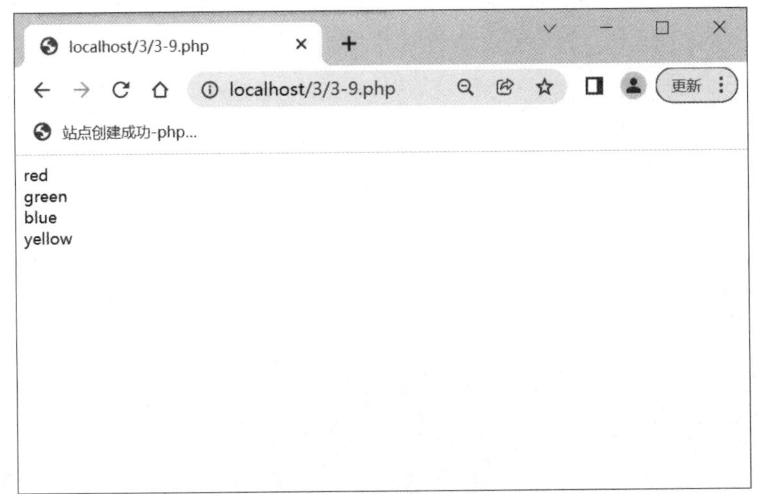

图 3-9　程序输出结果

3.3　跳转控制语句

PHP 中的 break 和 continue 语句都可以用来跳出循环，包括 while、do…while、for 和 foreach 循环。break 语句还可以用来跳出 switch 语句。

3.3.1　break 语句

break 语句中断了当前 while、do…while、for 和 foreach 循环的执行。如果在嵌套的循环中使用 break，它只跳出其所在层循环的执行。

下面是使用 break 语句跳出 for 循环的实例。

```
<?php
for($i=1;$i<=10;$i++){
echo "$i
";
if($i==5){
break;
}
}
?>
```

程序输出结果如下：

```
1
2
```

```
3
4
5
```

下面是使用 break 语句跳出内层循环的实例。

```
<?php
for($i=1;$i<=3;$i++){
    for($j=1;$j<=3;$j++){
    echo "$i $j";
    if($i==2 && $j==2){
        break;
        }
    }
}
?>
```

程序输出结果如下：

```
1 1
1 2
1 3
2 1
2 2
3 1
3 2
3 3
```

break 语句也用于跳出 switch 语句。下面是一个实例：

```
<?php
$num=200;
switch($num){
case 100:
    echo("number is equal to 100");
    break;
case 200:
    echo("number is equal to 200");
    break;
case 50:
    echo("number is equal to 300");
    break;
default:
    echo("number is not equal to 100, 200 or 500");
}
?>
```

程序输出结果如下：

```
number is equal to 200
```

3.3.2 continue 语句

continue 语句用于跳过本轮循环余下的代码，开始下一轮循环。

continue 语句可用于所有类型的循环。

在下面的示例中，仅打印 i 和 j 相同的那些值，并跳过其他值。

```
<?php
for ($i =1; $i<=3; $i++) {
    for ($j=1; $j<=3; $j++) {
        if (!($i == $j) ) {
            continue;
        }
        echo $i.$j;
        echo "";
    }
}
?>
```

程序输出结果如下：

```
11
22
33
```

在下面的示例中，将打印 1～20 的偶数：

```
<?php
echo "Even numbers between 1 to 20: ";
$i = 1;
while ($i<=20) {
    if ($i %2 == 1) {
        $i++;
        continue;
    }
    echo $i;
    echo "";
    $i++;
}
?>
```

程序输出结果如下：

```
Even numbers between 1 to 20:
2
4
6
8
10
12
14
16
18
20
```

3.4 实战

3.4.1 执行指定次数的循环

下面的实例用点打印金字塔形状：

```
<?php
$n=25;
for($i=1;$i<=$n;$i++){
    //空格循环
    for($k=1;$k<=$n-$i;$k++){
        echo ' ';
    }
    //字符循环
    for($j=1;$j<=$i*2-1;$j++){
        if($i==1 || $i==$n){
            echo '.';
        }
        else{
            if($j==1 || $j==$i*2-1){
                echo '.';
            }else{
                echo ' ';
            }
        }
    }
    echo '<br/>';
}
?>
```

程序输出结果如图 3-10 所示。

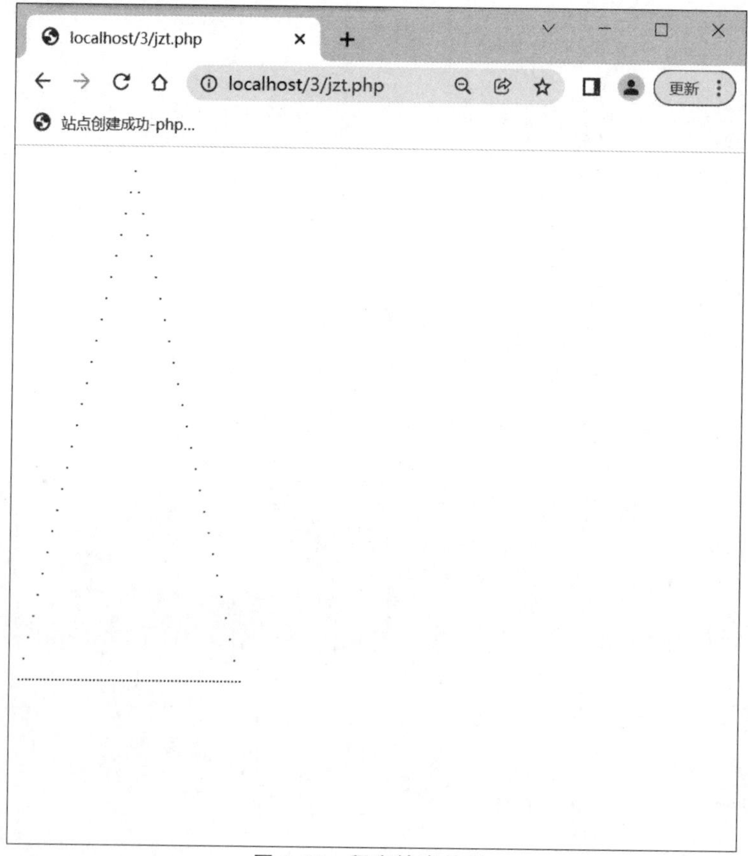

图 3-10　程序输出结果

3.4.2　数据输出中跳过指定的记录

下面的实例在数据输出中跳过指定的记录：

```
<?php
//定义数组
$array=array("PHP 典型模块","PHP 开发实战宝典","JAVA 开发实战宝典","PHP 网络编程自
学手册");
?>
<html>
<head>
    <title></title>
</head>
<body>
<form action="" method="post">
    <textarea name="te",cols="20" rows="6">
    0,<?php echo $array[0]?>
    1,<?php echo $array[1]?>
    2,<?php echo $array[2]?>
    3,<?php echo $array[3]?>
    </textarea><br>
    <input type="text" name="text" value="输入要跳过记录的编号" size="20"
onFocus='' this.value="">
    <input type="submit" name="sub1" value="跳过">
</form>
<?php
if($_POST){
    if($_POST["sub1"]){
        echo $_POST["sub1"];
        for($a=0;$a<count($array);$a++){
            if($a==$_POST["text"]){
                continue;
            }else{
                echo '{';
                echo $array[$a];
                echo '}';
            }
        }
    }
}
?>
</body>
</html>
```

程序输出结果如图 3-11 所示。

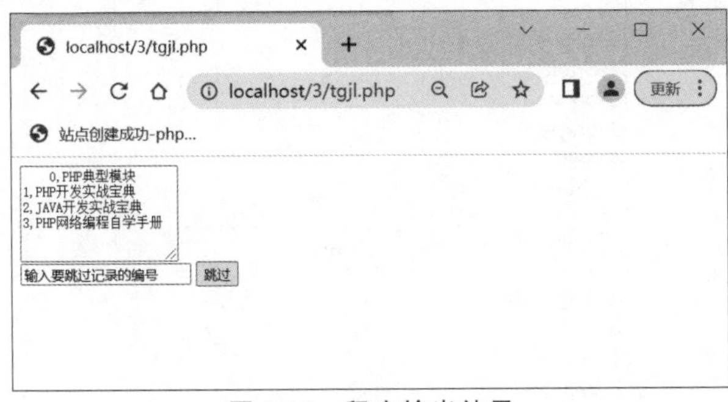

图 3-11　程序输出结果

3.4.3 控制页面中数据的输出数量

以下实例演示了根据用户输入的数字输出数组中相应个数的元素。例如，用户输入 3，则显示前 3 个数组元素。

```
<?php
//定义数组
$favfruitG=array("apple","orange","banana","grape","pear","cherry");
?>
<html>
<head>
    <title></title>
</head>
<body>
有如下几种水果:<hr>
    <?php
    for($i=0;$i<count($favfruitG);$i++){
        echo $i."-".$favfruitG[$i]."<br/>";
    }
    ?>
    <hr>
    <form action="" method="post">
    <input type="text" name="number" placeholder="输入要显示的水果数量"
        size="20" onFocus='' this.value="">
    <input type="submit" name="sub1" value="确定">
</form>
<?php
if($_POST){
    if($_POST["sub1"]){
    echo "以下显示".$_POST["number"]."种水果<br/>";
        for($a=0;$a<$_POST["number"];$a++){
            echo $a."-".$favfruitG[$a]."<br/>";
        }
    }
}
?>
</body>
</html>
```

程序输出结果如图 3-12 所示。

图 3-12　程序输出结果

3.4.4　动态改变页面中单元格的背景颜色

以下实例随机改变页面的背景颜色为红、黄、绿。

```
<html>
<head>
<meta http-equiv="Content-Type" content="text/html; charset=utf-8">
<title>无标题文档</title>
<script>
function change(){
    document.body.style.backgroundColor = document.getElementById('select').
value;
}
</script>
</head>
<body>
<select name="select" id="select" onChange="change();">
  <option value="red">红</option>
  <option value="yellow">黄</option>
  <option value="green">绿</option>
</select>
</body>
</html>实践出真知
```

程序输出结果如图 3-13 所示。

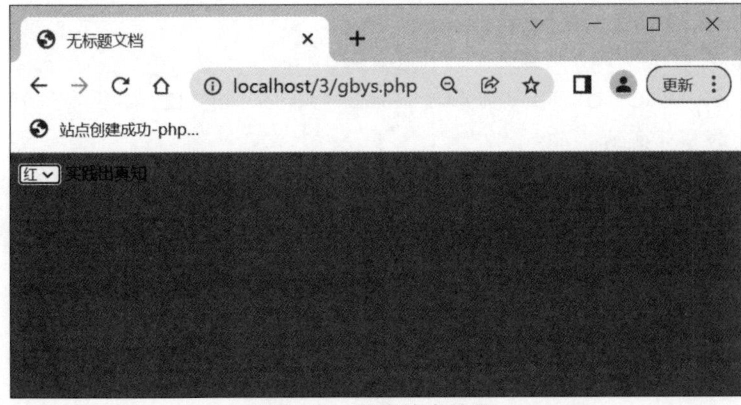

图 3-13　程序输出结果

3.4.5　使用 for 循环动态创建表格

本实例的功能是：用户在前端页面(qianduan.php)中输入一个表格的行数和列数，程序(test.php)能自动生成相应行数和列数的表格。

qianduan.php 如下：

```
<form action="test.php" method="post">
    <b>输入行列生成表格</b><br><br>
    输入行:<input type="text" name="cols"><br><br>
    输入列:<input type="text" name="rows"><br><br>
    <input type="submit" value="生成表格"> 
    <input type="reset" value="重置行列">
</form>
```

test.php 如下：

```
<?php
if(!empty($_POST['cols'])){                                //判断用户输入是否为空
    echo"<b>用户动态输出表格行".$_POST['cols'].",列".$_POST['rows'].
        "</b></>";
    $color="";                                              //隔行变色使用的颜色变量
    echo "<table border='1' width='200px' height='200px' align='center'
          cellspacing='0'>";
    for($i = 0 ; $i < $_POST['cols'] ; $i++){              //行循环的条件设置为变量
        if($i%2==0){                                        //通过奇偶性进行判断
            $color="red";                                   //偶数行为红色
        }else{
            $color="blue";                                  //奇数行为蓝色
        }
        echo "<tr bgcolor='".$color."'>";                   //使用颜色变量
        for($j = 0 ;$j < $_POST['rows'] ; $j++){           //单元格循环的条件设置为变量
            echo "<td>".$j."</td>";
        }
        echo "</tr>";
    }
    echo"</table>";
}
?>
```

程序输出结果如图 3-14 所示。

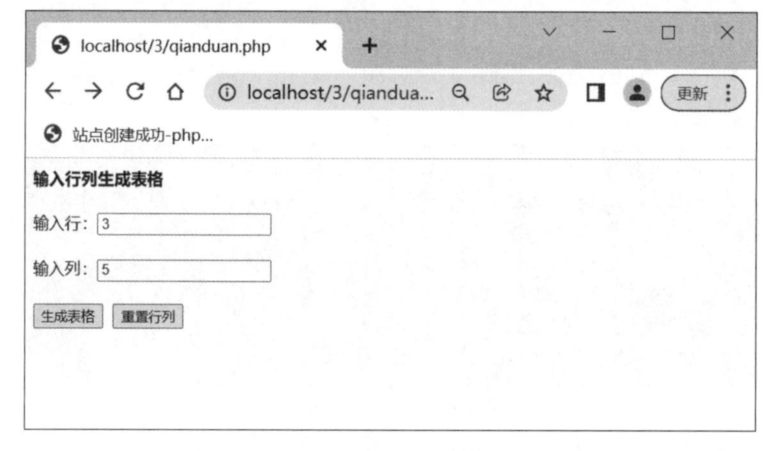

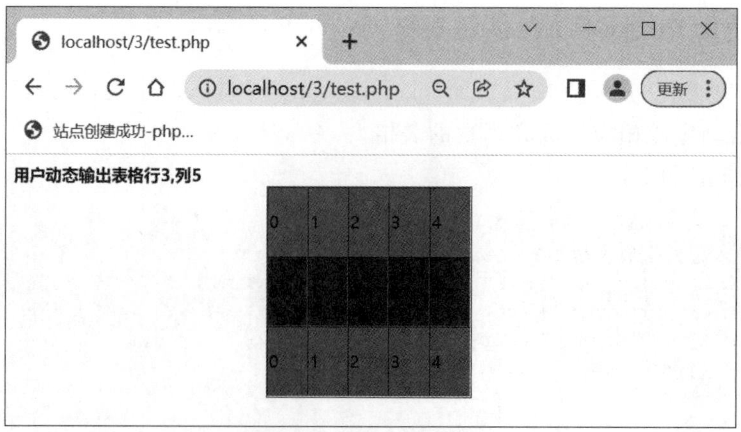

图 3-14　程序输出结果

学习成果达成与测评

<table>
<tr><td>学号</td><td></td><td>姓名</td><td></td><td>项目序号</td><td></td><td>项目名称</td><td></td><td>学时</td><td>6</td><td>学分</td><td></td></tr>
<tr><td>职业技能等级</td><td colspan="2">中级</td><td colspan="3">职业能力</td><td colspan="4"></td><td>任务量数</td><td></td></tr>
<tr><td>序号</td><td colspan="10">评 价 内 容</td><td>分数</td></tr>
<tr><td>1</td><td colspan="10">掌握条件控制语句 if、switch…case 的应用</td><td>25</td></tr>
<tr><td>2</td><td colspan="10">掌握循环控制语句 while、do…while、for、foreach 的应用</td><td>25</td></tr>
<tr><td>3</td><td colspan="10">掌握跳转控制语句 break、continue 的应用</td><td>25</td></tr>
<tr><td>4</td><td colspan="10">掌握 PHP 3 种控制结构的应用</td><td>25</td></tr>
<tr><td rowspan="2">考核评价</td><td colspan="10">总分数</td><td></td></tr>
<tr><td colspan="11">指导教师评语</td></tr>
<tr><td>备注</td><td colspan="11">奖励：
(1) 可以按照完成质量给予 1～10 分奖励。
(2) 每超额完成一个任务加 3 分。
(3) 巩固提升任务完成情况优秀，加 2 分。
惩罚：
(1) 完成任务超过规定时间，扣 2 分。
(2) 完成任务有缺项，每项扣 2 分。
(3) 任务实施报告中有歪曲事实、杜撰或抄袭内容者不予评分。</td></tr>
</table>

学习成果实施报告书

<table>
<tr><td>题目</td><td colspan="5"></td></tr>
<tr><td>班级</td><td></td><td>姓名</td><td></td><td>学号</td><td></td></tr>
<tr><td colspan="6">任务实施报告</td></tr>
<tr><td colspan="6">简要记述完成的各项任务，描述任务规划以及实施过程、遇到的重点难点以及解决过程，字数不少于 800 字。</td></tr>
<tr><td colspan="6">考核评价(10 分制)</td></tr>
<tr><td colspan="4" rowspan="2">教师评语：</td><td>态度分数</td><td></td></tr>
<tr><td>工作量分数</td><td></td></tr>
<tr><td colspan="6">考 核 标 准</td></tr>
<tr><td colspan="6">(1) 在规定时间内完成任务。
(2) 操作规范。
(3) 任务实施报告书内容真实可靠、条理清晰、文字流畅、逻辑性强。
(4) 没有完成工作量扣 1 分，有抄袭内容扣 5 分。</td></tr>
</table>

第4章

字符串操作与正则表达式

知识导读

字符串是PHP程序中常用的数据类型之一。本章将介绍字符串的基本知识和字符串函数,以及正则表达式的使用方法和技巧。

学习目标

- 掌握字符串的定界、连接、转义、还原的方法。
- 掌握获取、截取、比较字符串的方法。
- 掌握检索、替换字符串的方法。
- 掌握正则表达式的使用方法。

4.1 了解字符串

字符串是字符序列,例如"Hello world!"。字符串主要包括以下几种类型:

- 字母,如常见的a、b、c等。
- 数字,如常见的1、2、3等。
- 特殊字符,如常见的#、%、^、$等。
- 不可见字符,如回车符、制表符和换行符等。

4.2 单引号与双引号

定义字符串常用单引号或双引号。对于字符串中存在变量的情况,单引号和双引号是不一样的。双引号内会输出变量的值,单引号内直接显示变量名称。双引号中可以使用转义字符,如表4-1所示。

表4-1 转义字符

转义字符	含义
\n	换行符,即ASCII字符集中的LF
\r	回车符,即ASCII字符集中的CR
\t	水平制表符,即ASCII字符集中的HT
\v	垂直制表符,即ASCII字符集中的VT

续表

转义字符	含义
\e	Escape,即 ASCII 字符集中的 ESC
\f	换页,即 ASCII 字符集中的 FF
\\	反斜线
\$	美元标记
\"	双引号
\[0-7]{1,3}	符合该正则表达式的序列是一个以八进制方式表达的字符
\x[0-9A-Fa-f]{1,2}	符合该正则表达式的序列是一个以十六进制方式表达的字符
\u{[0-9A-Fa-f]+}	符合该正则表达式的序列是 Unicode 字符

【例 4-1】 单引号和双引号的用法。

```
<?php
$msg='C 盘的根目录是 C:\\';
echo '单引号的用法:变量$msg 的值是"'.$msg.'"<br/>';
echo "双引号的用法:变量\$msg 的值是\"$msg\"";
?>
```

程序运行结果如图 4-1 所示。

localhost:8080/04zfc/4-1.php
单引号的用法：变量$msg的值是"C盘的根目录是 C:\"
双引号的用法：变量$msg的值是"C盘的根目录是 C:\"

图 4-1 程序运行结果

4.3 定界符

定界符用来定义格式化的大文本,也就是保留文本原有的格式。定界符通常用来从文件或者数据库中输出大段的文档。

PHP 中有两种定界符：heredoc(双引号定界符)和 nowdoc(单引号定界符)。

heredoc 的语法结构如下：

```
<<< 标识符
字符串
标识符
```

nowdoc 的语法结构类似于 heredoc,但是 nowdoc 对字符串中的转义字符进行解析操作,适用于嵌入 PHP 代码或其他大段文本而无须对其中的转义字符进行解析的情况。

howdoc 也使用和 heredocs 一样的<<<标记,但是跟在后面的标识符要放在一对单引号中。

【例 4-2】 heredoc 和 nowdoc 示例。

```
<?php
echo <<<FOOBAR
heredoc 结构对特殊字符转义: Hello  World!\n\r<br/>
FOOBAR;
```

```
echo <<<'EOD'
nowdoc 结构对特殊字符不转义:Hello World! \n\r
EOD;
?>
```

程序运行结果如图 4-2 所示。

← → C ⓘ localhost:8080/04zfc/4-2.php

heredoc 结构对特殊字符转义： Hello World!
nowdoc 结构对特殊字符不转义： Hello World!\n\r

图 4-2　程序运行结果

4.4　连接字符串

使用并置运算符(.)可以将两个或多个字符串连接起来。

【例 4-3】　连接字符串示例。

```
<?php
$a = "Hello ";
$b = $a . "World!";
echo $b;                                    //$b 的值是"Hello World!"
?>
```

4.5　转义、还原字符串

4.5.1　手动转义、还原字符串

手动转义就是在引号(包括单引号和双引号)内通过反斜线使一些特殊字符转义为普通字符。

4.5.2　自动转义、还原字符串

自动转义是通过 PHP 内置的 addslashes()函数完成的，还原则是通过 stripslashes()函数完成的。以上两个函数也经常使用在格式化字符串中。

addslashes()函数返回需要在转义字符之前添加反斜线的字符串。这些字符是单引号、双引号、反斜线和 NUL。

stripslashes()函数返回一个去除了反斜线后的字符串(例如，将\' 转换为'，将\\转换为\)。

【例 4-4】　自动转义、还原字符串示例。

```
<?php
$msg1 = 'C 盘的根目录用 C:\表示';
echo addslashes($msg1);                     //输出结果是:C 盘的根目录用 C:\\表示
echo '<br/>';
$msg2 = 'Is your name De\'Li? ';
```

```
echo stripslashes($msg2);                    //输出结果是:Is your name De'Li?
?>
```

4.6 获取字符串长度

strlen()函数返回字符串的长度,以字节为单位,每个英文字符长度为1,GBK编码每个中文字符长度为2,UTF-8编码每个中文字符长度为3。

【例4-5】 strlen()函数用法示例。

```
<?php
echo strlen("Hello world!");
echo '<br/>';
echo strlen('你好,世界!');
?>
```

本例返回字符串"Hello world!"和"你好,世界!"的长度,输出结果为12和18。

4.7 截取字符串

在一个字符串中截取一个子串可以使用substr()函数实现。

格式:substr(字符串,起始位置,截取长度)

说明:起始位置和截取长度必须是整数。如果都是正数,起始位置的整数必须小于截取长度的整数,否则函数返回值为false。

【例4-6】 截取字符串示例。

```
<?php
echo substr('abcdef', 1);                    //bcdef
echo substr("abcdef", 1, null);              //bcdef(在 PHP 8.0.0 之前返回空字符串)
echo substr('abcdef', 1, 3);                 //bcd
echo substr('abcdef', 0, 4);                 //abcd
echo substr('abcdef', 0, 8);                 //abcdef
echo substr('abcdef', -1, 1);                //f
?>
```

4.8 比较字符串

比较字符串分为按字节比较、按自然排序法比较和按指定长度比较三种。

4.8.1 按字节比较

srtcmp()函数对两个字符串按字节进行比较,区分大小写。

格式:strcmp(string1, string2)

说明:string1和string2是要比较的两个字符串。如果string1小于string2,返回−1;如果string1大于string2,返回1;如果两者相等,返回0。

【例 4-7】 srtcmp()函数示例。

```
<?php
$var1 = "Hello";
$var2 = "hello";
echo strcmp($var1, $var2);
echo'<br/>';
if (strcmp($var1, $var2) !== 0) {
    echo '两个字符串不相等!';
}
?>
```

4.8.2　按自然排序法比较

strnatcmp()函数按人类习惯上对数字按大小排序的方法比较两个字符串。该函数区分大小写。

格式：strnatcmp(string1, string2)

说明：与其他字符串比较函数类似。如果 string1 小于 string2，返回 −1；如果 string1 大于 string2，返回 1；如果两者相等，返回 0。

4.8.3　按指定长度比较

strncmp()函数用于比较字符串中的前 *n* 个字符。

格式：strncmp(string1, string2, length)

说明：该函数与 strcmp()类似，不同之处在于该函数可以指定两个字符串比较的长度。

【例 4-8】 strncmp()函数示例。

```
<?php
$var1 = 'Hello John';
$var2 = 'Hello Doe';
if (strncmp($var1, $var2, 5) === 0) {
    echo '变量$var1 和$var2 前 5 个字母相同';
}
?>
```

4.9　检索字符串出现的位置

PHP 中，以下 4 个函数可以检索一个字符串(称为子串)在另一个字符串(称为主串)中出现的位置：

(1) stripos()函数，查询子串在主串中首次出现的位置(不区分大小写)。

(2) strpos()函数，查询子串在主串中首次出现的位置。

(3) strripos()函数，查询子串在主串中最后一次出现的位置(不区分大小写)。

(4) strrpos()函数，查询子串在主串中最后一次出现的位置。

下面以 strpos()为例讲解其使用方法。

格式：strpos(主串，子串[，检索开始位置])

说明：检索开始位置是可选参数。如果提供了此参数，检索会从主串指定的位置开始。如果该参数是负数，检索会从主串结尾反向的位置开始。

如果找到子串，则返回首次出现的位置；如果未找到子串，则返回 false。

【例 4-9】 检索字符串"Hello world!"中是否有字符串"world"。

```
<?php
$string='Hello world!';
$find='world';
$start=strpos($string, $find);
if ($start === false) {
    echo "字符串'$string'中没有字符串'$find'";
} else {
    echo "字符串'$string'中有字符串'$find'";
    echo "首次出现的位置是 $start";
}
?>
```

4.9.1 检索指定的关键字

在字符串中检索指定的关键字使用 strstr()函数。

格式：strstr(字符串,关键字[,before_key])

说明：如果找到指定的关键字，就返回从指定关键字开始到字符串结尾的内容(包括指定关键字)。before_key 是可选参数，默认为 false；如果设置为 true，则返回指定关键字之前的部分(不包括指定关键字)。该函数区分大小写。如果需要不区分大小写，则使用 stristr()函数。

【例 4-10】 strstr()函数示例。

```
<?php
$string='Hello,world!';
$find='world';
echo strstr($string, $find);                    //输出"world!"
echo stristr($string, $find, true);             //输出"Hello,"
?>
```

4.9.2 检索字符串出现的次数

检索一个字符串(子串)在另一个字符串(主串)中出现的次数使用 substr_count()函数。

格式：substr_count(主串,子串)

说明：该函数返回子串在主串中出现的次数。注意，子串区分大小写。

【例 4-11】 substr_count()函数示例。

```
<?php
$string='Hello,world!';
$find='o';
echo substr_count($string, $find);              //输出 2
?>
```

4.10 替换字符串

substr_replace()函数的功能是用一个字符串(子串)替换另一个字符串(主串)中的一些字符。

格式：substr_replace(主串,子串,起始位置,替换长度)

说明：如果起始位置为负数,替换将从主串的结尾反向开始。替换长度默认为主串的长度。如果替换长度为正数,表示主串被替换的字符序列个数;如果为负数,表示被替换的子字符序列结尾距离主串结尾的字符个数。

【例 4-12】 substr_replace()函数示例。

```
<?php
$string='Hello,new world!';
$replace='Jack';
echo "原始字符串: $string<hr>";
//下面两个语句使用$replace 替换整个$string
echo substr_replace($string, $replace, 0) . "<br/>";
echo substr_replace($string, $replace, 0, strlen($string)) . "<br/>";
//将 $replace 插入$string 的开头处
echo substr_replace($string, $replace, 0, 0) . "<br/>";
//下面两个语句使用$replace 替换$string 中的"world"
echo substr_replace($string, $replace, 10, -1) . "<br/>";
echo substr_replace($string, $replace, -6, -1) . "<br/>";
//从 $string 中删除"world"
echo substr_replace($string, '', -6, -1) . "<br/>";
?>
```

4.11 正则表达式

正则表达式是把文本或字符串按照一定的规范或模型表示的方法,经常用于文本的匹配操作。例如,验证用户在线输入的邮件地址的格式是否正确。如果是,用户所填写的表单信息将会被正常处理;否则,就会弹出提示信息,要求用户重新输入正确的邮件地址。可见,正则表达式在 Web 应用的逻辑判断中具有举足轻重的作用。

4.11.1 正则表达式语法规则

一般情况下,正则表达式由两部分组成,分别是元字符和文本字符。元字符就是具有特殊含义的字符,例如? 和 * 等;文本字符就是普通的字符,例如字母和数字等。本节主要讲述正则表达式的语法规则。

1. 行定位符

行定位符^和 $ 用来确定匹配字符串所要出现的位置。

如果是在字符串开头出现,就使用符号^;如果是在字符串结尾出现,就使用符号 $ 。例如，^jack 是指 jack 只能出现在字符串开头，7788 $ 是指 7788 只能出现在字符串结尾。

可以同时使用这两个符号，如^[0-9] $，表示目标字符串只包含 0～9 的数字。

2. 字符类

方括号([ ])内的一串字符是将要用来进行匹配的字符，称为字符类。例如，正则表达式在方括号内的[wde]是指在字符串中寻找字母 w、d、e。

3. 选择字符

选择字符|表示“或”。例如，com|cn|com.cn|net 表示字符串包含 com 或 cn 或 com.cn 或 net。

4. 连字符

在很多情况下，无须逐个列出所有字符。例如，要匹配所有英文字母，可以采用如下表示形式：

- [a-z]表示匹配任意英文小写字母。
- [A-Z]表示匹配任意英文大写字母。
- [A-Za-z]表示匹配任意英文大小写字母。

又如，[0-9]表示匹配 0～9 的任意十进制数字。

由于字母和数字的序列是固定的，因此利用这样的表示方法可以重新定义区间，如[2-7]、[c-f]等。

5. 排除字符

符号^在方括号内所代表的意义与行定位符完全不同，表示“非”，即排除匹配字符在字符串中出现的可能。例如，[^a-e]表示字符串包含 a～e 以外的任意英文小写字母。

6. 限定符

加号(＋)表示其前面的字符至少有一个。例如，9＋表示字符串中包含至少一个 9。

星号(＊)表示其前面的字符零个或不止一个。例如，y＊表示字符串中包含零个或不止一个 y。

问号(?)表示其前面的字符为零个或一个。例如，y?表示字符串中包含零个或一个 y。

{*n*,*m*}表示其前面的字符有 *n* 或 *m* 个。例如，a{3,5}表示字符串中包含 3 个或 5 个 a，a{3}表示字符串中包含 3 个 a，a{3,}表示字符串中至少包含 3 个 a。

7. 点号

点号在正则表达式中是一个通配符，代表任意字符。例如，.er 表示所有以 er 结尾的 3 个字符的字符串，可以是 her、Set、@er 等。

点号(.)和星号可以一起使用，即“.＊”，表示匹配任意字符。

8. 反斜线

由于反斜线在正则表达式中属于特殊字符，如果要表示该字符本身，就在其前面添加转义符\，即\\。

9. 反向引用

反向引用，就是依靠子表达式的“记忆”功能匹配连续出现的字符串，通常以\1，\2，…，\n 的形式出现。例如(A)(B)(C)\1\2\3，此处的\1 就相当于(A)，也就是再次重复匹配第一个出现的子串。

4.11.2　PCRE 库函数

PHP 支持使用 Perl 兼容语法的 PCRE(Perl Compatible Regular Expression，Perl 兼容正则表达式)库函数。这些函数中使用的模式语法非常类似于 Perl。表达式必须用分隔符(例如一个正斜线)闭合。分隔符可以使用除反斜线之外的任意非空白 ASCII 字符。如果分隔符在表达式中使用，需要用反斜线进行转义。也可以使用 Perl 样式的()、{}、[]以及< >作为分隔符。

1. 查找字符串

preg_match()函数用于在字符串中寻找符合特定正则表达式的子串。

格式：preg_match(正则表达式，字符串，数组)

说明：如果正则表达式匹配到子串，则该函数返回 1，并将匹配结果存入数组；如果没有匹配到，则该函数返回 0，或者在失败时返回 false。

【例 4-13】　preg_match 函数示例。

```
<?php
$url='http://www.baidu.com/index.html';
echo '网站地址是'.$url.'<hr/>';
//从 URL 中获取主机名称
preg_match('@^(?:http://)?([^/]+)@i', $url, $domin);
$host=$domin[1];
//获取主机名称的后面两部分
preg_match('/[^.]+\.[^.]+$/', $host, $domin);
echo "网站主机名称是:$domin[0]\n" ;
?>
```

程序运行结果如图 4-3 所示。

图 4-3　程序运行结果

2. 替换字符串

preg_replace()函数用于在字符串中替换符合特定正则表达式的子串。

格式：preg_replace(正则表达式，用于替换的字符串，字符串)

说明：搜索目标字符串中匹配正则表达式的部分，以指定的字符串进行替换。

【例 4-14】　preg_replace()函数示例。

```
<?php
$string = 'April 15, 2003';
$pattern = '/(\w+) (\d+), (\d+)/i';
$replacement = '${1}-${2}-${3}';
echo preg_replace($pattern, $replacement, $string);
?>;
```

程序输出结果是 April-15-2003。

3. 切分字符串

preg_split()函数用于把字符串按照一定的正则表达切分成不同的子串。

格式：preg_split(正则表达式,字符串,数组)

说明：该函数以正则表达式内出现的字符为准,把字符串切分成若干子串,并且存入数组。

【例 4-15】 ppreg_spli()函数示例。

```
<?php
$string='Hello world! It is a nice day.';
//使用空格或英文逗号、感叹号、句号分隔子串
$keywords = preg_split("/[\s,!.]+/", $string);
print_r($keywords);
?>;
```

输出结果如下：

```
Array ( [0] => Hello [1] => world [2] => It [3] => is [4] => a [5] => nice [6] =>
day [7] => )
```

4.12 实战

4.12.1 超长文本的分页显示

在网页中经常要显示一些文本过长的信息,例如小说、商品简介等。如果将这些信息全部显示在一个页面中会很不方便,需要将其分页显示在网页的某个区域中。以下示例对于超长文本进行分页显示,每页显示 197 个中文字符,如图 4-4 所示。

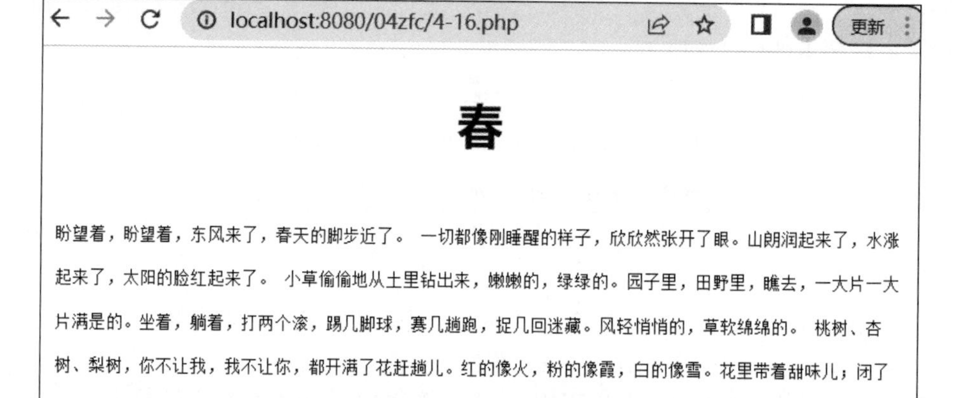

图 4-4 超长文本分页显示

【例 4-16】 超长文本的分页显示。

```
1  <!DOCTYPE html PUBLIC "-//W3C//DTD XHTML 1.0 Transitional//EN" "http://www.
   w3.org/TR/xhtml1/DTD/xhtml1-transitional.dtd">
2  <html xmlns="http://www.w3.org/1999/xhtml">
3  <head>
4  <meta http-equiv="Content-Type" content="text/html; charset=utf-8" />
5  <title>超长文本的分页显示</title>
6  <style type="text/css">
```

```
7   .text {font-family: "宋体";font-size: 12px;line-height: 30px;color: #000;}
8   </style>
9   </head>
10  <body>
11  <?php
12  function msubstr($str,$start,$len){
13      $strlen=$start+$len;
14      for($i=0;$i<$strlen;$i++){
15          if(ord(substr($str,$i,1))>0xa0){
16              $tmpstr.=substr($str,$i,3);
17              $i=$i+2;
18          }else{
19              $tmpstr.=substr($str,$i,1);
20          }
21      }
22      return $tmpstr;
23  }
24  $counter=file_get_contents("file.txt");
25  $length=strlen($counter);
26  $size=591;
27  $pagecount=ceil($length/$size);
28  $pageno=isset($_GET['pageno'])?$_GET['pageno']:1;
29  ?>
30  <form id="form1" name="form1" method="post" enctype="multipart/form-data"
    action="4-16.php">
31  <table width="600"  cellspacing="0" cellpadding="0"  align="center"
    border="0" >
32  <tr>
33  <td height="30" colspan="4" align="center"><h1>春</h1></td>
34  </tr>
35  <tr>
36  <td height="160" colspan="4" align="left" class="text">
37  <?php
38  if($pagecount==0){
39      echo $counter;
40  }
41  else{
42      $c=msubstr($counter,0,($pageno-1)*$size);
43      $c1=msubstr($counter,0,$pageno*$size);
44      echo substr($counter,strlen($c),strlen($c1)-strlen($c));
45  }
46  ?>
47  </td>
48  </tr>
49  </table>
50  <table width="600" border="0" align="center" cellpadding="0" cellspacing="0">
51  <tr>
52  <td align="center">
53  <?php
54  if($pagecount==0){
55      echo "首页   上页   下页   尾页";
56  }
57  else{
58      if($pageno==1){
59          echo "首页   ";
```

```
60      }
61      else{
62          //通过页面传递参数 pageno
63          echo "<a href='4-16.php?pageno=1'>首页</a>  ";
64      }
65      if($pageno==1){
66          echo "上页   ";
67      }
68      else{
69           echo "<a href='4-16.php?pageno=".($pageno-1)."'>上页</a>
      ";
70      }
71      if($pageno==$pagecount{)
72          echo "下页   ";
73      }
74      else{
75           echo "<a href='4-16.php?pageno=".($pageno+1)."'>下页</a>
      ";
76      }
77      if($pageno==$pagecount){
78          echo "尾页";
79      }
80      else{
81          echo "<a href='4-16.php?pageno=".($pagecount)."'>尾页</a>";
82      }
83  }
84  ?>
85  </td>
86  </tr>
87  </table>
88  </body>
89  </html>;
```

代码解释如下：

（1）第12～23行定义了msubstr()函数，功能是正确输出文本中的中文字符和英文字符。由于在UTF-8编码下一个中文占3字节，一个英文占1字节，为防止出现乱码，则应对中文字符和英文字符进行识别。参数$str、$start、$len分别是字符串、起始位置和长度。变量$strlen存储字符串的总长度。第14～21行通过for语句循环读取字符串。其中，第15行判断该字符是否是中文字符，如果首字节的ASCII码值大于0xa0，则是中文字符。第16行将循环变量自加3，因为一个中文字符占3字节。

（2）第24行获取文本文件的内容。

（3）第26行变量$size定义每页显示的中文字符数。由于文件是UTF-8编码的，一个中文字符占3字节，197个中文字符的长度是591。

（4）第27行变量$pagecount表示页数。

（5）第28行变量$pageno表示页码。

（6）第37～46行分页显示文本内容。

（7）第53～89行实现翻页，可以链接到首页、尾页、上页和下页。

4.12.2　规范用户注册信息

网站在用户注册时通常需要判断用户输入的信息是否规范，例如，用户名不能太短，使用正则表达式可以轻松实现此功能。以下示例判断用户注册信息是否规范，如图 4-5 所示。

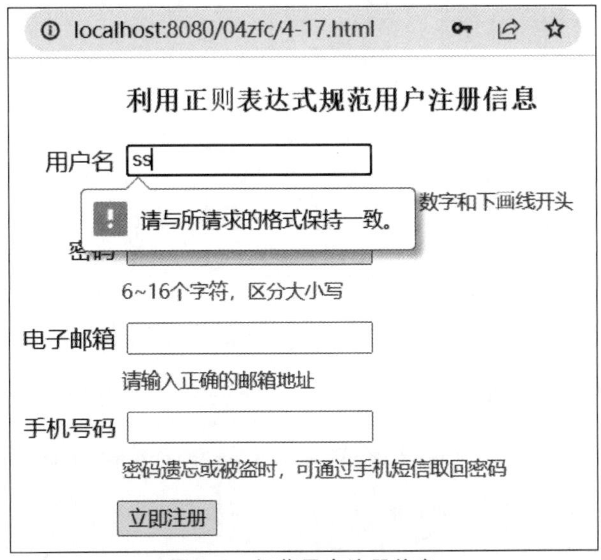

图 4-5　规范用户注册信息

【例 4-17】　利用正则表达式判断用户注册的信息是否合法。

```
<!DOCTYPE html PUBLIC "-//W3C//DTD XHTML 1.0 Transitional//EN" "http://www.w3.
org/TR/xhtml1/DTD/xhtml1-transitional.dtd">
<html xmlns="http://www.w3.org/1999/xhtml">
<head>
<meta http-equiv="Content-Type" content="text/html; charset=utf-8" />
<title>正则无刷新用户注册</title>
<style type="text/css">
.title{font-family: "宋体";font-size: 14pt;font-weight: bold;}
table{width:600px;}
table .td1 {width: 150px; height: 60px; font-size: 12pt; text-align: right;
vertical-align:top;}
table .td2{width:450px; height:60px; font-size:10pt; vertical-align:top;}
table .td2 p{margin:8px 0 0; color:#666;}
</style>
</head>
<body>
<p align="center" class="title">利用正则表达式规范用户注册信息</p>
<form id="form1" name="form1" method="post" enctype="multipart/form-data"
action="4-17.php">
  <table align="center" cellpadding="0" cellspacing="0" border="0">
    <tr>
      <td class="td1">用户名</td>
      <td class="td2"> 
        <input type="text" name="username" id="username"  required pattern="[a
            -zA-Z0-9_]{4,10}" />
        <p> 4~10 个字符,以大小写英文字母、数字和下画线开头</p>
```

```
      </td>
    </tr>
    <tr>
      <td class="td1">密码</td>
      <td class="td2"> 
        <input type="password" name="psd1" id="psd1" required pattern="[a-zA-
          Z0-9_!@#$%^&*]{6,16}" />
        <p> 6~16个字符,由大小写英文字母、数字和特殊符号组成</p>
      </td>
    </tr>
    <tr>
      <td class="td1">电子邮箱</td>
      <td class="td2"> 
        <input type="text" name="email" id="email" required pattern="^[A-Za-z0
          -9_.]+@[A-Za-z0-9_]+\.[A-Za-z0-9.]+$" />
        <p> 请输入正确的邮箱地址</p>
      </td>
    </tr>
    <tr>
      <td class="td1">手机号码</td>
      <td class="td2"> 
        <input type="text" name="phoneno" id="phoneno" pattern="1[3|5|7|8][0-
          9]{9}" />
        <p> 密码遗忘或被盗时,可通过手机短信取回密码</p>
      </td>
    </tr>
    <tr>
      <td class="td1"> </td>
      <td class="td2">
        <input type="submit" value="立即注册" />
      </td>
    </tr>
  </table>
</form>
</body>
</html>
```

代码解释如下：

(1) 表单元素<input>中的 required 表示此是必填项。

(2) 判断电子邮箱格式使用的正则表达式是^[A-Za-z0-9-.]+@[A-Za-z0-9]+\.[A-Za-z0-9.]+$，其中，^[A-Za-z0-9_]+表示至少一个英文大小写字母、数字、下画线、点号或者这些字符的组合；@是邮箱地址中的固定符号；[A-Za-20-9_]+表示至少一个英文大小写字母、数字、下画线或者这些字符的组合；\.表示点，由于这里点只是符号本身，因此用反斜线对它进行转义；[A-Za-z0-9.]+$表示至少一个英文大小写字母、数字、点号或者这些字符的组合，并且直到这个字符串的末尾。

(3) 判断手机格式使用的正则表达式是1[3|5|7|8][0-9]{9}，表示以1开头，第2个数字是3、5、7、8中的一个，其余的9个数字是任意的。

4.12.3 计算密码强度

网站在对用户注册信息进行审核时，通常会对用户设置的密码强度进行判断。如果输入的密码组合单一，例如只有数字，则是弱密码；如果组合复杂，例如有数字、大写字母、小写字母和特殊符号，则是强密码。以下示例用于显示例 4-17 中用户填写的注册信息及密码，如图 4-6 所示。

图 4-6　显示用户注册信息及密码强度

首先修改例 4-17 代码中的表单信息<form>，设置 action＝"4-17.php"，即在单击“注册”按钮时执行 4-17.php。

【例 4-18】　显示用户注册信息及密码强度。

```
<!DOCTYPE html PUBLIC "-//W3C//DTD XHTML 1.0 Transitional//EN" "http://www.w3.
org/TR/xhtml1/DTD/xhtml1-transitional.dtd">
<html xmlns="http://www.w3.org/1999/xhtml">
<head>
<meta http-equiv="Content-Type" content="text/html; charset=utf-8" />
<title>用户注册-密码强度</title>
<style type="text/css">
.title{font-family: "宋体";font-size: 14pt;font-weight: bold;}
table{width:600px;}
table .td1 {width: 150px; height: 60px; font - size: 12pt; text - align: right;
vertical-align:top;}
table .td2{width:450px; height:60px; font-size:10pt; vertical-align:top;}
table .td2 p{margin:8px 0 0; color:#ff0000;}
</style>
</head>
<body>
<?php
$email=$_POST['email'];
$psd=$_POST['psd1'];
$username=$_POST['username'];
$phoneno=$_POST['phoneno'];
?>
<?php
function checkpsd($psd){
    $score=0;
    if(preg_match("/[0-9]+/",$psd))
    {  $score ++;  }
    if(preg_match("/[a-z]+/",$psd))
    {  $score ++;  }
    if(preg_match("/[A-Z]+/",$psd))
    {  $score ++;  }
```

```
    if(preg_match("/[!@#$%^&*]+/",$psd))
    {  $score++;  }
    if ($score==1)
    {  $strong="弱";  }
    if ($score==2 or $score==3)
    {  $strong="中";  }
    if ($score==4)
    {  $strong="强";  }
    return $strong;
}
?>
<p align="center" class="title">显示用户注册信息及密码强度</p>
<form id="form1" name="form1" method="post" enctype="multipart/form-data"
action="4-18.php">
  <table align="center" cellpadding="0" cellspacing="0" border="0">
    <tr>
      <td class="td1">用户名</td>
      <td class="td2"> 
      <input type="text" value="<?php echo $username;?>"></input>
      </td>
    </tr>
    <tr>
      <td class="td1">密码</td>
      <td class="td2"> <input type="text" value="<?php echo $psd?>"></
        input>
        <p><?php echo "您设置的密码强度为".checkpsd($psd);?></p>
      </td>
    </tr>
    <tr>
      <td class="td1">电子邮箱</td>
      <td class="td2"> <input type="text" value="<?php echo $email?>">
        </input>
      </td>
    </tr>
    <tr>
      <td class="td1">手机号码</td>
      <td class="td2"> <input type="text" value="<?php echo $phoneno?>"
        ></input>
      </td>
    </tr>
  </table>
</form>
</body>
</html>
```

代码解释如下：

（1）$_POST 是系统数组，当表单<form>的 method="post"时，根据表单元素名称获取对应的值。例如，在例 4-17 中，<form>的用户名<input>元素的名称是 username，即 name="username"，则用户输入的用户名信息存放在 $_POST['username']中。

（2）自定义函数 checkpsd($psd)的功能是计算密码强度，当密码只包含数字、大写字母、小写字母、特殊符号中的一种时，密码强度为弱；当有 2 种或 3 种时，密码强度为中等；4 种类型都包括时，则是强密码。

4.12.4　去除用户注册信息中的空格

用户在输入注册信息(如姓名)时,可能会不小心输入空格,为了保证输入字符串的规范性,以方便处理,需要去除相应信息中的空格。以下示例对用户输入的姓名信息进行去空格处理,如图 4-7 和图 4-8 所示。

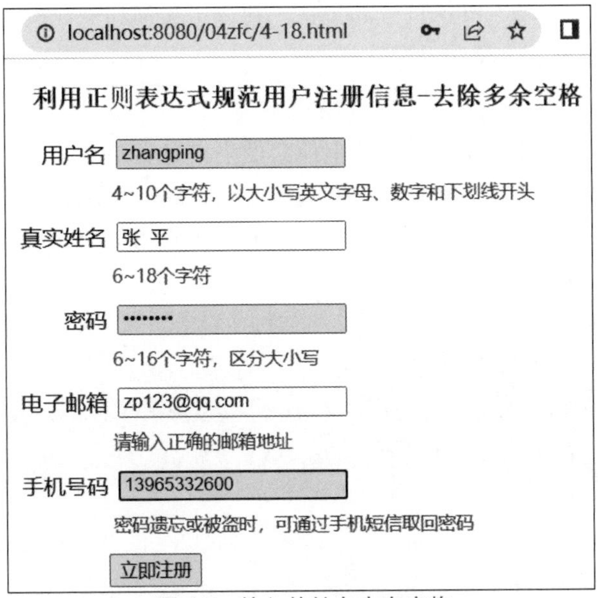

图 4-7　输入的姓名中有空格

图 4-8　去除姓名中的空格

首先在页面中添加“真实姓名”文本框,即在<tr><td class="td1">密码</td>代码前增加如下代码:

```
<tr>
  <td class="td1">真实姓名</td>
```

```
    <td class="td2"> 
      <input type="text" name="truename" id="truename"  required pattern="{6,
        18}" />
      <p> 6~18 个字符</p>
    </td>
  </tr>
```

然后在 $ username= $ _POST['username']代码后添加如下代码：

```
$truename=trim($_POST['truename']);
$truename=preg_replace("/\s/",'',$truename );
```

在上面的代码中，使用 trim()对字符串前后的空格进行清除，使用 preg_replace()去除文本中的空格。另外，ltrim()清除字符串左边的空格；rtrim()清除字符串右边的空格。

最后在<tr><td class="td1">密码</td>代码后添加如下代码，用于显示真实姓名。

```
<tr>
  <td class="td1">真实姓名</td>
  <td class="td2"> 
  <input type="text" value="<?php echo $truename;?>"></input>
  </td>
</tr>
```

学习成果达成与测评

<table>
<tr><td>学号</td><td></td><td>姓名</td><td></td><td>项目序号</td><td></td><td>项目名称</td><td></td><td>学时</td><td>6</td><td>学分</td><td></td></tr>
<tr><td>职业技能等级</td><td colspan="2">中级</td><td colspan="3">职业能力</td><td colspan="4"></td><td>任务量数</td><td></td></tr>
<tr><td>序号</td><td colspan="10">评价内容</td><td>分数</td></tr>
<tr><td>1</td><td colspan="10">掌握字符串的定义和连接运算符的使用</td><td>20</td></tr>
<tr><td>2</td><td colspan="10">掌握利用字符串函数获取、截取、比较、替换字符串的方法</td><td>30</td></tr>
<tr><td>3</td><td colspan="10">掌握正则表达式的使用方法</td><td>50</td></tr>
<tr><td rowspan="2">考核评价</td><td colspan="10">总分数</td><td></td></tr>
<tr><td colspan="11">指导教师评语</td></tr>
<tr><td>备注</td><td colspan="11">奖励：
(1) 可以按照完成质量给予1～10分奖励。
(2) 每超额完成一个任务加3分。
(3) 巩固提升任务完成情况优秀，加2分。
惩罚：
(1) 完成任务超过规定时间，扣2分。
(2) 完成任务有缺项，每项扣2分。
(3) 任务实施报告中有歪曲事实、杜撰或抄袭内容者不予评分。</td></tr>
</table>

学习成果实施报告书

<table>
<tr><td>题目</td><td colspan="5"></td></tr>
<tr><td>班级</td><td></td><td>姓名</td><td></td><td>学号</td><td></td></tr>
<tr><td colspan="6">任务实施报告</td></tr>
<tr><td colspan="6">简要记述完成的各项任务，描述任务规划以及实施过程、遇到的重点难点以及解决过程，字数不少于800字。</td></tr>
<tr><td colspan="6">考核评价(10分制)</td></tr>
<tr><td colspan="4" rowspan="2">教师评语：</td><td>态度分数</td><td></td></tr>
<tr><td>工作量分数</td><td></td></tr>
<tr><td colspan="6">考 核 标 准</td></tr>
<tr><td colspan="6">(1) 在规定时间内完成任务。
(2) 操作规范。
(3) 任务实施报告书内容真实可靠、条理清晰、文字流畅、逻辑性强。
(4) 没有完成工作量扣1分，有抄袭内容扣5分。</td></tr>
</table>

第5章

数　组

知识导读

数组在 PHP 中是极为重要的数据类型。本章将介绍数组的定义、数组的类型、数组的构造、遍历数组、全局数组以及向数组中添加元素、获取数组中的最后一个元素、删除数组中的重复元素等操作。通过本章的学习,读者可以掌握数组的常用操作和技巧。

学习目标

- 了解数组的定义及类型。
- 掌握数组创建、输出和遍历的方法。
- 掌握 $_GET[ ]、$_POST[ ]、$_COOKIE[]、$_ENV[]、$_SESSION[ ]、$_FILES[ ]等全局数组的使用方法。
- 掌握向数组中添加元素、获取数组中的最后一个元素、删除数组中的重复元素等操作的方法。

5.1　数组概念

数组(array)是用来存储一系列数值的数据类型。PHP 中的数组实际上是一个有序映射,用于将值(value)关联到键(key)。

数组中的值被称为元素(element)。每一个元素都有一个对应的索引(index),被称为键,通过键可以访问数组元素,键既可以是数字也可以是字符串。

例如,一个中学有 30 个班。每个班有一个班号,如 1～30。每个班也有一个班名,如初一(一)班、初一(二)班。可以通过班号找出班名。这时,这个中学就是一个数组,班号就是键,班名就是数组元素。

5.2　创建数组

创建数组的方法有两种:一是通过 PHP 的 array()函数创建数组;二是通过为数组元素赋值创建数组。

5.2.1　数组命名规则

数组命名规则与变量相同,以 $ 符号开始,数组名由字母或者下画线开头,后面是任意的字母、数字和下画线，并区分字母大小写。

5.2.2 通过 PHP 函数创建数组

通常使用 array()函数创建数组。例如：

```
$color=array("red","green","blue");
```

上面定义了一个名为 $ color 的数组，包含 3 个元素，元素个数可以随意增加或减少。

5.2.3 通过为数组元素赋值创建数组

可以直接通过为数组元素赋值的方式创建数组。

如果在创建数组时不知道数组的大小，或者数组的大小可能会根据实际情况发生变化，此时可以使用直接赋值的方式声明数组。例如：

```
$color[0]="red";
$color[1]="green";
$color[2]="blue";
```

5.3 数组的类型

数组分为数字索引数组和关联数组。

5.3.1 数字索引数组

数字索引数组是最常见的数组类型，默认从 0 开始计数。例如，定义数组 $ color=array("red","green","blue")后，可以通过 $ color[0]、$ color[1]、$ color[2]访问相应的数组元素。

5.3.2 关联数组

关联数组的键可以是数字和字符串混合的形式，而数字索引数组的键只能是数字。所以判断一个数组是否为关联数组的依据是数组中的键是否存在不是数字的字符，如果存在，则为关联数组。定义关联数组的格式如下：

```
array(key1 => value1, key2 => value2, key3 => value3, …)
```

它接收任意数量用逗号分隔的键值对，最后一个数组单元之后的逗号可以省略。例如：

```
$color=array("sun"=>"red","tree"=>"green","sky"=>"blue");
```

$ color 中有 3 个元素，键名分别是 sun、tree 和 sky，可以用 $ color["sun"]、$ color["tree"]和 $ color["sky"]访问相应的数组元素。

5.4 输出数组

使用 print_r()函数输出数组。

【例 5-1】 print_r()函数示例。

```
<?php
$color=array("sun"=>"red","tree"=>"green","sky"=>"blue");
print_r($color);
?>
```

程序运行结果如图 5-1 所示。

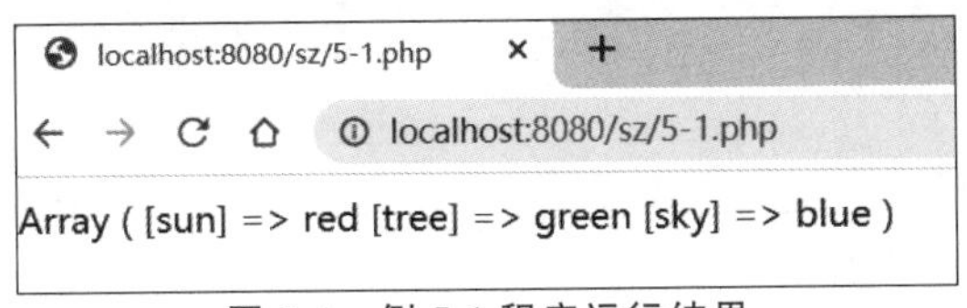

图 5-1　例 5-1 程序运行结果

5.5　数组的构造

数组按照构造可以分为一维数组和多维数组。二维数组是最常用的多维数组。

数组中每个元素都是单个变量，这样的数组为一维数组。上面列举的 $ color 就是一维数组。

数组也是可以嵌套的，即每个数组元素也可以是数组，这样的数组称为多维数组。数组元素是一维数组的数组称为二维数组，数组元素是二维数组的数组称为三维数组，以此类推。例如：

```
$stu=array(0=>array('xh'=>'20220801','xm'=>'张平'),
           1=>array('xh'=>'20220802','xm'=>'李东'),
           2=>array('xh'=>'20220803','xm'=>'赵晴'));
```

$ stu 是一个二维数组，其中包含 3 个元素，每个元素是一个一维数组，如果要获取姓名“赵晴”，则访问方式是 $ stu[2]['xm']。

5.6　遍历数组

数组的遍历是指依次读取数组中的所有变量值。本节介绍遍历数组的常见方法。

5.6.1　使用 foreach 结构遍历数组

foreach 结构提供了遍历数组的简单方式。foreach 仅能应用于数组和对象，如果尝试应用于其他数据类型的变量或者未初始化的变量，将发出错误信息。foreach 结构有两种格式：

```
foreach(数组 as $value)
    {语句序列}
```

这种格式在每次循环中将当前元素的值赋给变量 $ value，然后内部指针向前移动，进入下次循环，直到最后一个元素。

```
foreach(数组 as $key => $value)
    {语句序列}
```

这种格式在每次循环中将当前元素的键和值分别赋给变量 $ key 和 $ value，然后内部指针向前移动，进入下次循环，直到最后一个元素。

【例 5-2】 使用 foreach 结构遍历数组。

```
<?php
$color=array("red","green","blue");
foreach($color as $ys){
    echo $ys;
    echo "<br/>";
}
?>
```

程序运行结果如图 5-2 所示。

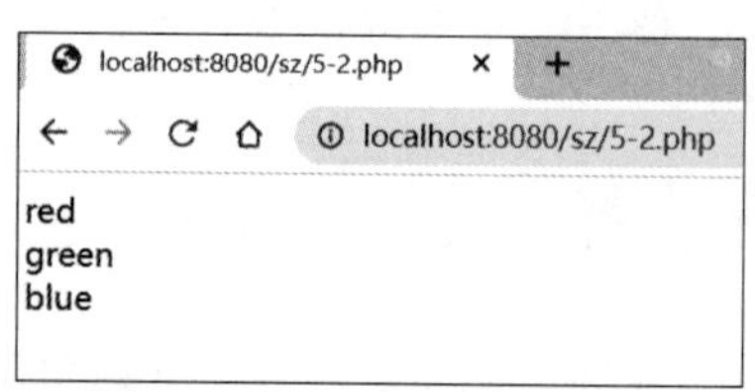

图 5-2 例 5-2 程序运行结果

5.6.2 使用 list()函数遍历数组

list()函数把数组元素的值赋给一组变量。它只能用在赋值运算符的左边，格式如下：

```
list($var1,$var2,$var3,…) = 数组名
```

【例 5-3】 使用 list()函数遍历数组。

```
<?php
$color=array("red","green","blue");
//列出所有变量
list($red,$green,$blue) = $color;
echo "$red is 红色,$green is 绿色, $blue is 蓝色<br/>";
?>
```

程序运行结果如图 5-3 所示。

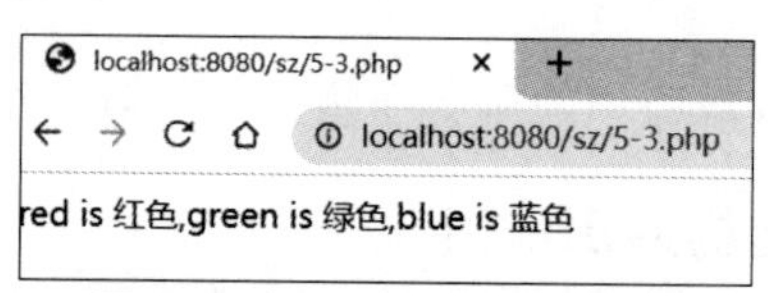

图 5-3 例 5-3 程序运行结果

5.6.3 使用 for 语句遍历数组

【例 5-4】 使用 for 语句遍历数组。

```
<?php
for($i=0;$i<count($color);$i++){
    echo $color[$i];
    echo "<br/>";
}
?>
```

程序运行结果与例 5-2 相同。

5.7 PHP 全局数组

5.7.1 $ _GET[ ]和 $ _POST[ ]

全局数组 $ _GET[ ]和 $ _POST[ ]主要用于接收表单提交的信息。

表单<form>中的属性 method 有 post 和 get 两种取值，当 method="post"时，将表单数据存放在 $ _POST[ ]数组中；当 method="get"时，则表单数据存放在 $ _GET[ ]数组中。因此，同一个表单提交的所有数据总是以一个数组的形式存放在服务器中，具体使用方法在 5.9.3 节中讲解。

此外，通过 URL 参数(又叫查询字符串)传递给当前脚本的变量也以 $ _GET[ ]数组的形式存放在服务器中。

【例 5-5】 文件 5-5.html 向文件 5-6.php 传递参数 xm 和 xh。

5-5.html 文件代码如下：

```
<html xmlns="http://www.w3.org/1999/xhtml">
<head><meta http-equiv="Content-Type" content="text/html; charset=utf-8" />
    </head>
<body>
<p><a href="5-6.php? xh=20220801 & xm=zhangping">向文件 5-6.php 传递参数</a>
</body></html>
```

5-5.html 文件运行结果如图 5-4 所示。

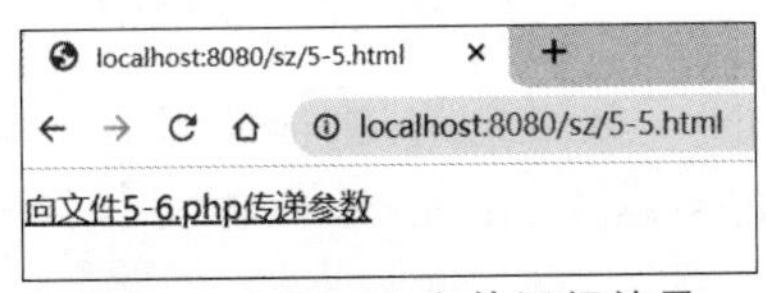

图 5-4 5-5.html 文件运行结果

【例 5-6】 5-6.php 文件代码如下：

```
<?php
$xh=$_GET['xh'];
$xm=$_GET['xm'];
echo "5-5.html 提交的数据是:".$xh."和".$xm;
?>
```

单击 5-5.html 的超级链接，运行 5-6.php，如图 5-5 所示。

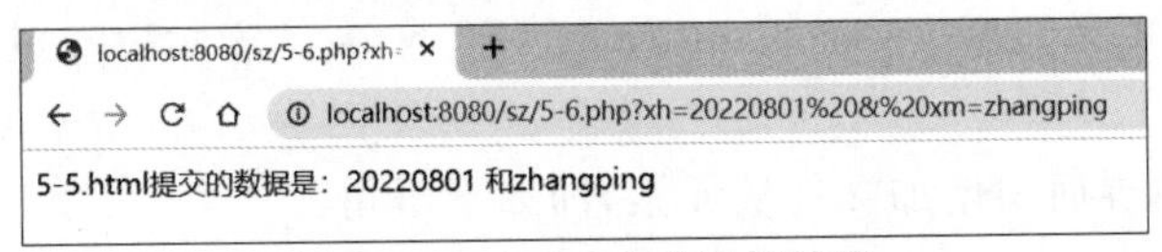

图 5-5 5-6.php 文件运行结果

5.7.2 $ _COOKIE[ ]

Cookie 是一种在本地浏览器存储数据并以此跟踪和识别用户的机制。当用户浏览网页时，由 Web 服务器将 Cookie 写入用户硬盘的一个文本文件，其中保存了用户访问网页时的一些私有信息。当用户下次再访问同一网页时，服务器就可以读取 Cookie 中的信息，用于分析用户访问次数、最后访问时间等。

在 PHP 中用 setcookie()函数创建 Cookie，存放在 $_COOKIE[]数组中，具体的使用方法在 5.9.2 节中详细讲解。

5.7.3 $_ENV[ ]

$_ENV[ ]数组用于存放通过环境方式传递给当前脚本的变量。这些变量从 PHP 解析器的运行环境导入 PHP 的全局命名空间。例如：

```
<?php
echo 'My username is ' .$_ENV["USER"] . '!';
?>
```

假设用户 bjori 运行此段脚本，则输出结果是

```
My username is bjori!
```

5.7.4 $_SESSION[ ]

当用户在一个网站的不同页面之间传递变量时，就要使用 Session 机制。Session 机制是指当用户访问网站时，服务器都会为该用户创建一个唯一的 Session 并保存用户的信息。例如，用户在一个购物网站登录后，在任何一家网店购物都不需要再次登录，那是因为用户名和密码已保存在 Session 中。Session 的数据是通过 $_SESSION[ ]数组保存的，具体使用方法在 5.9.4 节中讲解。

在页面中使用 $_SESSION[ ]数组之前，必须使用 session_start()函数启动 Session，或者直接在 php.ini 文件中设置 session.auto.start=1。

5.7.5 $_FILES[ ]

$_FILES[ ]数组包含所有通过 HTTP POST 方式上传到当前脚本中的文件的信息。数组的内容来自表单。要使表单能够上传文件，需满足以下条件：

(1) 表单标记应该如下设置：

```
<form method="post" action="xxx.php" enctype="multipart/form-data">
```

其中，method="post"表示提交信息的方式是 POST，action="xxx.php"表示处理信息的页面为 xxx.php(可自定义)，enctype="multipart/form-data"表示以二进制的方式传递提交的数据。

(2) 必须在表单界面中增加文件域元素，即如下语句：

```
<input name="userfile" type="file" value="浏览">
```

其中，name 属性的取值可以自定义；type 属性取值一定是 file，表示是文件域元素。

假设文件域元素的 name 取值为 userfile，则 $_FILES[ ]全局数组各元素的用法和说明如下。

- $_FILES['userfile']['name']：客户端上传文件的原名称。

- $ _FILES['userfile']['type']：客户端上传文件的类型。
- $ _FILES['userfile']['size']：已上传文件的大小，单位为字节。
- $ _FILES['userfile']['tmp_name']：文件被上传后在服务器端存储的临时文件名。
- $ _FILES['userfile']['error']：和该文件上传相关的错误代码。
- $ _FILES['userfile']['full_path']：浏览器提交的完整路径。

文件被上传后，默认地会被存储到服务器端的默认临时目录中，除非 php.ini 中的 upload_tmp_dir 设置为其他的路径。服务器端的默认临时目录可以通过更改 PHP 运行环境的环境变量 TMPDIR 重新设置。

5.8 PHP 的数组函数

5.8.1 向数组中添加元素

PHP 对数组添加元素的处理使用 unshift()和 push()函数实现，可以实现先进先出，也可以实现后进先出。

array_unshift()函数在数组开头插入一个或多个元素，格式如下：

```
array_unshift(数组,[要添加的元素列表])
```

【例 5-7】 array_unshift()函数示例。

```
<?php
<?php
$color=array("red","green","blue");
echo "原数组是";
print_r($color);
echo "<br/>";
array_unshift($color, "yellow',"black");
echo "添加元素后,现数组是";
print_r($color);
?>
```

程序运行结果如图 5-6 所示。

localhost:8080/sz/5-7.php
localhost:8080/sz/5-7.php
原数组是Array ([0] => red [1] => green [2] => blue)
添加元素后，现数组是Array ([0] => yellow [1] => black [2] => red [3] => green [4] => blue)

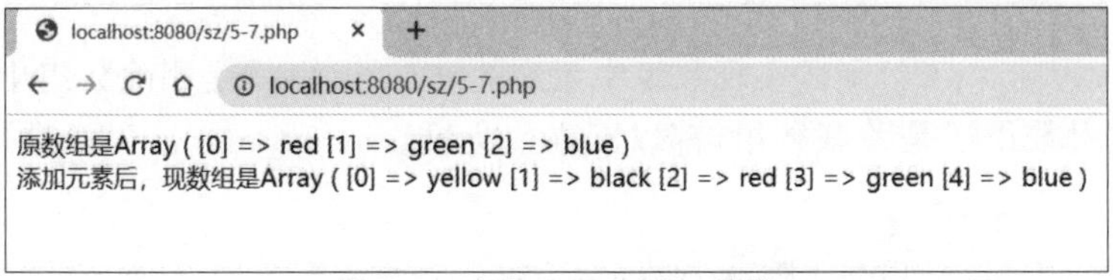

图 5-6 在数组开头添加元素

array_push()函数在数组结尾插入一个或多个元素，格式如下：

```
array_push(数组,[要添加的元素列表])
```

【例 5-8】 array_push()函数示例。

```
<?php
$color=array("red","green","blue");
echo "原数组是";
```

```
print_r($color);
echo "<br/>";
array_push($color, "yellow","black");
echo "添加元素后,现数组是";
print_r($color);
?>
```

程序运行结果如图 5-7 所示。

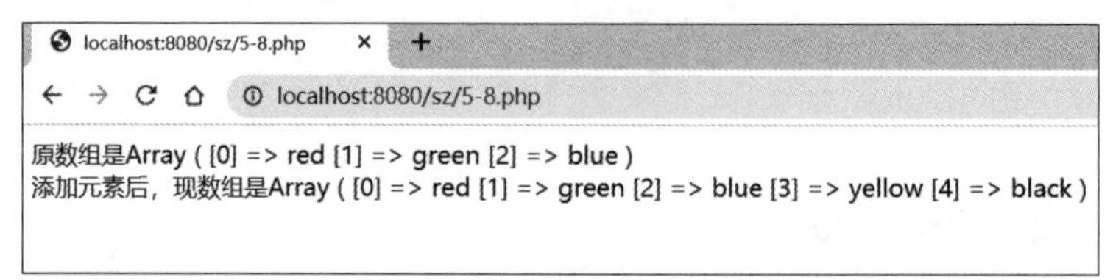

图 5-7 在数组结尾添加元素

5.8.2 获取数组中的最后一个元素

end()函数将数组的内部指针移到最后一个元素上,以此获取数组中的最后一个元素。

【例 5-9】 end()函数示例。

```
<?php
$color=array("red","green","blue");
$last=end($color);
print_r($last);
//echo $last;
?>
```

程序运行结果如图 5-8 所示。

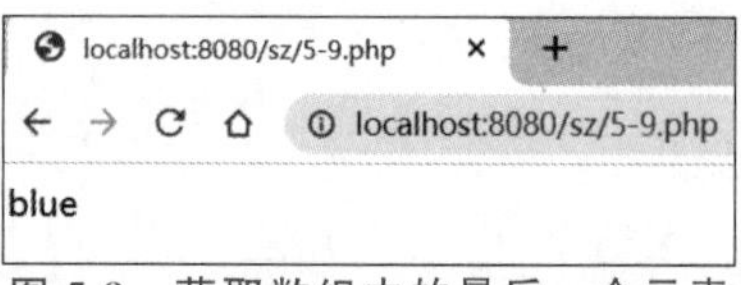

图 5-8 获取数组中的最后一个元素

5.8.3 删除数组中的重复元素

可使用 array_unique()函数实现数组中元素的唯一性,也就是删除数组中的重复元素。不管是数字索引数组还是关联数组,都以元素值为准。array_unique()函数返回元素值不重复的数组。

【例 5-10】 array_unique()函数示例。

```
<?php
$color=array("red","green","blue","red");
echo "原数组是";
print_r($color);
echo "<br/>";
$color1=array_unique($color);
echo "去重后,现数组是";
print_r($color1);?>
```

程序运行结果如图 5-9 所示。

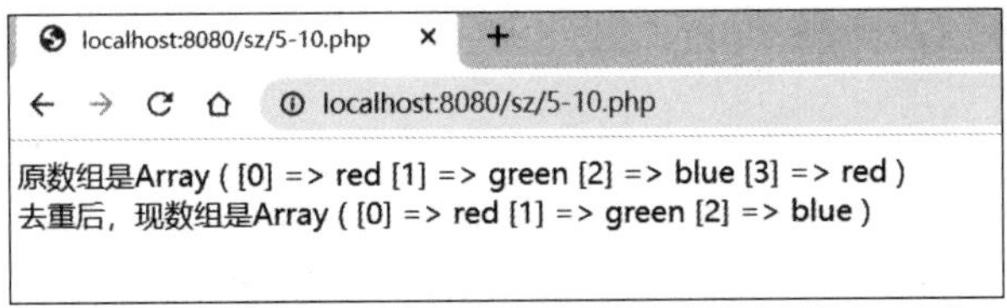

图 5-9 删除数组中的重复元素

5.8.4 获取数组中指定元素的键名

数组是一个数据集合,能够在不同类型的数组和不同结构的数组内确定某个特定元素是否存在。PHP 提供了以下函数,按照不同方式查询数组元素。

- in_array()：检查数组中是否存在某个值。
- array_key_exists()：检查数组中是否有指定的键名或索引。该函数只搜索第一维的键,多维数组中嵌套的键不会被搜索到。
- array_search()：在数组中搜索给定的值,如果成功则返回首个相应的键名。
- array_keys()：返回数组中部分或所有的键名。
- array_values()：返回数组中所有的值。

5.9 实战

5.9.1 获取上传文件的数据

【例 5-11】 本实例详细讲解 $_FILES[ ]全局数组的应用。

首先,创建一个表单文件,让用户上传文件。当用户选择了要上传的文件后,表单界面如图 5-10 所示。

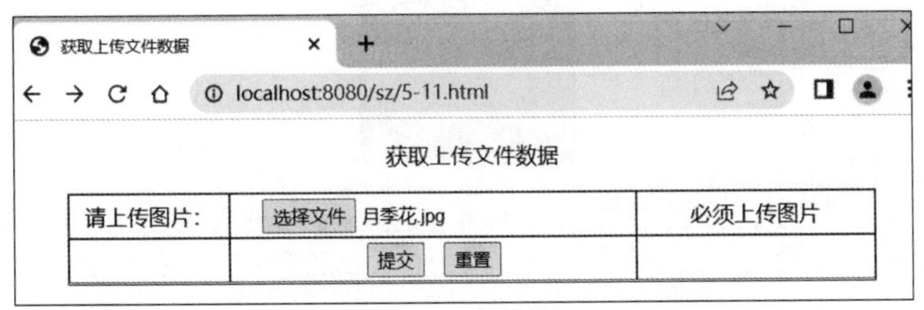

图 5-10 表单界面

5-11.html 代码如下：

```
1  <!DOCTYPE html PUBLIC "-//W3C//DTD XHTML 1.0 Transitional//EN"
   "http://www.w3.org/TR/xhtml1/DTD/xhtml1-transitional.dtd">
2  <html xmlns="http://www.w3.org/1999/xhtml">
3  <head>
4  <meta http-equiv="Content-Type" content="text/html; charset=utf-8" />
5  <title>获取上传文件数据</title>
6  </head>
7  <body>
```

```
8   <p align="center">获取上传文件数据</p>
9   <form id="form1" name="form1" method="post" enctype="multipart/form-data"
    action="5-11.php">
10  <table width="600" cellspacing="0" cellpadding="0" align="center" border="1">
11  <tr>
12  <td width="120" height="30" align="center">请上传图片:</td>
13  <td width="300" height="30" align="center"><input type="file" name="pic"
    id="pic" /></td>
14  <td width="180" height="30" align="center">必须上传图片</td>
15  </tr>
16  <tr>
17  <td width="120" height="30" align="center"> </td>
18  <td width="300" height="30" align="center"><input type="submit" name="提
    交" id="提交" value="提交"/>   <input type="reset" name="button"
    id="button" value="重置" /></td>
19  <td width="180" height="30" align="center"> </td>
20  </tr>
21  </body>
22  </html>
```

代码解释如下：

（1）第9行中，enctype的属性值一定要设置为"multipart/form-data"才能上传文件，method="post"表示提交信息的方式是POST，action="5-11.php"表示处理信息的文件为5-11.php。

（2）5-11.php文件用于获取上传文件的数据并显示出来，运行结果如图5-11所示。

图5-11　获取上传文件的数据并显示

5-11.php代码如下：

```
1   <!DOCTYPE html PUBLIC "-//W3C//DTD XHTML 1.0 Transitional//EN"
    "http://www.w3.org/TR/xhtml1/DTD/xhtml1-transitional.dtd">
2   <html xmlns="http://www.w3.org/1999/xhtml">
3   <head>
4   <meta http-equiv="Content-Type" content="text/html; charset=utf-8" />
5   <title>获取上传文件数据</title>
```

```
6   </head>
7   <body>
8   <?php
9   $pic=$_FILES['pic']['name'];
10  $pictype=$_FILES['pic']['type'];
11  $picsize=$_FILES['pic']['size'];
12  $tmpname=$_FILES['pic']['tmp_name'];
13  $pic1=iconv("utf-8", "GB2312", $pic);          //
14  move_uploaded_file($tmpname,"upload/".$pic1);
15  ?>
16  <p align="center">您提交的图片文件信息如下:</p>
17  <p align="center"><?php echo "<img src='upload/$pic'>";?></p>
18  <table width="600"  cellspacing="0" cellpadding="0"  align="center"
    border="1" >
19  <tr>
20  <td width="300" height="30" align="center">上传图片名称</td>
21  <td width="300" height="30" align="center"><?php echo $pic;?></td>
22  </tr>
23  <tr>
24  <td width="300" height="30" align="center">上传图片类型</td>
25  <td width="300" height="30" align="center"><?php echo $pictype;?></td>
26  </tr>
27  <tr>
28  <td width="300" height="30" align="center">上传图片大小</td>
29  <td width="300" height="30" align="center"><?php echo $picsize."字节";?>
    </td>
30  </tr>
31  </body>
32  </html>
```

代码解释：

(1) 第 13 行中，iconv("utf-8", "GB2312", $pic)负责将文件名转换成 GB2312 编码。move_uploaded_file()函数只支持 GB2312 或 GBK 编码，并不支持 UTF-8 编码。

(2) 第 14 行中，将上传的临时文件移到 upload 文件夹中并以原文件名保存。

5.9.2 投票管理系统

【例 5-12】 本实例分别应用 Session 机制和 Cookie 机制进行投票管理系统的设计。界面显示效果如图 5-12 所示。

用户可以不受限制地进行任意次数的投票。5-12.php 代码如下所示：

```
1   <html xmlns="http://www.w3.org/1999/xhtml">
2   <head>
3   <meta http-equiv="Content-Type" content="text/html; charset=utf-8" />
4   <title>在线投票</title>
5   <style type="text/css">
6   .pdiv{width:980px; height:600px; padding:0; margin:0 auto;}
7   .sdiv{width:460; height:500px; padding:0; margin:0px 0px 10px 20px; float:
    left; text-align:center; font-size:12pt;}
8   .sdiv p{margin:5px 0px;}
9   .sdiv img{border:0;}
```

```
10 </style>
11 </head>
12 <body>
13 <div class="pdiv">
14 <p align="center">你最喜欢的季节</p>
15 <?php
16 $imgnum=4;
17 $sum=0;
18 $namearr=array("春","夏","秋","冬");
19 if(!file_exists('5-12.txt')){
20     $fp=fopen('5-12.txt', 'w');
21     fclose($fp);
22 }
23 $fp=fopen('5-12.txt', 'r');
24 for($i=0;$i<$imgnum;$i++){
25     $count[$i]=fgets($fp);
26     $count[$i]=$count[$i]+0;                       //将文本转换成数字
27     $sum=$sum+$count[$i];
28 }
29 fclose($fp);
30 $vote=isset($_GET['vote'])?$_GET['vote']:'';
31 if($vote!=''){$count[$vote]++;$sum++;}
32 for($i=0;$i<$imgnum;$i++){
33     if($sum!=0){$per=(round(($count[$i]/$sum)*100,2))."%";}
34     else {$per="0%";}
35     echo "<div class='sdiv'>";
36     $img='images/img'.$i.".jpg";
37     echo "<a href='5-12.php?vote=".$i."'><img src='$img' width='430'
   height='430'></a>";
38     echo "<p>票 数:".$count[$i]."/占比:$per";
39     echo "<p>".$namearr[$i];
40     echo "</div>";
41 }
42 $fp=fopen('5-12.txt', 'w');
43 for($i=0;$i<$imgnum;$i++){
44     fwrite($fp, $count[$i]."\r\n");
45 }
46 fclose($fp);
47 ?>
48 </div>
49 </body>
50 </html>
```

代码解释如下：

（1）第5～10行进行样式设置。

（2）第16行中，变量$imgnum保存图片个数。

（3）第18行中，数组$namearr保存图片名称。

（4）第19～23行中，如果文件5-12.txt不存在，则创建该文件，然后以只读方式打开；如果存在，则直接以只读方式打开。

（5）第24～28行从5-12.txt中读取内容，将每幅图片的票数保存在相应的数组元素$count[$i]中，并将总的票数保存在变量$sum中。

图 5-12 投票管理系统界面显示效果

(6) 第 30 行获取图片的投票数,保存在变量 $ vote 中。

(7) 第 31 行将图片的票数加 1,保存在相应的数组元素 $ count[$ vote]中,并且总票数 $ sum 加 1。

(8) 第 32～41 行显示图片、图片名称、票数和百分比。

(9) 第 42～44 行将新的票数重新写入 5-12.txt。

1. 应用 Session 机制禁止反复投票

对 5-12.php 应用 Session 机制禁止反复投票,进行以下改进:

(1) 在页面代码开始处使用 session_start()函数启用 Session。

(2) 当用户单击图片投票时,将投票信息写入全局数组 $ _SESSION[$ voted]中。

(3) 当用户试图再次投票时,判断 $ _SESSION[$ voted]是否存在。如果存在,则提示用户已投过票了。

具体修改有如下两处。

(1) 在第 15 行<?php 下面增加如下代码:

```
session_start();
if(isset($_SESSION['voted'])){
    echo "<script>";
    echo "alert('每个人只能投票一次,您已经投过票了!')";
    echo "</script>";
    exit();
}
```

(2) 在第 31 行的语句体中增加“$_SESSION['voted']=1;”语句:

```
if ($vote!=''){$count[$vote]++;$sum++;$_SESSION['voted']=1;}
```

用户重复投票后弹出的消息框如图 5-13 所示。

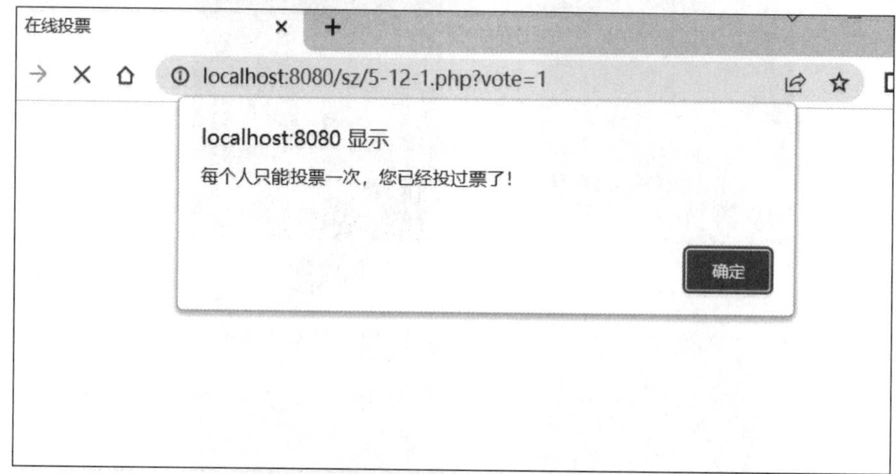

图 5-13 用户重复投票后弹出的消息框

2. 应用 Cookie 机制禁止反复投票

由于关闭浏览器后 Session 会自动失效,因此,用户重新打开浏览器即可再次投票。应用 Cookie 机制可以解决此问题。

对 5-12.php 应用 Cookie 机制禁止反复投票,进行以下改进:

(1) 创建 Cookie,在第 15 行<?php 下面增加如下代码:

```
session_start();
$sessionID=session_id();
if(isset($_COOKIE['voted'])){
    echo "<script>";
    echo "alert('每个人只能投票一次,您已经投过票了!')";
    echo "</script>";
    exit();
}
```

(2) 与应用 Session 机制一样修改第 31 行。

(3) 在第 31 行前增加如下代码:

```
$tm=3600*120;                                  //过期时间 5 天
setcookie("voted",$sessionID,time()+$tm);
```

5.9.3 获取用户注册信息

【例 5-13】 本实例展示用户表单数据的获取,主要通过$_PHP[]数组的函数获取用户通过表单提交的数据。本实例包括两个文件:一是 5-13.html,用于展示注册页面,如图 5-14 所示;二是 5-13.php,是程序文件,当用户通过表单提交了注册信息后,此文件将用户注册信息显示出来。

5-13.html 代码如下:

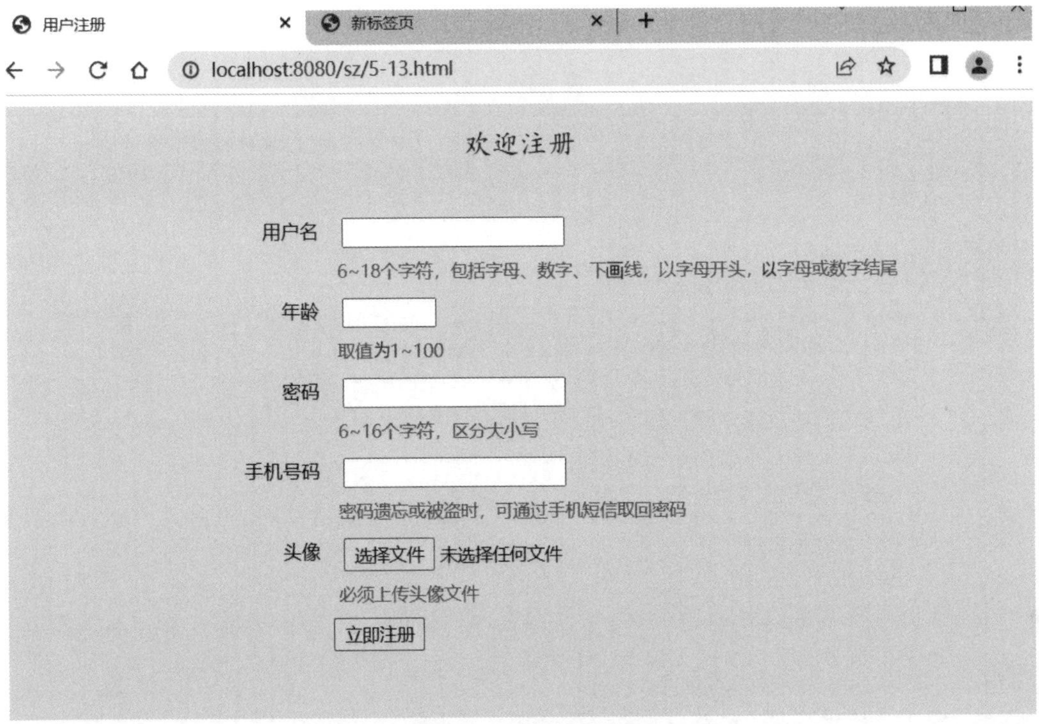

用户注册　新标签页

localhost:8080/sz/5-13.html

欢迎注册

用户名

6~18个字符，包括字母、数字、下画线，以字母开头，以字母或数字结尾

年龄

取值为1~100

密码

6~16个字符，区分大小写

手机号码

密码遗忘或被盗时，可通过手机短信取回密码

头像　选择文件　未选择任何文件

必须上传头像文件

立即注册

图 5-14　用户注册页面

```
1  <!DOCTYPE html PUBLIC "-//W3C//DTD XHTML 1.0 Transitional//EN"
   "http://www.w3.org/TR/xhtml1/DTD/xhtml1-transitional.dtd">
2  <html xmlns="http://www.w3.org/1999/xhtml">
3  <head>
4  <meta http-equiv="Content-Type" content="text/html; charset=utf-8" />
5  <title>用户注册</title>
6  <style>
7  .divshang{ width:800px; height:55px; padding:0; margin:0 auto; font-family:
   "楷体"; font-size: 16pt; line-height: 60px;color: #00ff;text-align: center;
   background:#eee;}
8  .divzhong{width: 800px; height: auto; padding: 30px 0 0; margin: 0 auto;
   background:#eee;}
9  .divxia{width: 800px; height: 15px; padding: 0; margin: 0 auto; background:
   #eee;}
10 table{width:600px;}
11 table .td1{width: 150px; height: 60px; font-size: 11pt; text-align: right;
   vertical-align:top;padding:0 10px 0 0;}
12 table .td2{width:450px; height:60px; font-size:10pt; vertical-align:top;}
13 table .td2 p{margin:8px 0 0; color:#888;}
14 p span{color:#00f; text-decoration:underline; cursor:pointer;}
15 </style>
16 </head>
17 <body>
18 <div class="divshang">欢迎注册</div>
19 <div class="divzhong">
20 <form name="form1" id="form1" method="post" enctype="multipart/form-data"
   action="5-13.php" >
21 <table align="center" cellpadding="0" cellspacing="0" border="0">
22 <tr>
```

```
23 <td class="td1">用户名</td>
24 <td class="td2"> 
25 <input type="text" name="username" id="username" required pattern="[a-zA-
   Z][a-zA-Z0-9_]{4,16}[a-zA-Z0-9]" />
26 <p> 6~18 个字符,包括字母、数字、下画线,以字母开头,以字母或数字结尾</p>
27 </td>
28 </tr>
29 <tr>
30 <td class="td1">年龄</td>
31 <td class="td2"> 
32 <input type="number" name="age" id="age" min="1" max="100" required />
33 <p> 取值为 1~100</p>
34 </td>
35 </tr>
36 <tr>
37 <td class="td1">密码</td>
38 <td class="td2"> 
39 <input type="password" name="psd1" id="psd1" required pattern="[a-zA-Z0-9
   _!@#$%^&*]{6,16}" />
40 <p> 6~16 个字符,区分大小写</p>
41 </td>
42 </tr>
43 <tr>
44 <td class="td1">手机号码</td>
45 <td class="td2"> 
46 <input type="text" name="phoneno" id="phoneno" pattern="1[3|5|7|8][0-9]
   {9}" />
47 <p> 密码遗忘或被盗时,可通过手机短信取回密码</p>
48 </td>
49 </tr>
50 <tr>
51 <td class="td1">头像</td>
52 <td class="td2"> 
53 <input type="file" name="toux" id="tongx" />
54 <p> 必须上传头像文件</p>
55 </td>
56 </tr>
57 <tr>
58 <td class="td1"> </td>
59 <td class="td2">
60 <input type="submit" value="立即注册" />
61 </td>
62 </tr>
63 </table>
64 </form>
65 </div>
66 <div class="divxia"></div>
67 </body>
68 </html>
```

代码解释如下：

(1) 第 6～15 行定义样式。

(2) 第 25 行中，required 表示本项为必填项，不允许为空；使用正则表达式 pattern="[a-zA-Z][a-zA-Z0-9_]{4,16}[a-zA-Z0-9]"设置用户名以字母开头，以字母或数字结尾，其余字符是任意字母、数字和下画线，字符个数为 6～18。

(3) 第 32 行中，min="1" max="100"表示输入的数字范围为 1～100。

5-13.php 代码如下：

```
<<!DOCTYPE html PUBLIC "-//W3C//DTD XHTML 1.0 Transitional//EN" "http://www.w3.org/TR/xhtml1/DTD/xhtml1-transitional.dtd">
<html xmlns="http://www.w3.org/1999/xhtml">
<head>
<meta http-equiv="Content-Type" content="text/html; charset=utf-8" />
<title>表单数据提交</title>
<style>
.divshang{width:800px; height:55px; padding:0; margin:0 auto; font-family: "楷体"; font - size: 16pt; line - height: 60px; color: # 00ff; text - align: center; background:#eee;}
.divzhong{width:800px; height:auto; padding:30px 0 0; margin:0 auto; background:#eee;}
.divxia{width:800px; height:15px; padding:0; margin:0 auto; background:#eee;}
table{width:600px;}
table . td1 { width: 150px; height: 60px; font - size: 10pt; text - align: right; vertical-align:top; padding:0 10px 0 0;}
table .td2{width:450px; height:60px; font-size:12pt; vertical-align:top;}
table .td2 p{margin:8px 0 0; color:#888;}
p span{color:#00ff00; text-decoration:underline; cursor:pointer;}
</style>
</head>
<body>
<?php
$touxiang=$_FILES['toux']['name'];
$tmpname=$_FILES['toux']['tmp_name'];
$touxiang1=iconv("utf-8", "GB2312", $touxiang);
move_uploaded_file($tmpname,"upload/".$touxiang1);
?>
<div class="divshang">获取表单数据</div>
<div class="divzhong">
  <table align="center" cellpadding="0" cellspacing="0" border="0">
    <tr>
      <td class="td1">你申请的用户名是:</td>
      <td class="td2"><?php echo $_POST['username'];?>
      </td>
    </tr>
    <tr>
      <td class="td1">年龄是:</td>
      <td class="td2"><?php echo $_POST['age'];?>
      </td>
    </tr>
    <tr>
      <td class="td1">密码是:</td>
      <td class="td2"><?php echo $_POST['psd1'];?>
      </td>
    </tr>
    <tr>
      <td class="td1">手机号码是:</td>
      <td class="td2"><?php echo $_POST['phoneno'];?>
      </td>
    </tr>
```

```
        <tr>
          <td class="td1">头像是:</td>
          <td class="td2"><img src="upload/<?php echo $touxiang; ?>" />
          </td>
        </tr>
        <tr>
        </tr>
      </table>
    </div>
    <div class="divxia"></div>
    </body>
    </html>
```

提交表单后，运行 5-13.php 文件，运行结果如图 5-15 所示。

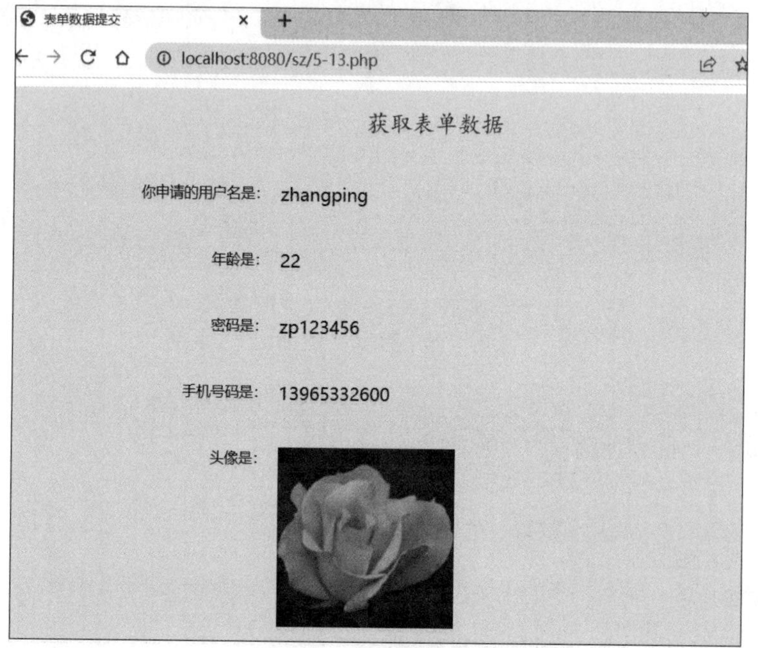

图 5-15 获取表单数据

5.9.4 车牌摇号

【例 5-14】 本实例实现以"桂 C"开头的车牌摇号，用户输入一个车牌号，系统随机产生 20 个车牌号。如果在这 20 个车牌号中有用户输入的车牌号，则提示"摇中"；否则提示"没摇中"。

车牌号由 7 个字符组成，其中第一和第二个字符是已定好的"桂 C"，其余 5 个字符是大写字母和数字的组合，其中最多只能有两个大写字母，而且不能有 I 和 O，5-14.php 代码如下：

```
1   <html xmlns="http://www.w3.org/1999/xhtml">
2   <head>
3   <meta http-equiv="Content-Type" content="text/html; charset=utf-8"/>
4   <title>车牌摇号</title>
5   <style type="text/css">
6   .pdiv{width:680px; height:600px; padding:0; margin:0 auto;}
```

```
7   .sdiv{width:120; height:30px; padding:5px 0px 0px 0px; margin:0px 0px 10px
    20px; float: left; text-align: center; font-size: 12pt; border: thin solid
    #060;}
8   .sdiv p{margin:5px 0px;}
9   .sdiv img{border:0;}
10  </style>
11  </head>
12  <body>
13  <div class="pdiv">
14  <p align="center">车牌摇号</p>
15  <form method="post" action="5-14.php">
16  <p align="center">请输入你的车牌号:
17  <input type="text" name="usercar" required pattern="[A-Z0-9]{5}"/>
18  <input type="submit" value="摇号" /></p>
19  </form>
20  <?php
21  $usercar=$_POST['usercar'];
22  if($usercar!=""){
23  echo "<p align='center'>您输入的车牌号是:桂 C-".$usercar."</p>";
24  }
25  $count=20;
26  $character=array_merge(range("A", "H"),range("J", "N"),range("P", "Z"));
27  $clen=count($character);
28  $digital=range(0,9);
29  $allcarno=array();
30  for($i=0;$i<$count;$i++){
31      $str=array();
32      $n1=rand(0,2);
33      for($j=0;$j<$n1;$j++){
34          $index=rand(0,$clen-1);
35          array_push($str,$character[$index]);
36      }
37      $n2=5-$n1;
38      for($k=0;$k<$n2;$k++){
39          $index=rand(0,9);
40          array_push($str,$digital[$index]);
41      }
42      shuffle($str);
43      $carno="";
44      echo "<div class='sdiv'>";
45      echo "桂 C-";
46      foreach($str as $carnumber){
47          echo $carnumber;
48          $carno=$carno.$carnumber;
49      }
50      echo "</div>";
51      array_push($allcarno, $carno) ;
52      }
53      if(isset($_POST['usercar'])){
54          if(in_array($usercar,$allcarno)){
55              echo "<script>alert('恭喜你摇号中了!');</script>";
56              exit();
57          }else {
58              echo "<script>alert('很遗憾,你没摇中!');</script>";
59              exit();
```

```
60              }
61          }
62      ?>
63      </div>
64      </body>
65      </html>
```

代码解释如下：

(1) 第 21 行获取用户输入的车牌号，以变量 $usercar 保存。

(2) 第 26 行生成不包括大写字母 I 和 O 的大写字母的数组 $character。其中，range("A", "H")生成 A～H 的字母数组，以此类推；array_merge()函数用于将几个数组合并。

(3) 第 27 行统计 $character 数组元素个数。

(4) 第 28 行指定数字的取值范围。

(5) 第 29 行的数组 $allcarno 保存随机产生的 20 个车牌号。如果用户输入的车牌号 $usercar 在此数组中，则摇中；否则没摇中。

(6) 第 31 行的数组 $str 保存一个包含 5 个字符的车牌号。

(7) 第 32～36 行随机生成 0～2 个字母并添加到数组 $str 中。 $n1=rand(0,2)用于控制字母的个数不超过两个。

(8) 第 37-41 行随机生成 3～5 个数字并添加到数组 $str 中。

(9) 第 42 行的 shuffle($str)随机排列数组 $str 元素的顺序。

(10) 第 43～49 行将打乱顺序的数组元素作为一个车牌号显示，并保存到 $carno 中。

(11) 第 51 行将生成的车牌号添加到数组 $allcarno 中。

(12) 第 53～61 行判断用户输入的车牌号 $usercar 是否在 $allcarno 数组中，并弹出相应的对话框。

程序界面如图 5-16 所示。

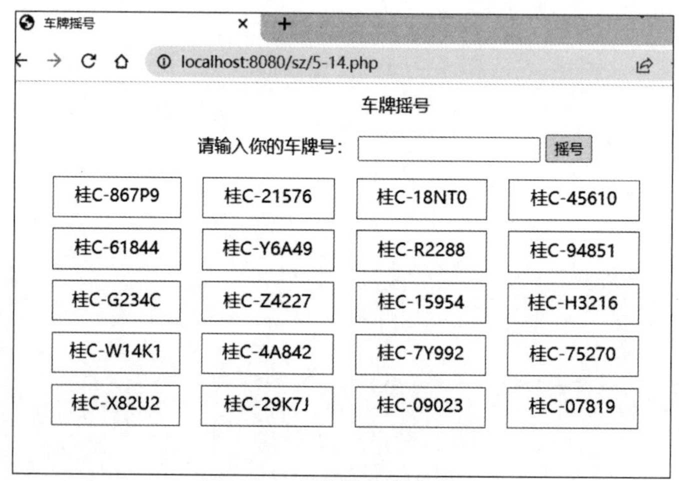

图 5-16 车牌摇号程序界面

学习成果达成与测评

<table>
<tr><td>学号</td><td></td><td>姓名</td><td></td><td>项目序号</td><td></td><td>项目名称</td><td></td><td>学时</td><td>6</td><td>学分</td><td></td></tr>
<tr><td>职业技能等级</td><td colspan="2">中级</td><td colspan="3">职业能力</td><td colspan="4"></td><td>任务量数</td><td></td></tr>
<tr><td>序号</td><td colspan="10">评价内容</td><td>分数</td></tr>
<tr><td>1</td><td colspan="10">能够根据实际需求构建数组,掌握遍历数组的方法</td><td>20</td></tr>
<tr><td>2</td><td colspan="10">能设计上传文件的表单界面,并获取上传文件的信息</td><td>20</td></tr>
<tr><td>3</td><td colspan="10">掌握利用 $ _COOKIE[]和 $ _SESSION[]数组设计在线投票系统的方法</td><td>20</td></tr>
<tr><td>4</td><td colspan="10">掌握利用 $ _GET[]和 $ _POST[]数组获取用户注册信息的方法</td><td>20</td></tr>
<tr><td>5</td><td colspan="10">能根据实际需求运用相关数组函数实现车牌摇号程序设计</td><td>20</td></tr>
<tr><td rowspan="2">考核评价</td><td colspan="10">总分数</td><td></td></tr>
<tr><td colspan="11">指导教师评语</td></tr>
<tr><td>备注</td><td colspan="11">奖励:
(1) 可以按照完成质量给予 1~10 分奖励。
(2) 每超额完成一个任务加 3 分。
(3) 巩固提升任务完成情况优秀,加 2 分。
惩罚:
(1) 完成任务超过规定时间,扣 2 分。
(2) 完成任务有缺项,每项扣 2 分。
(3) 任务实施报告中有歪曲事实、杜撰或抄袭内容者不予评分。</td></tr>
</table>

学习成果实施报告书

<table>
<tr><td>题目</td><td colspan="5"></td></tr>
<tr><td>班级</td><td></td><td>姓名</td><td></td><td>学号</td><td></td></tr>
<tr><td colspan="6">任务实施报告</td></tr>
<tr><td colspan="6">简要记述完成的各项任务，描述任务规划以及实施过程、遇到的重点难点以及解决过程，字数不少于800字。</td></tr>
<tr><td colspan="6">考核评价(10分制)</td></tr>
<tr><td colspan="4" rowspan="2">教师评语：</td><td>态度分数</td><td></td></tr>
<tr><td>工作量分数</td><td></td></tr>
<tr><td colspan="6">考 核 标 准</td></tr>
<tr><td colspan="6">(1) 在规定时间内完成任务。
(2) 操作规范。
(3) 任务实施报告书内容真实可靠、条理清晰、文字流畅、逻辑性强。
(4) 没有完成工作量扣1分，有抄袭内容扣5分。</td></tr>
</table>

第6章 MySQL数据库

 知识导读

一个实用的 PHP 网站必须用数据库存储应用数据。目前比较常用的数据库管理系统有很多,例如 MySQL、SQL Server、Oracle 等。MySQL 具有体积小、速度快和开放源码等特点,由于 PHP 和 MySQL 都可以免费使用,所以在 PHP Web 应用开发中通常会选择 MySQL 作为网站的后台数据库。本章将介绍如何下载、安装、配置和使用 MySQL 数据库管理系统以及 MySQL 数据库图形化管理工具。

学习目标

- 掌握下载、安装 MySQL 数据库管理系统的方法。
- 掌握配置 MySQL 数据库管理系统以及启动和停止服务的方法。
- 熟悉常用的 MySQL 数据库图形化管理工具。

6.1 MySQL 简介

MySQL 是瑞典 MySQL AB 公司推出的数据库管理系统软件,是开放源码的关系数据库管理系统。由于其体积小、速度快、开放源码等特点,如今很多大型网站选择 MySQL 数据库存储数据。由于 MySQL 数据库发展势头迅猛,Sun 公司于 2008 年收购了 MySQL 数据库。

MySQL 数据库有很多优势,主要有以下特点:

(1) 使用核心线程的完全多线程服务,支持多线程,可以充分利用 CPU 资源。

(2) 可以运行在不同的平台上,支持 Linux、macOS、OpenBSD、OS/2 Wrap、Solaris、Windows 等多种操作系统。

(3) 源码具有可移植性。

(4) 采用优化的 SQL 查询算法,可有效地提高查询速度。

(5) 既能够作为单独的应用程序运行在客户/服务器网络环境中,也能够作为库嵌入其他的软件。

(6) 提供了 ODBC、JDBC 等多种数据库连接途径。

(7) 提供了可用于管理、检查、优化数据库操作的管理工具。

(8) 可以处理拥有上千万条记录的大型数据库。

支持存储过程是 MySQL 5 很重要的一个新增特性。

(1) 用户可以重用代码和更改控制。和将业务逻辑流程写入多个应用程序不同的是，用户在 MySQL 5 中只需要写一次存储过程就可以让许多应用程序调用该过程，从而实现特定的业务逻辑流程。数据库管理员也可以通过标准的管理函数处理不同版本中的数据库资源，例如数据库结构和安全权限等。

(2) 可以获得快速的性能。数据库管理员可以在存储过程中使用循环结构执行多条 SQL 语句，而以前的应用程序每次只能执行一条 SQL 语句，效率明显得到提高。也可以把复杂的多条 SQL 语句写入一个存储过程，用户可以直接调用该存储过程，从而避免了在书写复杂 SQL 语句时可能出现的错误。

(3) 安全管理更简便。对于一个服务大量用户的复杂数据库来说，将数量巨大的数据对象的使用权限分配给不同用户是相当费时的。使用存储过程以后，就可以在过程级进行权限分配。例如，当用户的一条 SQL 查询语句需要访问 10 张不同的表时，若不使用存储过程，就需要为该用户进行 10 次不同的表许可权限分配；而使用存储过程后，只需要对含有该 SQL 查询语句的存储过程分配一次许可权限就可以了。

6.2 MySQL 的安装和配置

MySQL 的官方下载网页 http://www.mysql.com/downloads/mysql/提供了不同版本的 MySQL。本书使用的版本为 MySQL 5.1。

6.2.1 MySQL 的安装

在 Windows 系列的操作系统下，MySQL 安装包分为图形化界面安装和免安装(Noinstall)两种。这两种安装包的安装方式不同，配置方式也不同。图形化界面安装包有完整的安装向导，安装和配置很方便，根据安装向导的说明安装即可。免安装的安装包直接解压即可使用，但是配置很不方便。下面介绍图形化界面的 MySQL 安装过程。

(1) 下载 Windows 版的 MySQL 5.1，解压后双击安装文件进入安装向导，安装欢迎界面如图 6-1 所示。

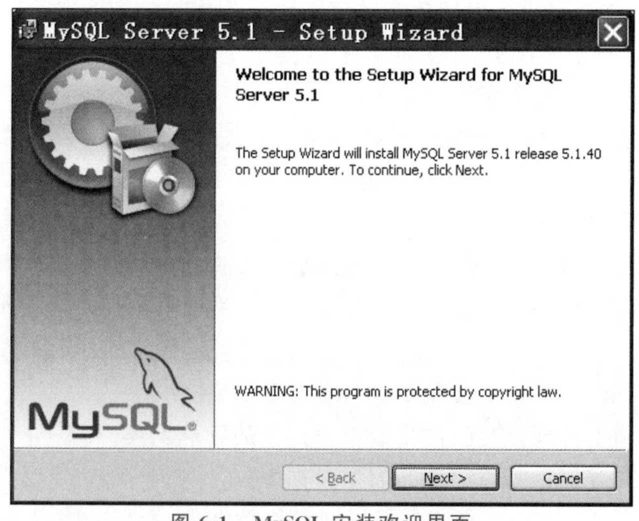

图 6-1 MySQL 安装欢迎界面

（2）单击 Next 按钮，进入选择安装方式的界面，如图 6-2 所示。有 3 种安装方式可供选择：Typical（典型安装）、Complete（完全安装）和 Custom（定制安装）。对于大多数用户，选择 Typical 就可以了。

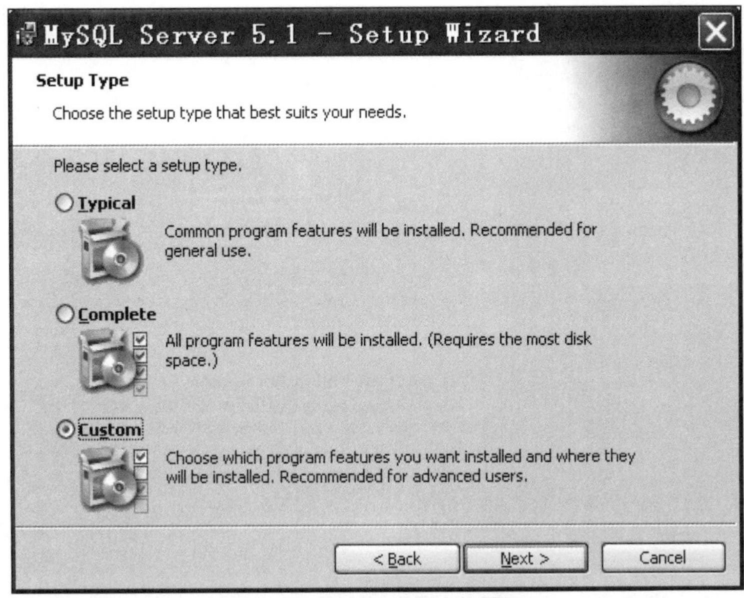

图 6-2　选择安装方式的界面

（3）单击 Next 按钮进入如图 6-3 所示的准备安装界面。在 MySQL 5.1 中，数据库主目录和文件目录是分开的。Destination Folder 为 MySQL 所在的目录，默认为 C:\Program Files\MySQL\MySQL Server 5.1；Data Folder 为 MySQL 数据库文件和表文件所在的目录，默认为 C:\Documents and Settings\All Users\Application Data\MySQL\MySQL Server 5.1\data，其中 Application Data 是隐藏文件夹。确认后单击 Install 按钮，进入 MySQL 安装界面，正式开始安装。

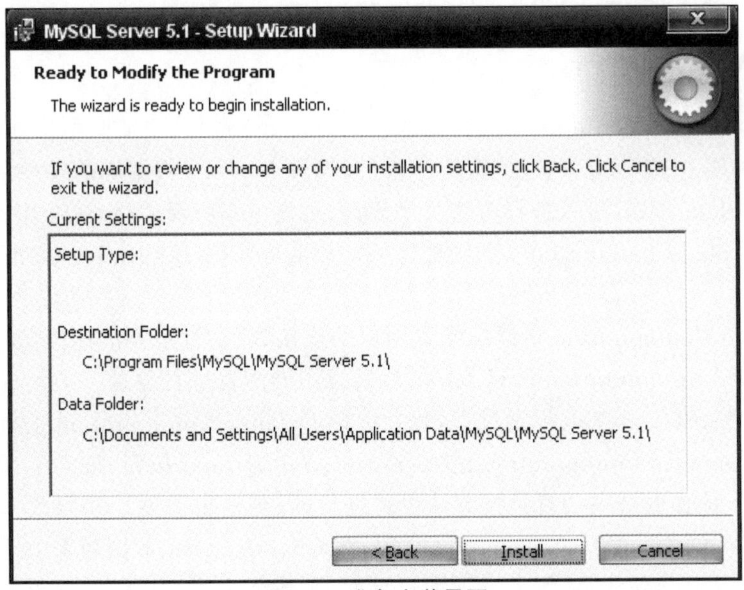

图 6-3　准备安装界面

注意：MySQL的安装路径中不能含有中文。

（4）安装完成界面如图6-4所示。此处有两个选项，分别是Configure the MySQL Server now和Register the MySQL Server now。这两个选项的含义如下：

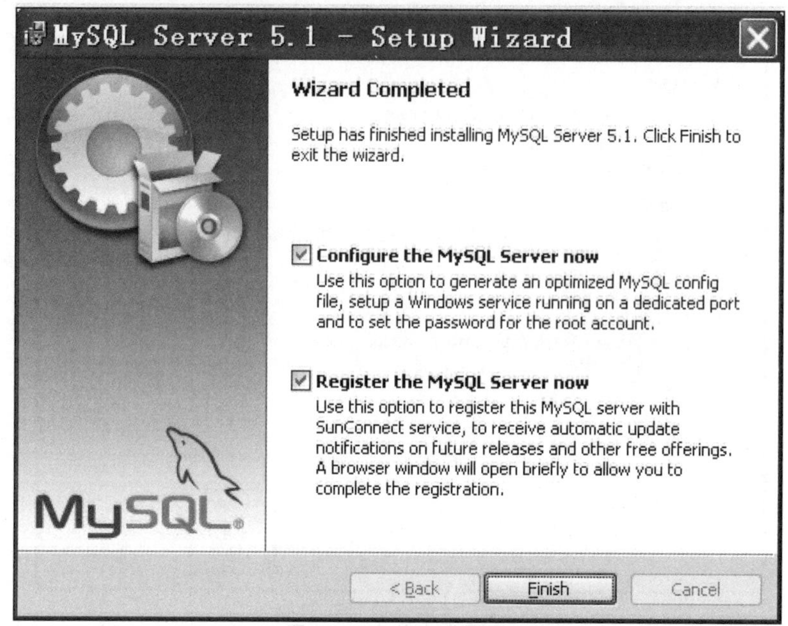

图6-4　安装完成界面

- Configure the MySQL Server now表示现在配置MySQL服务。如果不想现在就配置，则不选择该选项。
- Register the MySQL Server now表示现在注册MySQL服务。

为了使读者更加全面地了解安装过程，此处进行简单的配置，并且注册MySQL服务，故选择这上述两个选项。

（5）单击Finish按钮，MySQL数据库就完成了安装过程。

6.2.2　MySQL的配置

安装完成时，选择Configure the MySQL Server now选项，安装向导将进入MySQL配置欢迎界面，如图6-5所示。通过配置向导，可以设置MySQL数据库的各种参数。

（1）单击Next按钮，进入选择配置类型界面，如图6-6所示。MySQL中有两种配置类型，分别为Detailed Configuration（详细配置）和Standard Configuration（标准配置）。两者的介绍如下：

- Detailed Configuration将详细配置用户的连接数、字符集等信息。
- Standard Configuration将对MySQL最常用的配置进行设置。

为了了解MySQL详细的配置过程，此处选择Detailed Configuration进行配置。

（2）选择Detailed Configuration选项，然后一直单击Next按钮，进入字符集配置界面，如图6-7所示。前面的选项一直是按默认设置进行的，到这里要做一些修改。选中Manual Selected Default Character Set/Collation选项，在Character Set下拉列表中选择gb2312。

（3）单击Next按钮，进入服务选项配置界面，服务名为MySQL，这里不做修改。

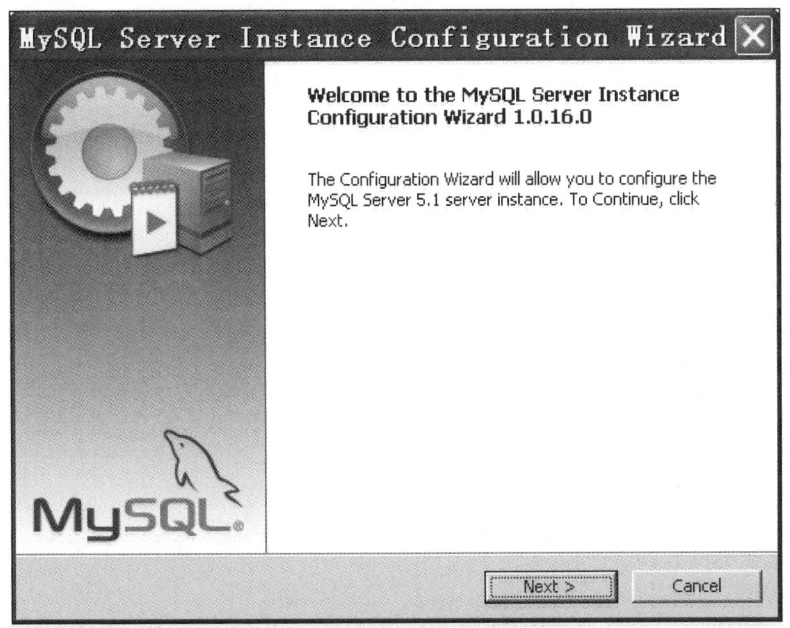

图 6-5 MySQL 配置欢迎界面

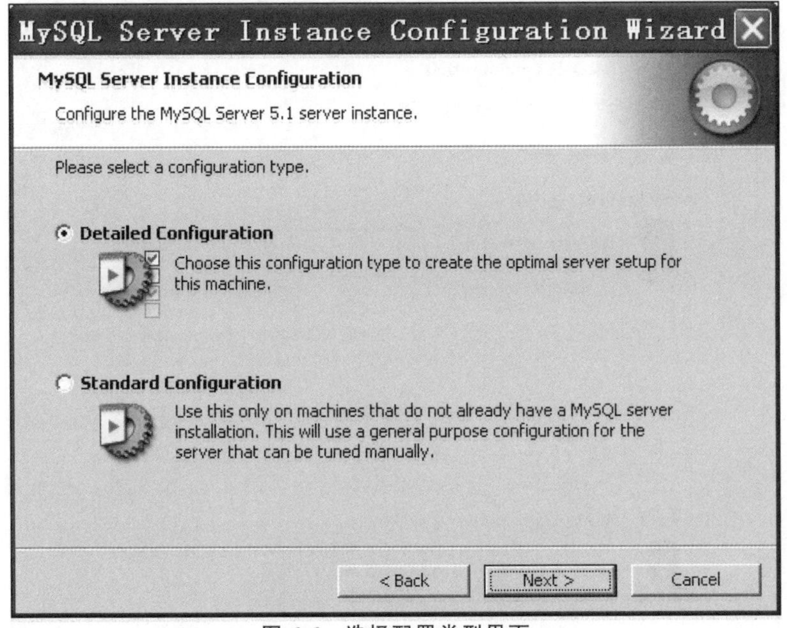

图 6-6 选择配置类型界面

(4) 单击 Next 按钮，进入安全选项配置界面，如图 6-8 所示。在密码输入框中输入 root 用户的密码。要防止通过网络以 root 用户身份登录，不选择 Enable root access from remote machines(允许从远程主机登录 root)复选框。要创建一个匿名用户账户，选择 Create An Anonymous Account(创建匿名账户)复选框。由于安全原因，这里不建议选择此项。

(5) 单击 Next 按钮，在下一个界面单击 Execute 按钮执行配置，随后进入配置完成界面，如图 6-9 所示。

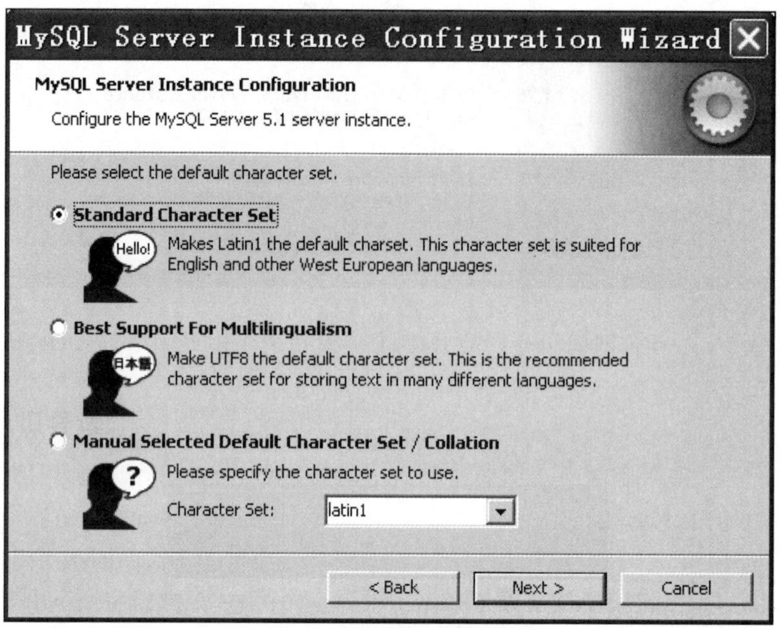

图 6-7　字符集配置界面

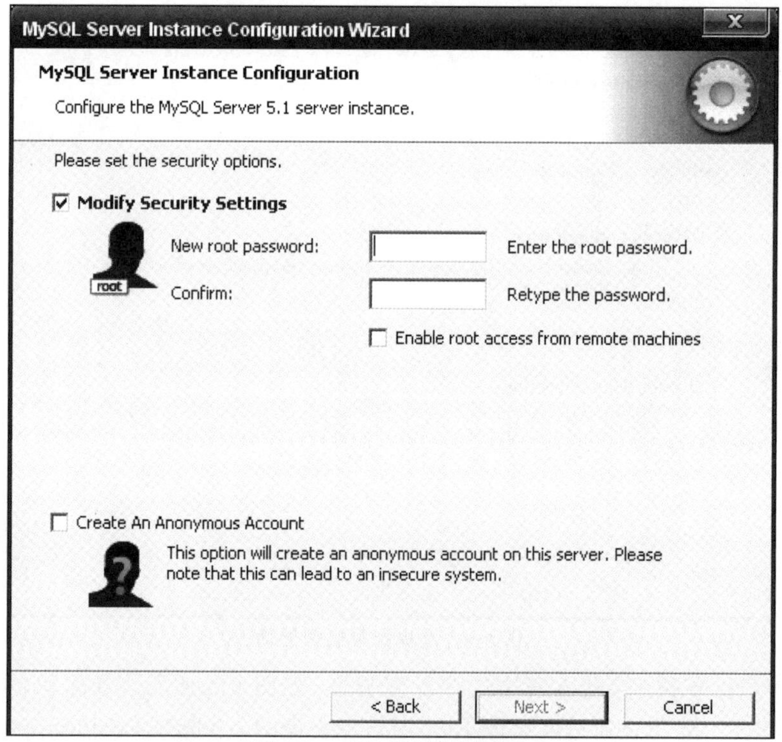

图 6-8　安全选项配置界面

(6) 单击 Finish 按钮，MySQL 的安装与配置过程就完成了。

如果顺利地执行了上述步骤，MySQL 就安装成功了，并且 MySQL 服务已经启动了。

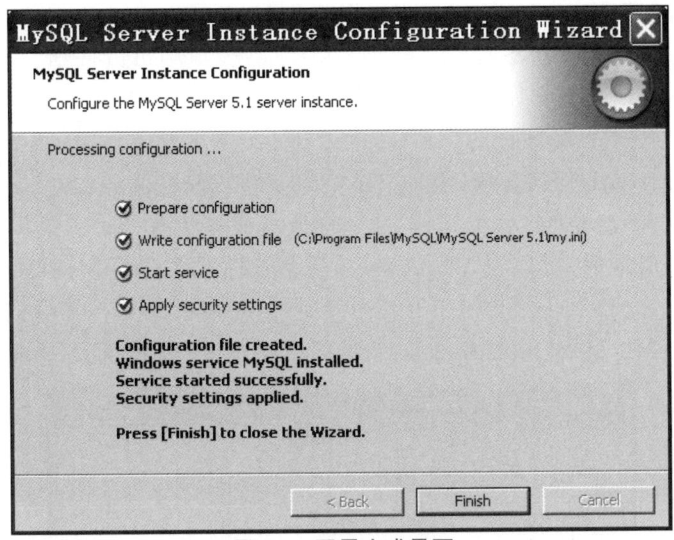

图 6-9 配置完成界面

6.3 启动、连接、断开和停止 MySQL 服务

6.3.1 启动 MySQL 服务

只有启动 MySQL 服务后，客户端才可以登录到 MySQL 数据库。在 Windows 操作系统中，可以设置自动启动 MySQL 服务，也可以手动来启动 MySQL 服务。

在菜单栏中选择“开始”→“控制面板”→“管理工具”→“服务”命令，可以找到“MySQL 服务”选项。右击“MySQL 服务”选项，选择“属性”命令，打开“MySQL 的属性”对话框，如图 6-10 所示。

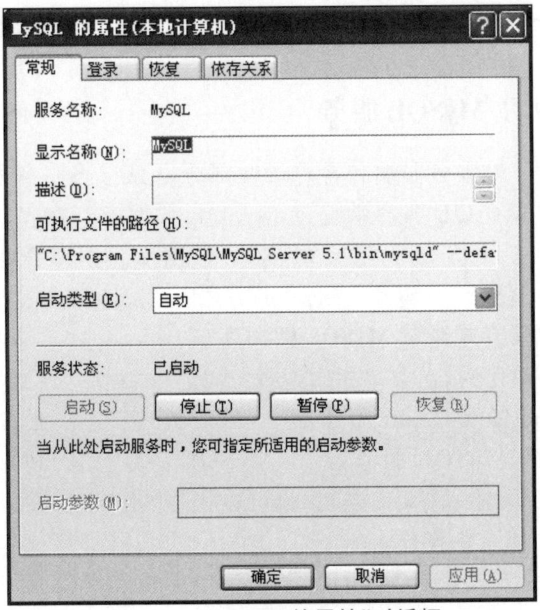

图 6-10 “MySQL 的属性”对话框

在“MySQL 的属性”对话框中设置服务状态，可以将服务状态设置为“启动”“停止”“暂停”“恢复”。还可以设置启动类型，在“启动类型”下拉菜单中可以选择“自动”“手动”“已禁用”。这 3 种启动类型的说明如下：

- “自动”：MySQL 服务自动启动，可以手动改变服务状态。
- “手动”：MySQL 服务需要手动启动，启动后可以改变服务状态。
- “已禁用”：不启动 MySQL 服务，也不能改变服务状态。

MySQL 服务启动后，可以在 Windows 的任务管理器中查看 MySQL 服务是否已经运行。通过 Ctrl＋Alt＋Delete 组合键打开任务管理器，可以看到 mysql.exe 进程正在运行，如图 6-11 所示。这说明 MySQL 服务已经启动，可以通过客户端访问 MySQL 数据库。

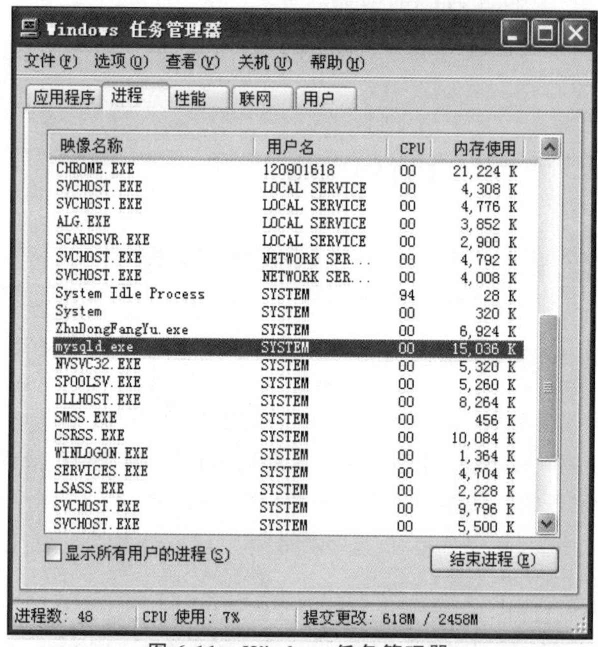

图 6-11 Windows 任务管理器

6.3.2 连接和断开 MySQL 服务

MySQL 数据库是分为服务器端和客户端两部分。只有当服务器端的 MySQL 服务开启后，用户才可以通过 MySQL 客户端登录 MySQL 数据库。在 Windows 操作系统中，也可以在 DOS 窗口中通过 DOS 命令登录 MySQL 数据库。本节介绍以 MySQL 客户端和 DOS 窗口命令两种方式登录 MySQL 数据库的方法。

1. 以 MySQL 客户端方式登录 MySQL 数据库

MySQL 安装和配置完后，在菜单栏中选择“开始”→“程序”→MySQL→MySQL Server 5.1→MySQL Command Line Client 命令，进入 MySQL 客户端，在客户端窗口输入密码，就以 root 用户身份登录到 MySQL 服务器，在 MySQL 命令行窗口中出现如图 6-12 所示的 mysql>提示符，在它后面输入 SQL 语句，就可以操作 MySQL 数据库。以 root 用户身份登录可以对数据库进行所有的操作。

2. 以 DOS 窗口命令方式登录 MySQL 数据库

在 Windows 操作系统中，可以使用 DOS 窗口执行命令。在菜单栏中选择“开始”→“运

```
C:\Program Files\MySQL\MySQL Server 5.1\bin\mysql.exe
Enter password: ******
Welcome to the MySQL monitor.  Commands end with ; or \g.
Your MySQL connection id is 2
Server version: 5.1.73-community MySQL Community Server (GPL)

Copyright (c) 2000, 2013, Oracle and/or its affiliates. All rights reserved.

Oracle is a registered trademark of Oracle Corporation and/or its
affiliates. Other names may be trademarks of their respective
owners.

Type 'help;' or '\h' for help. Type '\c' to clear the current input statement.

mysql>
```

图 6-12　MySQL 命令行窗口

行”命令，打开“运行”对话框，如图 6-13 所示。在“运行”对话框的“打开”文本框中输入 cmd 命令，即可进入 DOS 窗口。

图 6-13　“运行”对话框

连接 MySQL 数据库的命令格式如下：

```
\> mysql -u 用户名 -h 服务地址 -p
```

如图 6-14 所示，在 DOS 窗口中输入

```
cd program files\mysql\mysql server 5.1\bin
```

进入 MySQL 可执行程序目录，再输入

```
mysql -u root -p
```

按 Enter 键后，输入密码(这里使用安装时设置的密码)，窗口中就会显示如图 6-14 所示的欢迎信息。

```
C:\>cd program files\mysql\mysql server 5.1\bin

C:\Program Files\MySQL\MySQL Server 5.1\bin>mysql -u root -p
Enter password: ******
Welcome to the MySQL monitor.  Commands end with ; or \g.
Your MySQL connection id is 2
Server version: 5.1.73-community MySQL Community Server (GPL)

Copyright (c) 2000, 2013, Oracle and/or its affiliates. All rights reserved.

Oracle is a registered trademark of Oracle Corporation and/or its
affiliates. Other names may be trademarks of their respective
owners.

Type 'help;' or '\h' for help. Type '\c' to clear the current input statement.

mysql>
```

图 6-14　在 DOS 窗口中连接 MySQL 数据库

3. 断开 MySQL 服务

连接 MySQL 服务后，可以在 mysql＞提示符后输入 exit 或者 quit 命令断开 MySQL 服务：

6.3.3 停止 MySQL 服务

进入 DOS 窗口后，在命令行中使用 net stop mysql 命令即可停止 MySQL 服务，如图 6-15 所示。

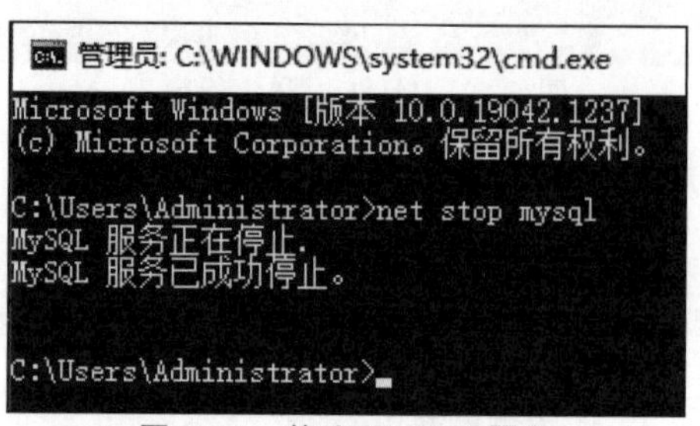

图 6-15 停止 MySQL 服务

6.4 phpMyAdmin 图形化管理工具

phpMyAdmin 是一款广泛使用的 MySQL 图形化管理工具，它是用 PHP 开发的，基于 Web 方式架构在网站主机上。它支持中文，管理数据库也非常方便。phpMyAdmin 使用非常广泛，尤其是在进行 Web 开发方面。其不足之处在于对大型数据库的备份和恢复不方便。phpMyAdmin 的下载网址是 http://www.phpmyadmin.net/。

如果使用集成安装包配置 PHP 的开发环境，就无须单独下载 phpMyAdmin 图形化管理工具，因为集成安装包中基本上都包含了图形化管理工具。这里就使用了集成安装包 phpStudy，其中包含了 phpMyAdmin，如图 6-16 所示。

6.4.1 数据库操作管理

安装好 phpMyAdmin 后，点击如图 6-17 所示的"管理"按钮，即可进入 phpMyAdmin 界面，账号和密码默认都是 root，如图 6-18 所示。登录成功后显示 phpMyAdmin 主界面，如图 6-19 所示。接下来就可以进行 MySQL 数据库的操作了。

6.4.2 管理数据库和数据表

1. 管理数据库

对数据库的管理主要包括创建数据库和修改数据库。

1）创建数据库

在 phpMyAdmin 的主界面中，单击上方的"数据库"选项卡，接下来在"新建数据库"文本框中输入数据库名 php，然后在下拉列表中选择要使用的编码，此处选择 utf8_unicode_ci，单击"创建"按钮，如图 6-20 所示。

可以看到在左侧的列表中出现了刚创建的数据库 php。此时可在右侧新建数据表，如

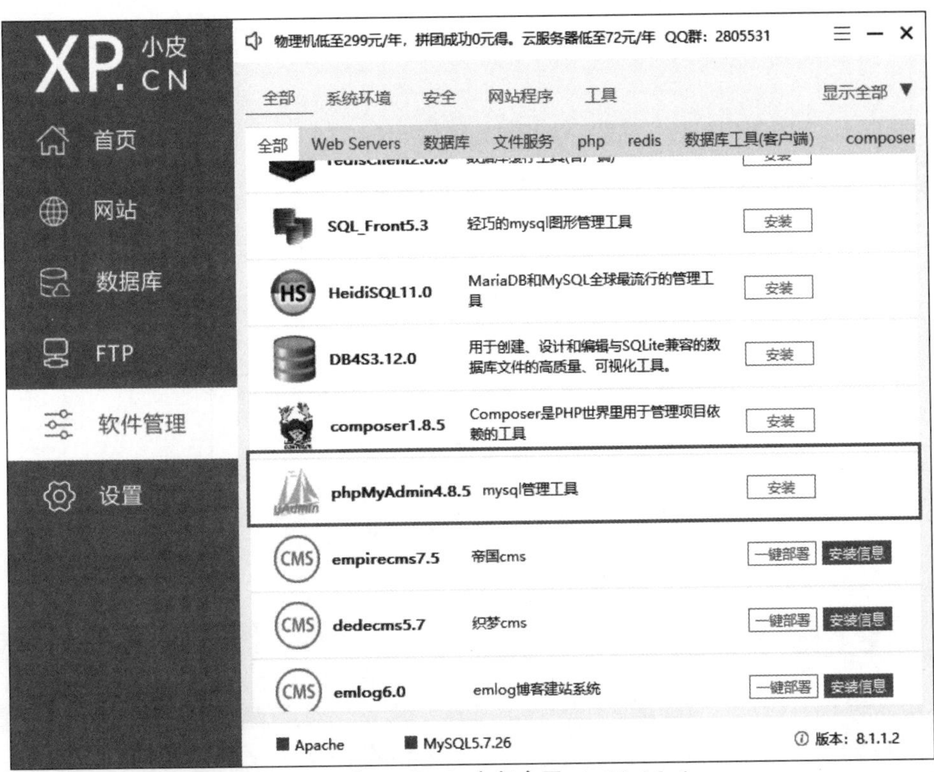

图 6-16　在 phpStudy 中包含了 phpMyAdmin

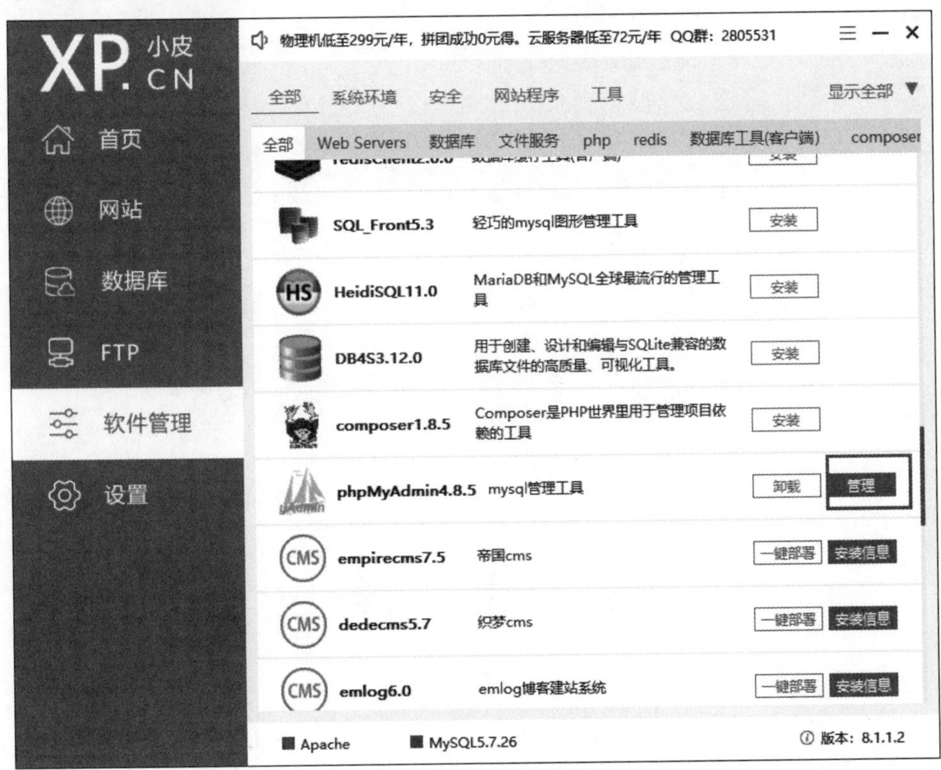

图 6-17　phpMyAdmin

图 6-18　输入用户名和密码

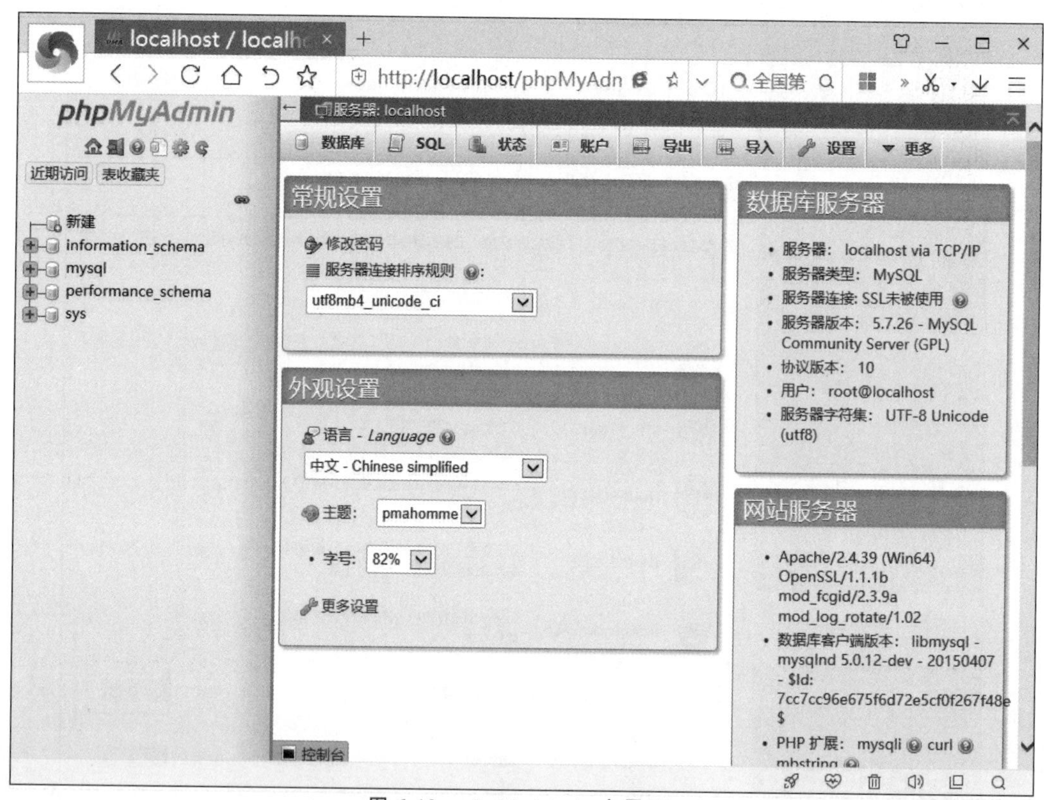

图 6-19　phpMyAdmin 主界面

图 6-21 所示。

2）修改数据库

在图 6-21 所示界面右侧，可以对当前数据库进行修改。单击上方的“操作”选项卡，进入“操作”界面，如图 6-22 所示。在该界面中，可以对数据库执行新建数据表、重命名数据

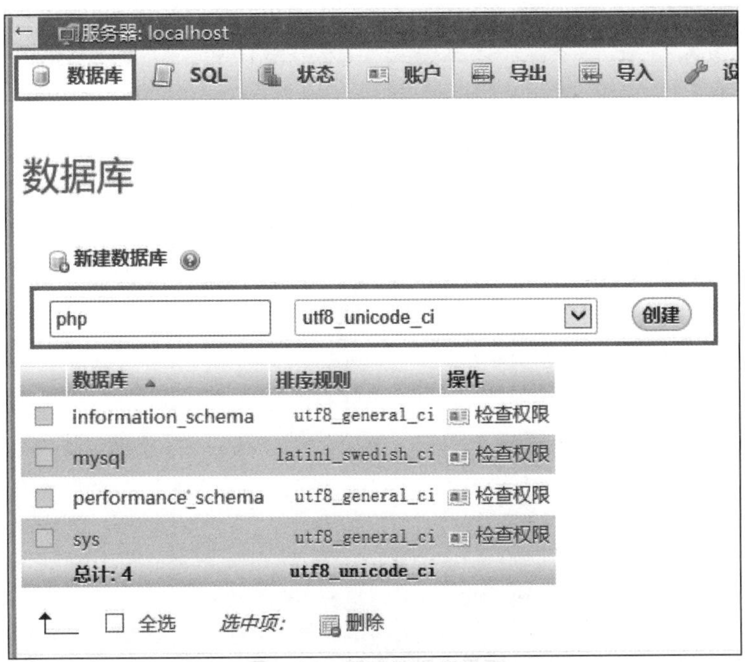

图 6-20 新建数据库界面

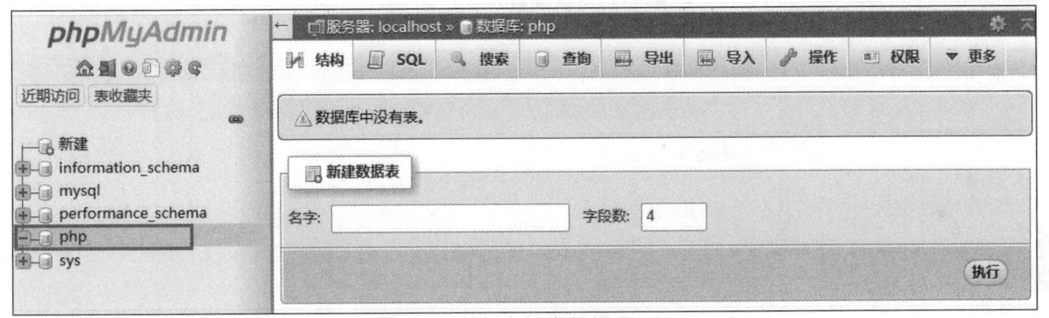

图 6-21 成功创建数据库 php

库、删除数据库、复制数据库等操作。

2. 管理数据表

创建数据库后，还需要在其中创建数据表，然后才能应用于动态网页。下面介绍在数据库中创建、修改和删除数据表的操作。

1）创建和修改数据表

首先在左侧列表中选择要创建数据表的数据库，然后在右侧界面中输入数据表的名字和字段数，最后单击右下方的“执行”按钮，如图 6-23 所示。

此时将显示数据表结构，如图 6-24 所示。在该界面中设置各个字段的详细信息，包括“名字”“类型”“长度/值”等属性。

最后单击右下方的“保存”按钮，成功创建数据表结构，此时将显示如图 6-25 所示的界面。

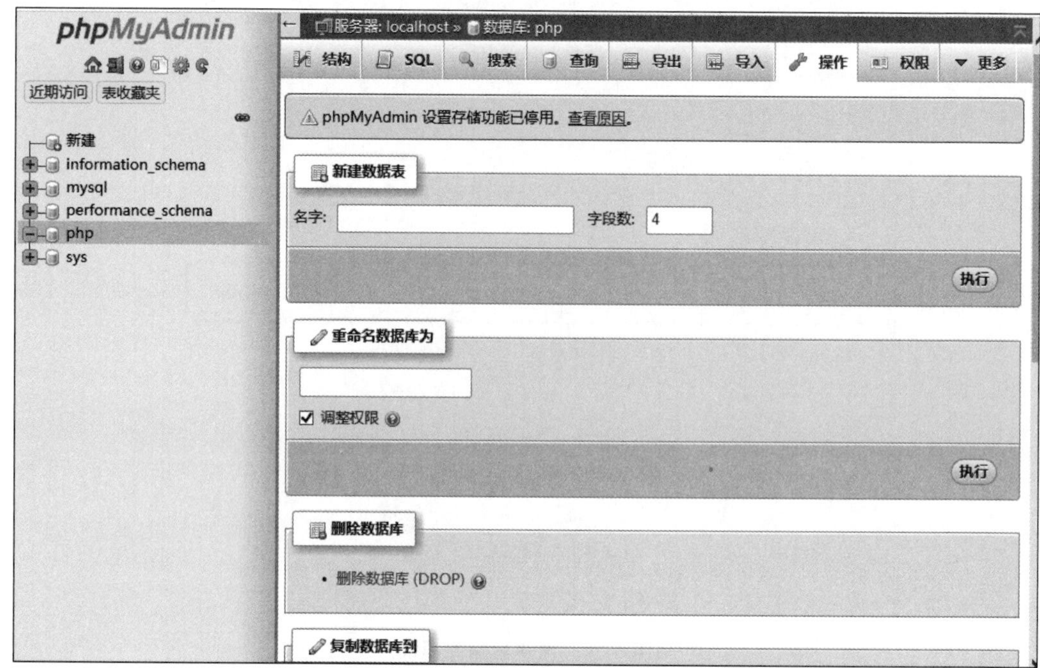

图 6-22 数据库“操作”界面

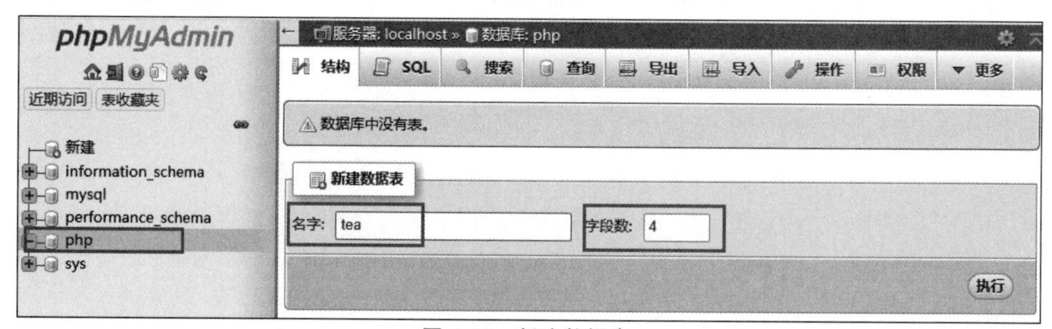

图 6-23 新建数据表

数据表名: tea 添加 1 列 执行

名字	类型	长度/值	默认	排序规则	属性	空	索引	A_I	注释
id	INT	10	无		UNSIGNED	☐	PRIMARY	☑	
name	CHAR	10	NULL	ucs2_unicode_ci		☑	---	☐	
age	INT		NULL			☑	---	☐	
xb	CHAR	10	无			☐	---	☐	

表注释: 整理: 存储引擎: MyISAM

分区定义:

分区来源: (表达式或列的列表)

分区:

预览 SQL 语句 保存

图 6-24 设置数据表的字段

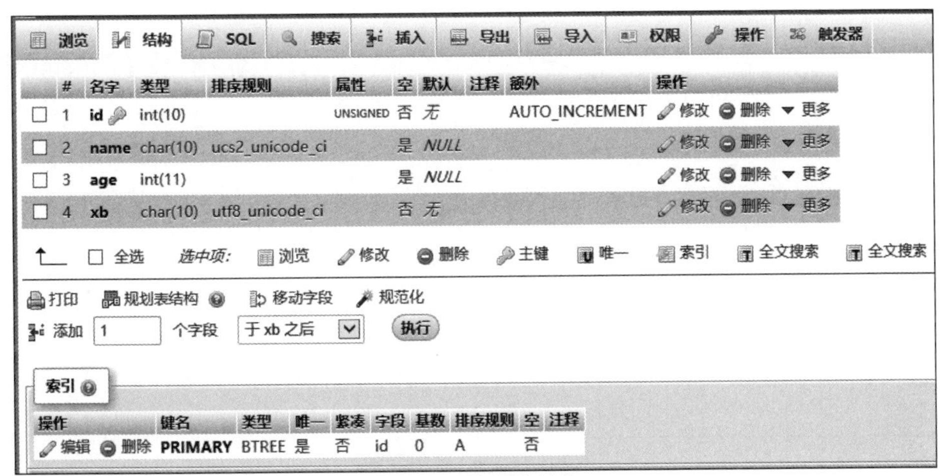

图 6-25　数据表结构

2）删除数据表

要删除某个数据表，首先在左侧列表中选择数据库，然后在数据库中选择要删除的数据表，最后单击右侧相应的“删除”，即可删除指定数据表，如图 6-26 所示。

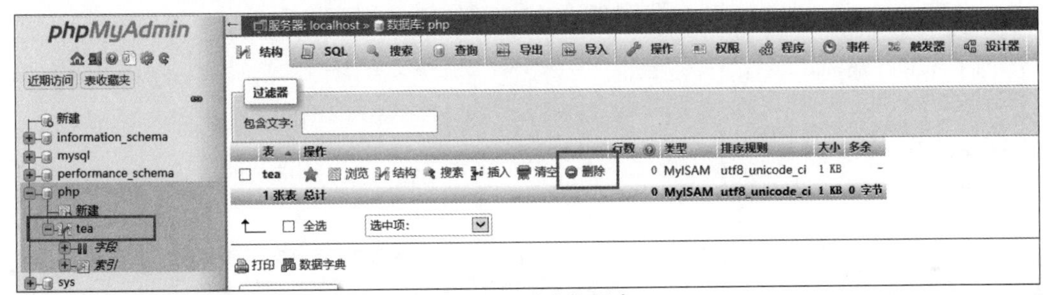

图 6-26　删除数据表

6.4.3　管理数据记录

在创建好数据库和数据表后，就可以非常方便地在数据表中执行插入数据、浏览数据和搜索数据等操作。

1. 插入数据

在左侧列表中选择某个数据表后，单击右侧上方的“插入”选项卡，将进入插入数据界面，如图 6-27 所示。在“值”下面的各文本框中输入相应的字段值，单击“执行”按钮，即可插入记录。默认情况下，一次可插入两条记录。

2. 浏览数据

在左侧列表中选择某个数据表后，单击右侧上方的“浏览”选项卡，将进入浏览数据界面，如图 6-28 所示。单击每行记录中的“编辑”，可以对当前记录进行编辑。单击每行记录中的“删除”，可以删除当前记录。

3. 搜索数据

在左侧列表中选择某个数据表后，单击右侧上方的“搜索”选项卡，将进入搜索数据界面，如图 6-29 所示。

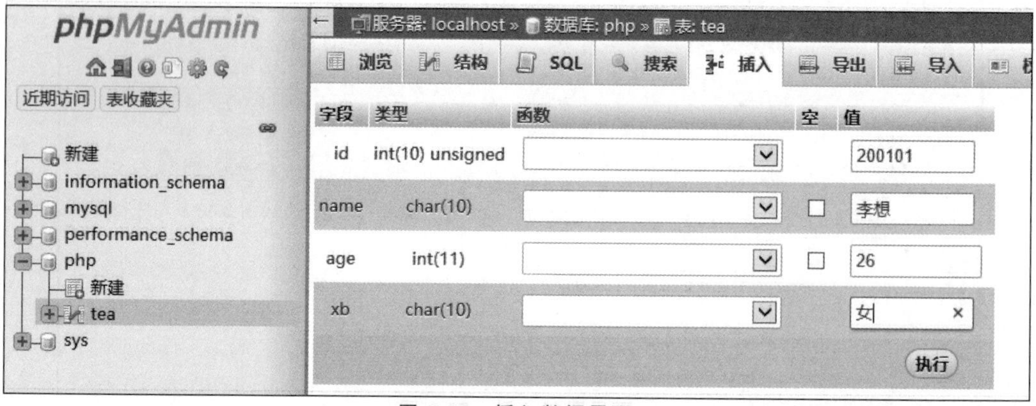

图 6-27　插入数据界面

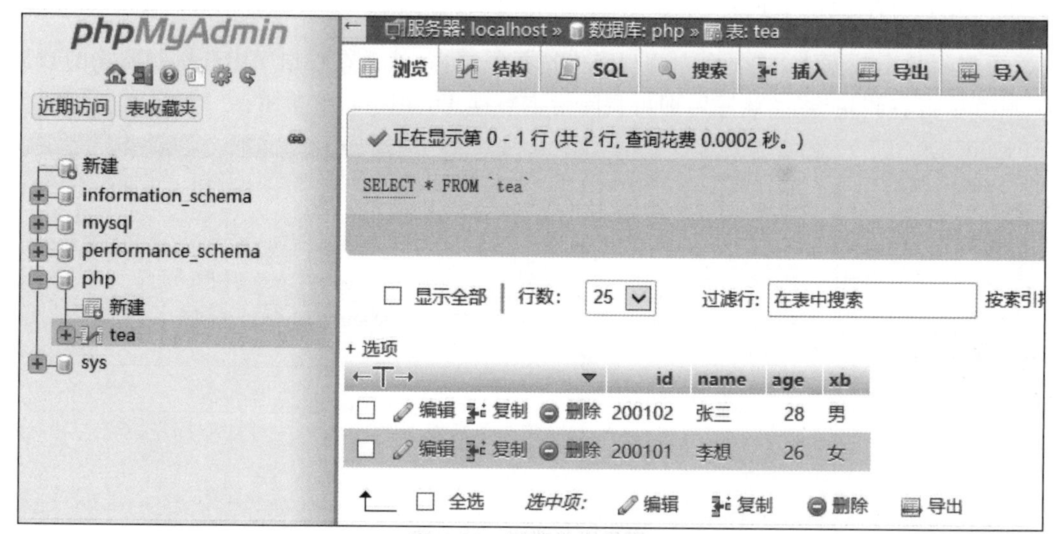

图 6-28　浏览数据界面

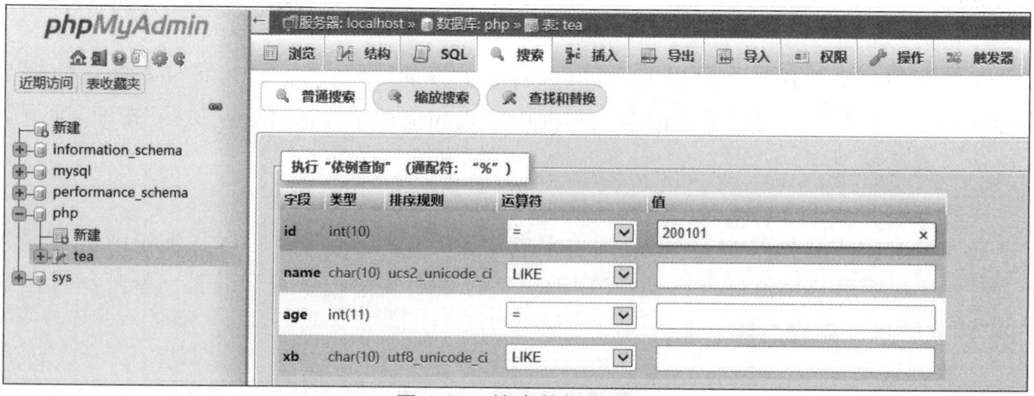

图 6-29　搜索数据界面

6.4.4　导入和导出数据

导入和导出数据是互逆的两个操作，导入数据是将扩展名为 sql 的文件导入数据库，导出数据是将数据表的记录存储为扩展名为 sql 的文件。可以通过导入和导出实现数据库的备份和还原操作。

1. 导入数据表

单击右侧上方的“导入”选项卡，将进入执行导入界面，如图 6-30 所示。单击“浏览”按钮查找文件所在位置，然后单击下方的“执行”按钮，即可将文件导入数据表。

图 6-30　导入界面

2. 导出数据表

首先在左侧列表中选择要导出的对象，可以是数据库或数据表（如不选择任何对象，将导出当前服务器中的所有数据库）。然后单击右侧上方的“导出”选项卡，将进入导出界面，如图 6-31 所示。选择导出文件的格式，“导出方式”保持默认的“快速”，在“格式”下拉列表中保持默认的 SQL，单击“执行”按钮，弹出下载提示框，在“保存”下拉列表中选择“另存为”，在弹出的“另存为”对话框中设置文件保存位置，单击“保存”按钮保存文件。

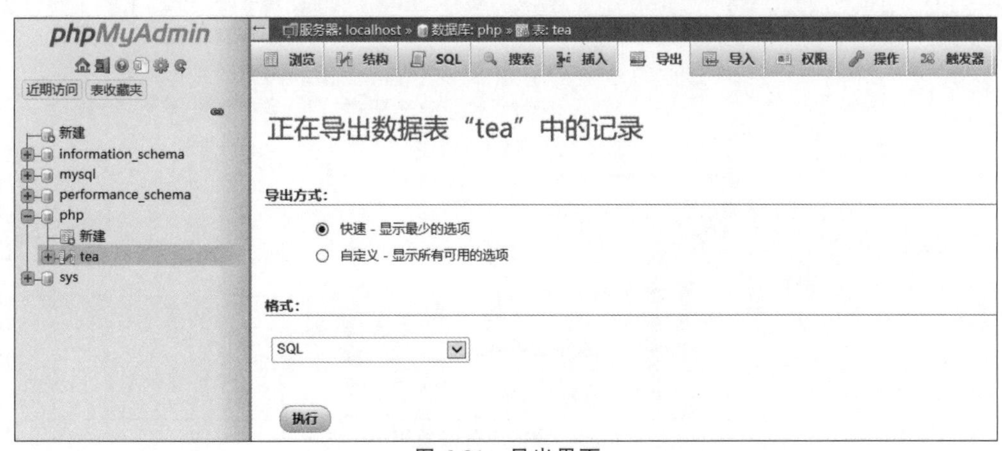

图 6-31　导出界面

6.4.5 设置编码格式

如图 6-32 所示，单击左侧“主页”按钮，在右侧选择服务器连接排序规则，即可设置编码格式。

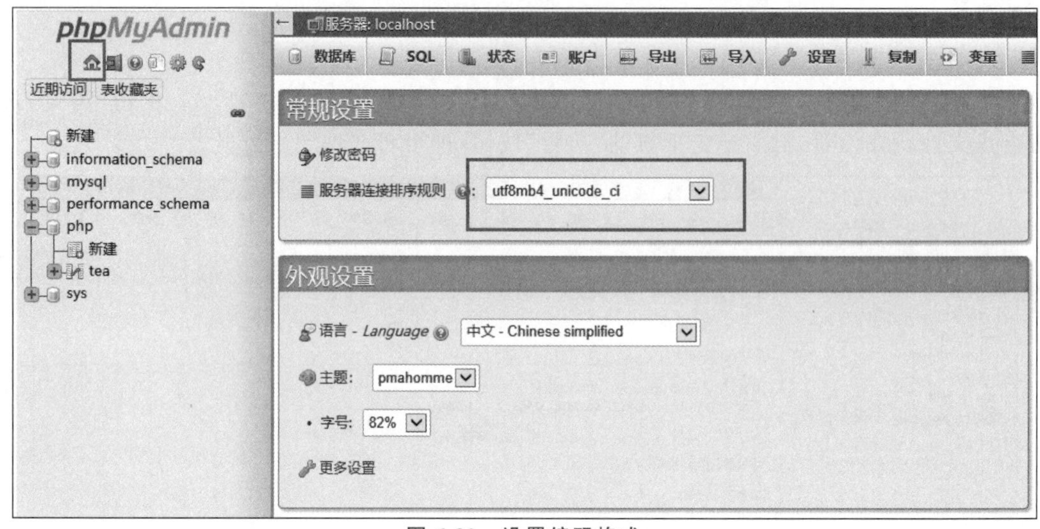

图 6-32 设置编码格式

6.4.6 添加服务器新用户

如图 6-33 所示，单击左侧“主页”按钮，在右侧选择“账户”选项卡，单击“新增用户账户”即可添加服务器新用户。

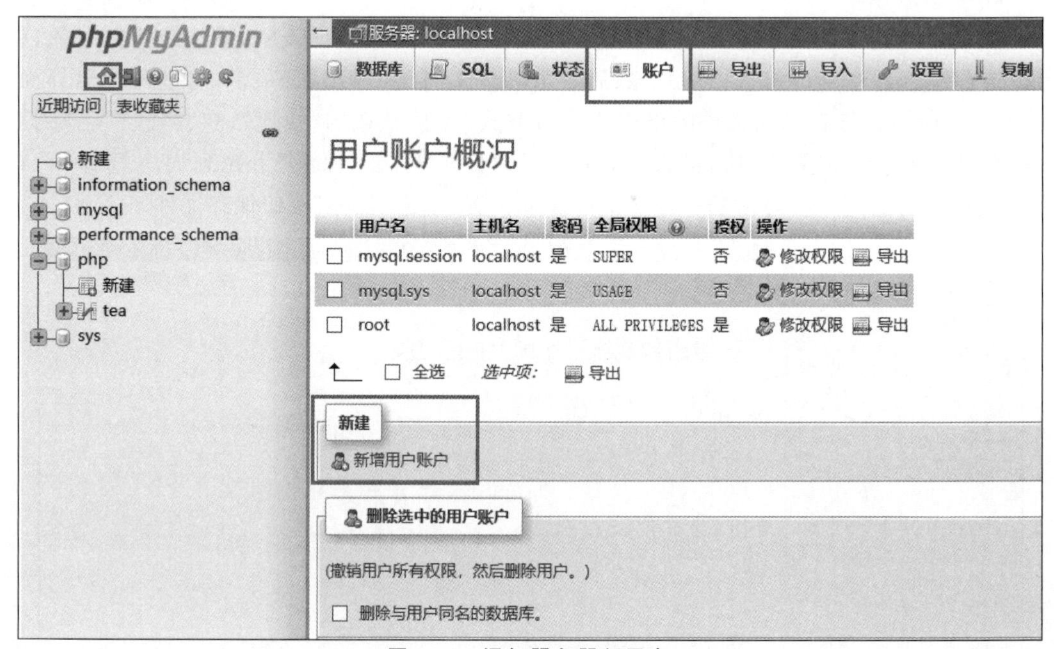

图 6-33 添加服务器新用户

6.4.7 重置 MySQL 服务器登录密码

如图 6-34 所示，单击左侧“主页”按钮，在右侧选择“修改密码”，即可重置 MySQL 服务器登录密码。

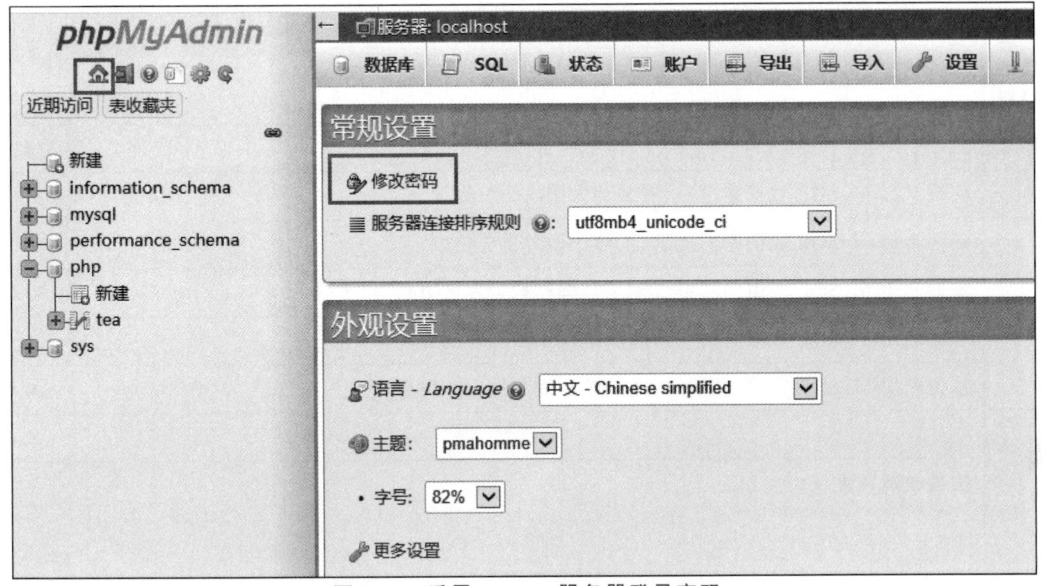

图 6-34 重置 MySQL 服务器登录密码

学习成果达成与测评

<table>
<tr><td>学号</td><td></td><td>姓名</td><td></td><td>项目序号</td><td></td><td>项目名称</td><td></td><td>学时</td><td>6</td><td>学分</td><td></td></tr>
<tr><td>职业技能等级</td><td colspan="2">中级</td><td colspan="2">职业能力</td><td colspan="5"></td><td>任务量数</td><td></td></tr>
<tr><td>序号</td><td colspan="10">评价内容</td><td>分数</td></tr>
<tr><td>1</td><td colspan="10">熟练掌握 MySQL 数据库下载、安装的方法</td><td>10</td></tr>
<tr><td>2</td><td colspan="10">熟练掌握 MySQL 数据库系统启动、停止服务的方法</td><td>10</td></tr>
<tr><td>3</td><td colspan="10">掌握利用 MySQL 常用的图形管理工具操作数据库的方法</td><td>10</td></tr>
<tr><td>4</td><td colspan="10">掌握利用 MySQL 常用的图形管理工具操作数据表的方法</td><td>10</td></tr>
<tr><td>5</td><td colspan="10">掌握利用 MySQL 常用的图形管理工具管理数据记录的方法</td><td>10</td></tr>
<tr><td rowspan="2">考核评价</td><td colspan="10">总分数</td><td></td></tr>
<tr><td colspan="11">指导教师评语</td></tr>
<tr><td>备注</td><td colspan="11">奖励：
(1) 可以按照完成质量给予 1～10 分奖励。
(2) 每超额完成一个任务加 3 分。
(3) 巩固提升任务完成情况优秀，加 2 分。
惩罚：
(1) 完成任务超过规定时间，扣 2 分。
(2) 完成任务有缺项，每项扣 2 分。
(3) 任务实施报告中有歪曲事实、杜撰或抄袭内容者不予评分。</td></tr>
</table>

学习成果实施报告书

<table>
<tr><td>题目</td><td colspan="5"></td></tr>
<tr><td>班级</td><td></td><td>姓名</td><td></td><td>学号</td><td></td></tr>
<tr><td colspan="6">任务实施报告</td></tr>
<tr><td colspan="6">简要记述完成的各项任务，描述任务规划以及实施过程、遇到的重点难点以及解决过程，字数不少于800字。</td></tr>
<tr><td colspan="6">考核评价(10分制)</td></tr>
<tr><td colspan="4" rowspan="2">教师评语：</td><td>态度分数</td><td></td></tr>
<tr><td>工作量分数</td><td></td></tr>
<tr><td colspan="6">考 核 标 准</td></tr>
<tr><td colspan="6">(1) 在规定时间内完成任务。
(2) 操作规范。
(3) 任务实施报告书内容真实可靠、条理清晰、文字流畅、逻辑性强。
(4) 没有完成工作量扣1分，有抄袭内容扣5分。</td></tr>
</table>

第7章

MySQL存储引擎与运算符

知识导读

存储引擎是数据库底层软件组织,数据库管理系统使用存储引擎进行创建、查询、更新和删除数据。现在的数据库管理系统都支持多种存储引擎。MySQL 的核心就是存储引擎,用户可以根据不同的需求为数据表选择不同的存储引擎。

数据库表由多个字段构成,每一个字段指定了一个数据类型。指定字段的数据类型,也就决定了向字段插入的数据内容。不同的数据类型也决定了 MySQL 存储数据的方式以及在使用数据时可以进行的运算。

本章将介绍 MySQL 的存储引擎、数据类型以及常用的运算符。

学习目标

- 理解 MySQL 存储引擎。
- 掌握 MySQL 数据类型。
- 掌握 MySQL 常用的运算符及使用方法。

7.1 MySQL 存储引擎

7.1.1 什么是 MySQL 存储引擎

数据库存储引擎是数据库底层软件组件,数据库管理系统使用数据引擎进行创建、查询、更新和删除数据操作。

数据库的存储引擎决定了表在计算机中的存储方式。不同的存储引擎提供不同的存储机制、索引技巧、锁定水平等功能,使用不同的存储引擎还可以获得特定的功能。

在 MySQL 中,存储引擎是以插件的形式运行的。MySQL 提供了多种存储引擎,包括处理事务安全表的引擎和处理非事务安全表的引擎。在 MySQL 中,不需要在整个服务器中使用同一种存储引擎,针对具体的要求,可以对不同表使用不同的存储引擎。

7.1.2 查询 MySQL 中支持的存储引擎

MySQL 支持的存储引擎有 MyISAM、CSV、MRG _ MYISAM、BLACKHOLE、FEDERATED、InnoDB、ARCHIVE、MEMORY 等。可以使用 show engines 语句查看系统所支持的引擎类型,结果如图 7-1 所示。

```
mysql> show engines;
+------------+---------+----------------------------------------------------------------+--------------+------+------------+
| Engine     | Support | Comment                                                        | Transactions | XA   | Savepoints |
+------------+---------+----------------------------------------------------------------+--------------+------+------------+
| MyISAM     | YES     | Default engine as of MySQL 3.23 with great performance         | NO           | NO   | NO         |
| CSV        | YES     | CSV storage engine                                             | NO           | NO   | NO         |
| MRG_MYISAM | YES     | Collection of identical MyISAM tables                          | NO           | NO   | NO         |
| BLACKHOLE  | YES     | /dev/null storage engine (anything you write to it disappears) | NO           | NO   | NO         |
| FEDERATED  | NO      | Federated MySQL storage engine                                 | NULL         | NULL | NULL       |
| InnoDB     | DEFAULT | Supports transactions, row-level locking, and foreign keys     | YES          | YES  | YES        |
| ARCHIVE    | YES     | Archive storage engine                                         | NO           | NO   | NO         |
| MEMORY     | YES     | Hash based, stored in memory, useful for temporary tables      | NO           | NO   | NO         |
+------------+---------+----------------------------------------------------------------+--------------+------+------------+
8 rows in set (0.01 sec)

mysql>
```

图 7-1 查询存储引擎

7.1.3 MyISAM 存储引擎

MyISAM 存储引擎是 MySQL 中常见的存储引擎，曾是 MySQL 的默认存储引擎。MyISAM 存储引擎是基于 ISAM 存储引擎发展起来的，增加了很多有用的扩展。

MyISAM 存储引擎的表存储为 3 个文件类型，扩展名分别为 frm、MYD 和 MYI。其中，frm 文件存储表的结构，MYD（MYData 的缩写）文件存储表的数据，MYI（MYIndex 的缩写）文件存储索引。

基于 MyISAM 存储引擎的表支持 3 种存储格式，分别为静态型、动态型和压缩型。其中，静态型为 MyISAM 存储引擎的默认存储格式，其字段长度是固定的；动态型包含变长字段，记录的长度是不固定的；压缩型需要使用 myisampack 工具创建，占用的磁盘空间较小。

MyISAM 存储引擎的优势在于占用空间小，处理速度快。其缺点是不支持事务的完整性和并发性。

7.1.4 InnoDB 存储引擎

InnoDB 是 MySQL 数据库的一种存储引擎。InnoDB 给 MySQL 的表提供了事务、回滚、崩溃修复能力，并能够保障多版本并发控制的事务安全。InnoDB 是 MySQL 上第一个提供外键约束的表引擎，而且它对事务处理的能力也是 MySQL 其他存储引擎所无法与之比拟的。

InnoDB 存储引擎支持自动增长列。自动增长列的值不能为空，且值必须唯一。MySQL 中规定自动增长列必须为主键。

InnoDB 存储引擎支持外键。外键所在的表为子表，外键所依赖的表为父表。父表中被子表外键关联的字段必须为主键。当删除、更新父表的某条信息时，子表也必须有相应的改变。

利用 InnoDB 存储引擎创建表时，表结构存储在扩展名为 frm 的文件中，数据和索引存储在 innodb_data_home_dir 和 innodb_data_file_path 定义的表空间中。

InnoDB 存储引擎的优势在于提供了良好的事务管理、崩溃修复和并发控制能力。其缺点是读写效率较低，占用的数据空间较大。

7.1.5 MEMORY 存储引擎

MEMORY 是 MySQL 中的一类特殊的存储引擎。它使用存储在内存中的内容创建表，而且所有数据也放在内存中，这与 InnoDB 存储引擎、MyISAM 存储引擎均不同。

每个基于 MEMORY 存储引擎的表实际对应一个磁盘文件。该文件的文件名与表名相同，扩展名为 frm。该文件中只存储表的结构，而其数据存储在内存中，这样有利于对数据的快速处理，提高整个表的处理效率。值得注意的是，服务器需要有足够的内存维持 MEMORY 存储引擎的表的使用。当不需要这种表时，可以将其删除以释放内存。

MEMORY 存储引擎默认使用哈希索引，其速度要比使用 B 树索引快。

MEMORY 表的大小是受到限制的。表的大小主要取决于两个参数，分别是 max rows 和 max_heap_table_size。其中，max rows 可以在创建表时指定；max_heap_table_size 的大小默认为 16MB，可以按需要增加。因为 MEMORY 表存在于内存中，所以其处理速度非常快。但是，它的数据容易丢失，生命周期短，在使用 MEMORY 存储引擎时需要特别注意这个问题。

7.1.6 如何选择存储引擎

在实际工作中选择合适的存储引擎是很复杂的问题，每种存储引擎都有其优势。因此不能笼统地说哪个存储引擎更好。本节对各个存储引擎的特点进行对比，给出不同情况下选择存储引擎的建议。

InnoDB、MyISAM 和 MEMORY 存储引擎的对比如表 7-1 所示。

表 7-1 InnoDB、MyISAM 和 MEMORY 存储引擎的对比

比较项	InnoDB	MyISAM	MEMORY
事务处理	支持	不支持	不支持
存储限制	64TB	受文件系统和操作系统的限制，一般为 4GB	受系统可用内存的限制
存储空间需求	大	小	小
内存空间需求	大	小	大
插入数据的速度	慢	快	快
对外键的支持	支持	不支持	不支持

InnoDB 存储引擎支持事务处理，支持外键，同时支持崩溃修复和并发控制。如果对事务的安全性和完整性要求比较高，同时要求实现并发控制，那么 InnoDB 存储引擎更具优势。如果需要频繁地进行更新、删除操作的数据库，也可以选择 InnoDB 存储引擎，因为该存储引擎可以实现事务的提交和回滚。

MyISAM 存储引擎插入数据快，对存储空间和内存的需求比较小。如果表的主要操作是插入和读出记录，那么选择 MyISAM 存储引擎能够体现高效率。如果对应用的完整性、并发性要求很低，也可以选择 MyISAM 存储引擎。

MEMORY 存储引擎的所有数据都在内存中，数据处理速度快，但安全性不高。如果需要很快的读写速度，对数据的安全性要求较低，可以选择 MEMORY 存储引擎。MEMORY

存储引擎对表的大小有要求,不能建立太大的表,所以它只适用于较小的数据库表。

7.1.7 设置数据表的存储引擎

可以在使用 create table 创建表时指定存储引擎,格式如下:

```
create table 表名(字段 1 数据类型,字段 2 数据类型,…) engine=存储引擎名称;
```

如图 7-2 所示,在创建 teacher 表时指定存储引擎为 MyISAM。

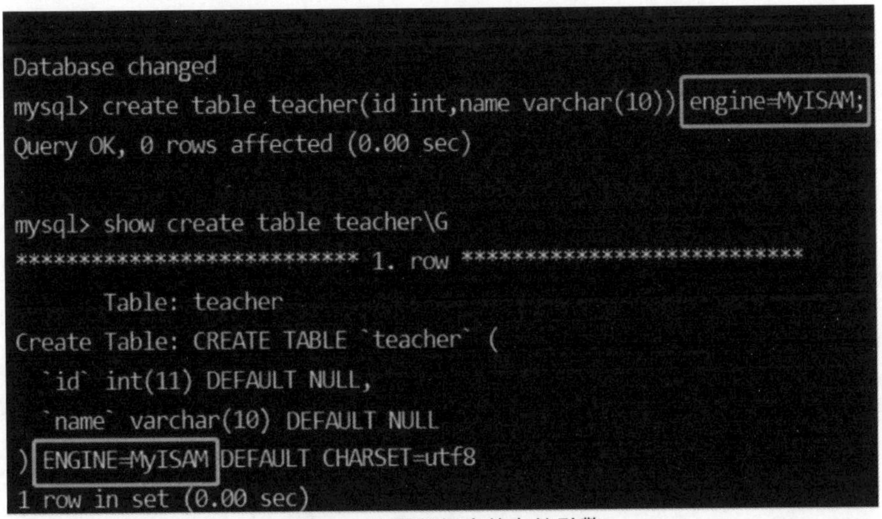

```
Database changed
mysql> create table teacher(id int,name varchar(10)) engine=MyISAM;
Query OK, 0 rows affected (0.00 sec)

mysql> show create table teacher\G
*************************** 1. row ***************************
       Table: teacher
Create Table: CREATE TABLE `teacher` (
  `id` int(11) DEFAULT NULL,
  `name` varchar(10) DEFAULT NULL
) ENGINE=MyISAM DEFAULT CHARSET=utf8
1 row in set (0.00 sec)
```

图 7-2 设置数据表的存储引擎

7.2 MySQL 的数据类型

在创建表时,表中的每个字段都有数据类型,它用来指定数据的存储格式、约束和有效范围。只有这样,系统才会在磁盘上开辟相应的空间,用户才能向表中填写数据。选择合适的数据类型可以有效地节省存储空间,同时可以提升数据的计算性能。

MySQL 的数据类型主要分为以下三大类:数字类型、字符串类型和日期/时间类型。

7.2.1 数字类型

MySQL 中的数字类型分为整型和浮点型两种。

整型分为 5 种,如表 7-2 所示。

表 7-2 整型

数据类型	长度/B	说明	取值范围
TINYINT	1	微整型	带符号值:−128~127 无符号值:0~255
SMALLINT	2	小整型	带符号值:−32 768~32 767 无符号值:0~65 535
MEDIUMINT	3	中整型	带符号值:−8 388 608~8 388 607 无符号值:0~16 777 215

续表

数据类型	长度/B	说明	取值范围
INT	4	整型	带符号值：−2 147 483 648～2 147 483 647 无符号值：0～4 294 967 295
BIGINT	8	大整型	带符号值：−9 223 372 036 854 775 808～9 223 372 036 854 775 807 无符号值：0～18 446 744 073 709 551 615

浮点型分为3种，如表7-3所示。

表7-3 浮点型

数据类型	长度/B	说明	取值范围
FLOAT	4	单精度型	−3.402 823 466E+38～−1.175 494 351E−38 0 1.175 494 351E−38～3.402 823 466E+38
DOUBLE	8	双精度型	−1.797 693 134 862 315 7E+308～−2.225 073 858 507 201 4E−308 0 2.225 073 858 507 201 4E−308～1.797 693 134 862 315 7E+308
MECIMAL(*M*,*D*)	*M*+2	精确数型	由*M*(整个数字的长度,包括小数点左边的位数和小数点右边的位数,但不包括小数点和负号)和*D*(小数点右边的位数)决定。*M*默认为10,*D*默认为0。

说明：

在整型后面加上UNSIGNED属性，表示声明的是无符号数。例如，声明一个INT UNSIGNED的数据列，其取值从0开始。

声明浮点型时，可以为它指定一个显示宽度指示器和一个小数点指示器。例如，FLOAT(7,2)表示显示的值不会超过7位数字，小数点后有2位数字。存入的数据会被四舍五入，例如3.1415存入后的结果是3.14。

7.2.2 字符串类型

字符串类型可以用来存储任何一种值，它是最基本的数据类型之一。

MySQL支持以单引号或双引号包含的字符串，例如'PHP'、"PHP"，它们表示的是同一个字符串。

字符串类型分为4种，如表7-4所示。

表7-4 字符串类型

数据类型	说明	取值范围
CHAR	定长字符串	0～255
VARCHAR	变长字符串	0～65 535
TINYTEXT TEXT MEDIUMTEXT LONGTEXT	微小文本串 小文本串 中等文本串 大文本串(文本大对象)	$0\sim2^{8}-1$ $0\sim2^{16}-1$ $0\sim2^{24}-1$ $0\sim2^{32}-1$

续表

数据类型	说明	取值范围
TINYBLOB BLOB MEDIUMBLOB LONGBLOB	微小 BLOB 小 BLOB 中等 BLOB 大 BLOB(二进制大对象)	$0\sim2^{8}-1$ $0\sim2^{16}-1$ $0\sim2^{24}-1$ $0\sim2^{32}-1$

说明：

(1) CHAR(*n*)或 VARCHAR(*n*)表示可以存储 *n* 字符(注意，不是 *n* 字节)。

(2) TEXT 相关类型一般用来存储大量字符组成的文本，可以理解为超大的 CHAR 或者 VARCHAR 类型。

(3) BLOB 相关类型一般用来存储图片、音频和视频等二进制文件。

7.2.3 日期/时间类型

日期/时间类型用来存储诸如 2022-9-1 或者 8:25:00 这一类日期/时间值。该类型分为 5 种，如表 7-5 所示。

表 7-5 日期/时间类型

数据类型	长度/B	说明	取值范围
DATE	3	YYYY-MM-DD 格式表示的日期值	1000-01-01～9999-12-31
TIME	3	hh:mm:ss 格式表示的时间值	-838:59:59～838:59:59
DATETIME	8	YYYY-MM-DD hh:mm:ss 格式表示的日期及时间值	1000-01-01 00:00:00～9999-12-31 23:59:59
TIMESTAMP	4	YYYY-MM-DD hh:mm:ss 格式表示的时间戳	'1970-01-01 00:00:01'UTC～'2038-01-19 03:14:07'UTC
YEAR	1	YYYY 格式的年份值	1901～2155

7.3 MySQL 的运算符

MySQL 支持多种类型的运算符，主要包括算术运算符、比较运算符、逻辑运算符和位运算符。

7.3.1 算术运算符

MySQL 中的算术运算符包括加、减、乘、除和取余运算，如表 7-6 所示。

表 7-6 算术运算符

运算符	说明	运算符	说明
+	加法运算	/	除法运算
-	减法运算	%	取余运算
*	乘法运算		

7.3.2 比较运算符

比较运算符对表达式左右两边的操作数进行比较，比较结果为真时返回1，为假时返回0，不确定时返回 NULL。MySQL 中的比较运算符如表 7-7 所示。

表 7-7 比较运算符

运 算 符	说 明
=	等于
!=或<>	不等于
<=>	NULL 安全的等于
<	小于
<=	小于或等于
>	大于
>=	大于或等于
IS NULL	为 NULL
IS NOT NULL	不为 NULL
BETWEEN AND	在指定范围内
IN	在指定集合内
LIKE	通配符匹配
REGEXP	正规表达式匹配

7.3.3 逻辑运算符

逻辑运算符又称为布尔运算符。在 MySQL 中支持以下 4 种逻辑运算符：

- 逻辑非(NOT 或!)。当操作数为假时，则结果为 1；否则结果为 0。NOT NULL 的返回值为 NULL。
- 逻辑与(AND 或 &&)。当操作数中有一个为 NULL 时，结果为 NULL；当操作数均为非 NULL 并且均为非 0 值时，结果为 1；当有一个操作数为 0 时，结果为 0。
- 逻辑或(OR 或||)。当两个操作数均为非 NULL 值时，如果一个操作数为非 0 值，则结果为 1；否则结果为 0。当有一个操作数为 NULL 时，如果另一个操作数为非 0 值，则结果为 1；否则结果为 0。当两个操作都为 NULL 时，则结果为 NULL。
- 逻辑异或(XOR)。当操作数中有一个为 NULL 时，结果为 NULL。对于非 NULL 操作数，如果两个操作数的逻辑值相异(一真一假)，则结果为 1；否则结果为 0。

7.3.4 位运算符

位运算是指对每一个二进制位进行的操作，包括位逻辑运算和移位运算。在进行位运算时是对操作数在内存中的二进制补码按位进行操作的。

位逻辑运算符有以下 4 种：

- 按位与(&)。如果两个操作数的二进制位同时为 1，则本位结果为 1；否则本位结果为 0。
- 按位或(|)。如果两个操作数的二进制位同时为 0，则本位结果为 0；否则结果为 1。

- 按位取反(～)。如果操作数的二进制位为1,则本位结果为0;否则本位结果为1。
- 按位异或(^)。如果两个操作数的二进制位相同,则结果为0;否则结果为1。

移位运算是指将整型数据向左或向右移动指定的位数。移位运算符包括以下两种:

- 左移(<<)。将整型数据在内存中的二进制补码向左移指定的位数,向左溢出的位丢弃,右侧添0补位。
- 右移(>>)。将整型数据在内存中的二进制补码向右移指定的位数,向右溢出的位丢弃,左侧添0补位。

7.3.5 运算符的优先级

在一个表达式中往往有多种运算符,要先进行哪一种运算呢?这就涉及运算符优先级的问题。优先级高的运算符先执行,优先级低的运算符后执行,同一优先级的运算符则按照其结合性依次执行。MySQL中运算符的优先级如表7-8所示。

表7-8 运算符的优先级

<table>
<tr><th>优先级</th><th>运算符</th></tr>
<tr><td>1</td><td>!</td></tr>
<tr><td>2</td><td>～,－</td></tr>
<tr><td>3</td><td>^</td></tr>
<tr><td>4</td><td>*,/,DIV,%,MOD</td></tr>
<tr><td>5</td><td>+,－</td></tr>
<tr><td>6</td><td>>>,<<</td></tr>
<tr><td>7</td><td>&</td></tr>
<tr><td>8</td><td>|</td></tr>
<tr><td>9</td><td>=,<=>,<,<=,>,>=,!=,<>,IS,IN,LIKE,REGEXP</td></tr>
<tr><td>10</td><td>BETWEEN AND,CASE,WHEN,THEN,ELSE</td></tr>
<tr><td>11</td><td>NOT</td></tr>
<tr><td>12</td><td>AND</td></tr>
<tr><td>13</td><td>OR,XOR</td></tr>
<tr><td>14</td><td>:=</td></tr>
</table>

7.4 实战

7.4.1 查询存储引擎和创建数据库

1. 查询存储引擎

可以使用show engines语句查看系统支持的存储引擎类型:

```
mysql>show engines;
```

结果如图7-3所示。

2. 创建数据库

本实例创建一个名为xs的数据库用于存储学生成绩。

```
| Engine     | Support | Comment                                                     | Transactions | XA   | Savepoints |
| MyISAM     | YES     | Default engine as of MySQL 3.23 with great performance      | NO           | NO   | NO   |
| CSV        | YES     | CSV storage engine                                          | NO           | NO   | NO   |
| MRG_MYISAM | YES     | Collection of identical MyISAM tables                       | NO           | NO   | NO   |
| BLACKHOLE  | YES     | /dev/null storage engine (anything you write to it disappears) | NO        | NO   | NO   |
| FEDERATED  | NO      | Federated MySQL storage engine                              | NULL         | NULL | NULL |
| InnoDB     | DEFAULT | Supports transactions, row-level locking, and foreign keys  | YES          | YES  | YES  |
| ARCHIVE    | YES     | Archive storage engine                                      | NO           | NO   | NO   |
| MEMORY     | YES     | Hash based, stored in memory, useful for temporary tables   | NO           | NO   | NO   |
8 rows in set (0.01 sec)
```

图 7-3 存储引擎查询结果

（1）登录 MySQL 数据库：

```
C:\...>cd c:\program files\mysql\mysql server 5.1\bin
C:\Program Files\MySQL\MySQL Server 5.1\bin> mysql -u root -p
Enter password: 123456
```

（2）创建数据库：

```
mysql >create database xs;
```

（3）查询已有数据库：

```
mysql> show databases;
```

创建和查询数据库的过程如图 7-4 所示。

7.4.2 位运算

位与运算：

```
mysql> select 2&3;
```

运算结果如图 7-5 所示。

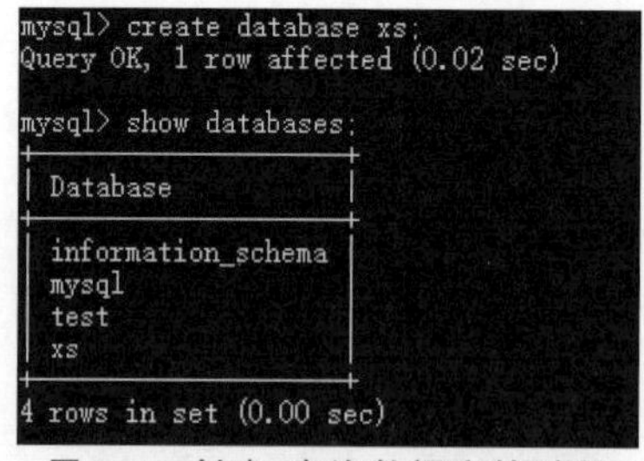

图 7-4 创建、查询数据库的过程

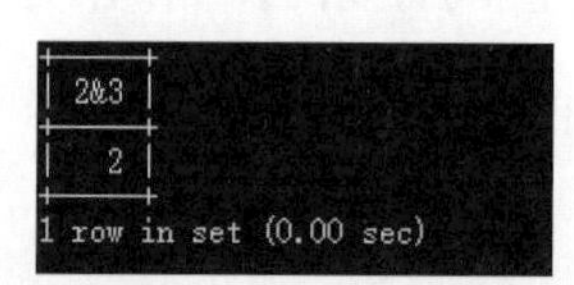

图 7-5 位与运算结果

位或运算：

```
mysql> select 2|3;
```

运算结果如图 7-6 所示。

位异或运算：

```
mysql> select 2^3;
```

运算结果如图 7-7 所示。

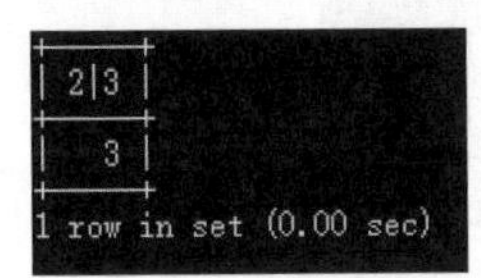

2|3
3

1 row in set (0.00 sec)

图 7-6　位或运算结果

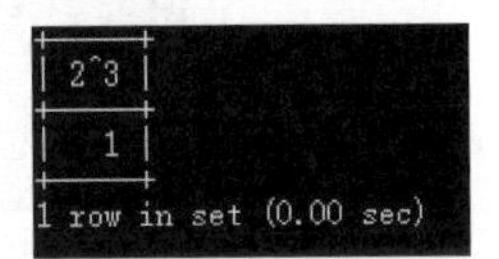

2^3
1

1 row in set (0.00 sec)

图 7-7　位异或运算结果

位右移运算：

```
mysql> select 100>>3;
```

运算结果如图 7-8 所示。

位左移运算：

```
mysql> select 100<<3;
```

运算结果如图 7-9 所示。

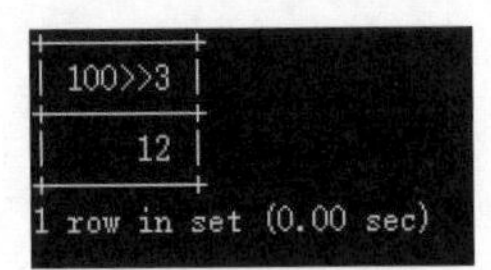

100>>3
12

1 row in set (0.00 sec)

图 7-8　位右移运算结果

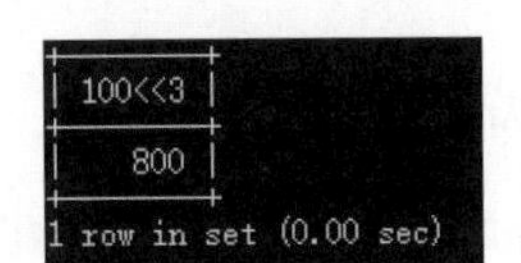

100<<3
800

1 row in set (0.00 sec)

图 7-9　位左移运算结果

7.4.3　逻辑运算

与运算：

```
mysql> select (1 and 1), (0 and 1), (3 and 1);
```

运算结果如图 7-10 所示。

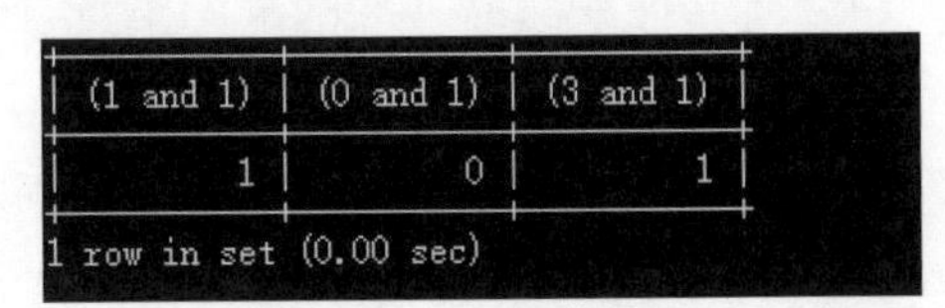

(1 and 1)	(0 and 1)	(3 and 1)
1	0	1

1 row in set (0.00 sec)

图 7-10　与运算结果

或运算：

```
mysql> select (1 or 0), (0 or 0), (1 or null);
```

运算结果如图 7-11 所示。

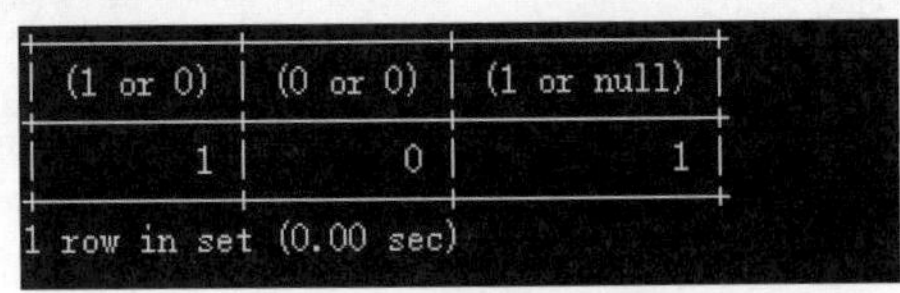

(1 or 0)	(0 or 0)	(1 or null)
1	0	1

1 row in set (0.00 sec)

图 7-11　或运算结果

非运算：

```
mysql> select not 0, not 1, not null;
```

运算结果如图 7-12 所示。

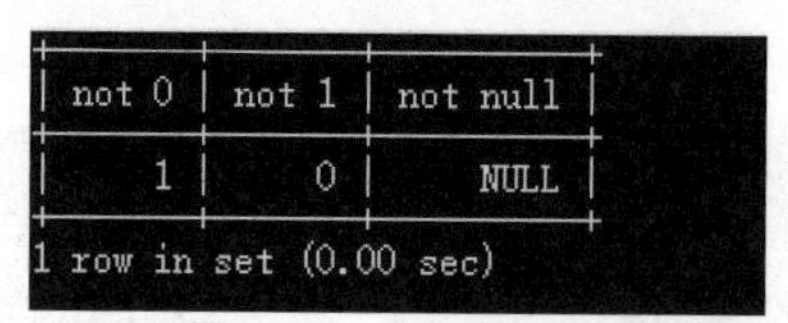

not 0	not 1	not null
1	0	NULL

1 row in set (0.00 sec)

图 7-12　非运算结果

异或运算：

```
mysql> select (1 ^ 1), (0 ^ 0), (1 ^ 0), (0 ^ 1), (null ^ 1);
```

运算结果如图 7-13 所示。

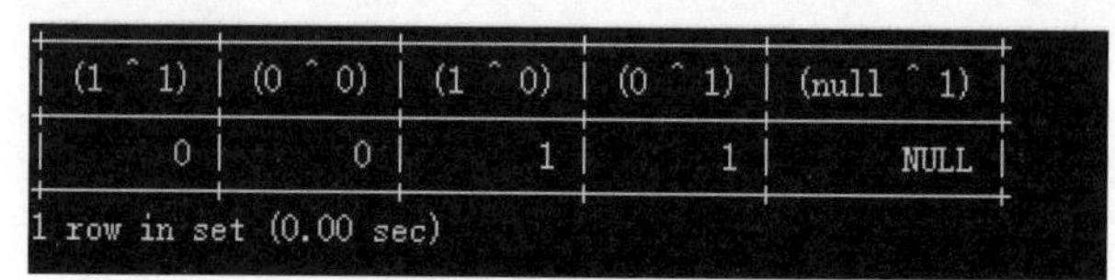

(1 ^ 1)	(0 ^ 0)	(1 ^ 0)	(0 ^ 1)	(null ^ 1)
0	0	1	1	NULL

1 row in set (0.00 sec)

图 7-13　异或运算结果

7.4.4　浮点型数据

本实例在名为 xs 的数据库中创建数据表并插入浮点型数据。

(1) 使用 xs 数据库：

```
mysql> use xs;
```

(2) 在 xs 数据库中创建表 temp1：

```
mysql> create table temp1(id float,id1 double,id2 decimal(10,3));
```

(3) 查看数据库 xs 中的表：

```
mysql> show tables;
```

(4) 插入相关数据：

```
mysql> insert into temp1 values(1234567.88889999,1234567.88889999,
1234567.88889999),(9876543.222,9876543.222,9876543.222);
```

(5) 查看 temp1 中的内容：

```
mysql> select * from temp1;
```

可发现 3 种浮点型数据的不同。

以上过程如图 7-14 所示。

```
mysql> use xs
Database changed
mysql> show tables;
Empty set (0.00 sec)

mysql> create table a( a int, b int,c int);
Query OK, 0 rows affected (0.01 sec)

mysql> show tables;
+-------------+
| Tables_in_xs |
+-------------+
| a           |
+-------------+
1 row in set (0.00 sec)

mysql> create table temp1(id float,id1 double,id2 decimal(10,3));
Query OK, 0 rows affected (0.01 sec)

mysql> show tables;
+-------------+
| Tables_in_xs |
+-------------+
| a           |
| temp1       |
+-------------+
2 rows in set (0.00 sec)

mysql> insert into temp1 values(1234567.88889999,1234567.88889999,1234567.88889999),(9876543.222,9876543.222,9876543.222
);
Query OK, 2 rows affected, 1 warning (0.00 sec)
Records: 2  Duplicates: 0  Warnings: 1

mysql> select * from temp1
    -> ;
+--------------+------------------+-------------+
| id           | id1              | id2         |
+--------------+------------------+-------------+
| 1.23457e+006 | 1234567.88889999 | 1234567.889 |
| 9.87654e+006 |      9876543.222 | 9876543.222 |
+--------------+------------------+-------------+
2 rows in set (0.00 sec)
```

图 7-14　向表中插入浮点型数据

学习成果达成与测评

<table>
<tr><td>学号</td><td></td><td>姓名</td><td></td><td>项目序号</td><td></td><td>项目名称</td><td></td><td>学时</td><td>6</td><td>学分</td><td></td></tr>
<tr><td>职业技能等级</td><td colspan="2">中级</td><td colspan="3">职业能力</td><td colspan="5"></td><td>任务量数</td><td></td></tr>
<tr><td>序号</td><td colspan="10">评 价 内 容</td><td>分数</td></tr>
<tr><td>1</td><td colspan="10">熟练掌握查看 MySQL 存储引擎的方法</td><td>10</td></tr>
<tr><td>2</td><td colspan="10">熟练掌握创建数据库的方法</td><td>10</td></tr>
<tr><td>3</td><td colspan="10">熟练掌握 MySQL 的位运算符</td><td>10</td></tr>
<tr><td>4</td><td colspan="10">熟练掌握 MySQL 的逻辑运算符</td><td>10</td></tr>
<tr><td>5</td><td colspan="10">熟练掌握 MySQL 的浮点数类型</td><td>10</td></tr>
<tr><td rowspan="2">考核评价</td><td colspan="10">总分数</td><td></td></tr>
<tr><td colspan="11">指导教师评语</td></tr>
<tr><td>备注</td><td colspan="11">奖励：
(1) 可以按照完成质量给予 1～10 分奖励。
(2) 每超额完成一个任务加 3 分。
(3) 巩固提升任务完成情况优秀，加 2 分。
惩罚：
(1) 完成任务超过规定时间，扣 2 分。
(2) 完成任务有缺项，每项扣 2 分。
(3) 任务实施报告中有歪曲事实、杜撰或抄袭内容者不予评分。</td></tr>
</table>

学习成果实施报告书

<table>
<tr><td>题目</td><td colspan="5"></td></tr>
<tr><td>班级</td><td></td><td>姓名</td><td></td><td>学号</td><td></td></tr>
<tr><td colspan="6">任务实施报告</td></tr>
<tr><td colspan="6">简要记述完成的各项任务，描述任务规划以及实施过程、遇到的重点难点以及解决过程，字数不少于800字。</td></tr>
<tr><td colspan="6">考核评价(10分制)</td></tr>
<tr><td colspan="4" rowspan="2">教师评语：</td><td>态度分数</td><td></td></tr>
<tr><td>工作量分数</td><td></td></tr>
<tr><td colspan="6">考 核 标 准</td></tr>
<tr><td colspan="6">(1) 在规定时间内完成任务。
(2) 操作规范。
(3) 任务实施报告书内容真实可靠、条理清晰、文字流畅、逻辑性强。
(4) 没有完成工作量扣1分，有抄袭内容扣5分。</td></tr>
</table>

第 8 章

MySQL的常用函数

知识导读

MySQL 函数是一种控制流程函数,属于数据库操作语言,是 MySQL 数据库的重要组成部分,它们为用户提供了更加高效的方法操作数据库,同时也使得 SQL 语句更加便捷。本章将介绍常用的 MySQL 函数和使用方法。

学习目标

- 熟悉 MySQL 的常用函数。
- 掌握 MySQL 常用函数的使用方法。

8.1 MySQL 函数

MySQL 函数是 MySQL 数据库中的一种特殊的存储过程,它的功能是完成一些特定的任务。MySQL 函数可以根据不同的参数和参数类型执行不同的操作。MySQL 函数有固定参数和可变参数两种,可以根据需求自行调整参数的类型和个数。MySQL 函数可以提高效率,减少编程时间。

8.2 数学函数

数学函数主要用于处理数字,包括整数、浮点数等。

8.2.1 ABS()函数

ABS(x)函数用来获得数 x 的绝对值。例如:

```
SELECT ABS(-878),ABS(-8.345);
```

执行结果如图 8-1 所示。

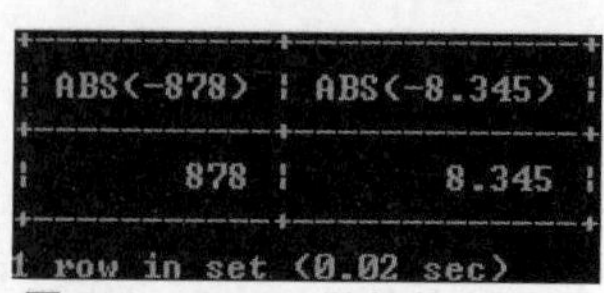

图 8-1 ABS()函数执行结果

8.2.2 FLOOR()函数

FLOOR(x)函数用于获得小于数 x 的最大整数值。例如：

```
SELECT FLOOR(-1.2),  FLOOR(9.9);
```

执行结果如图 8-2 所示。

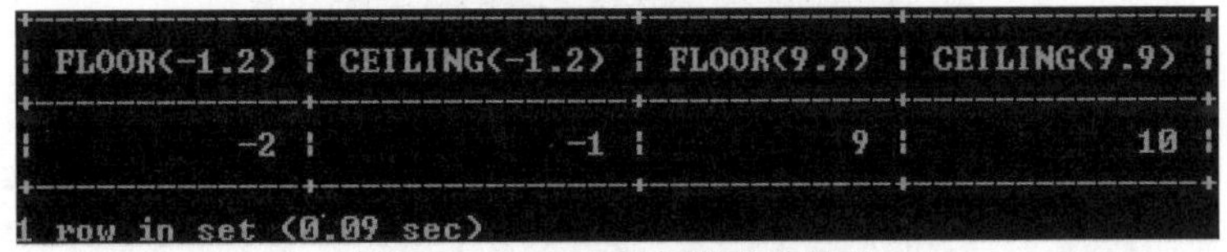

FLOOR(-1.2)	CEILING(-1.2)	FLOOR(9.9)	CEILING(9.9)
-2	-1	9	10

1 row in set (0.09 sec)

图 8-2 FLOOR()函数执行结果

8.2.3 RAND()函数

RAND()函数用于获得一个 0～1 的随机浮点数。例如：

```
SELECT RAND(),RAND();
```

执行结果如图 8-3 所示。

8.2.4 PI()函数

PI()函数用于返回圆周率。

```
SELECT PI( );
```

执行结果如图 8-4 所示。

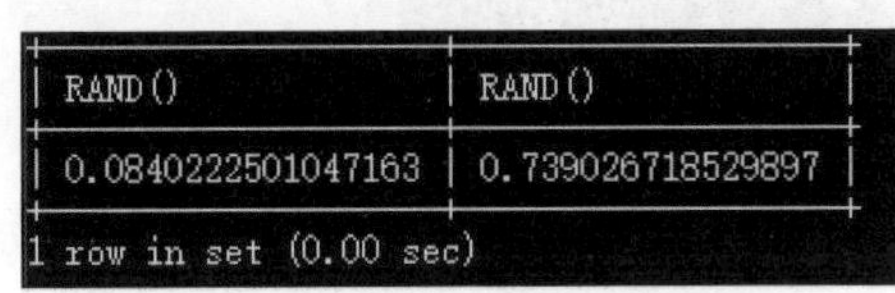

RAND()	RAND()
0.0840222501047163	0.739026718529897

1 row in set (0.00 sec)

图 8-3 RAND()函数执行结果

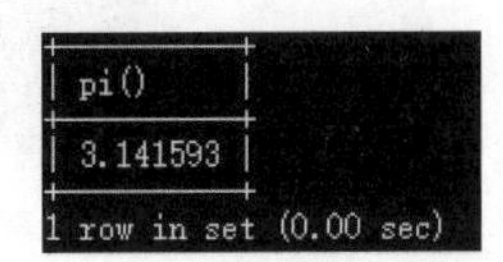

pi()
3.141593

1 row in set (0.00 sec)

图 8-4 PI()函数执行结果

8.2.5 TRUNCATE()函数

TRUNCATE(x,y)函数用于把数 x 截取为一个指定小数位数 y 的数字。例如：

```
SELECT TRUNCATE(1.54578, 2),TRUNCATE(-76.12, 5);
```

执行结果如图 8-5 所示。

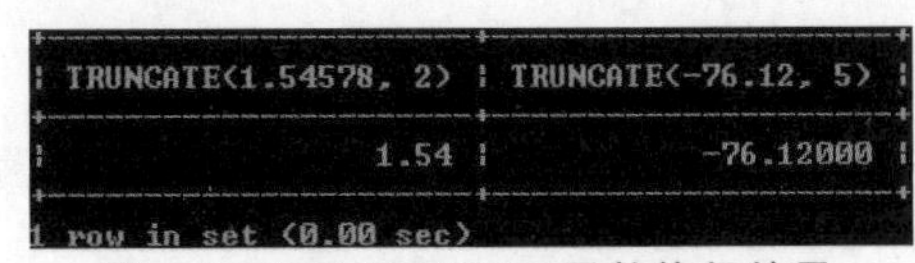

TRUNCATE(1.54578, 2)	TRUNCATE(-76.12, 5)
1.54	-76.12000

1 row in set (0.00 sec)

图 8-5 TRUNCATE()函数执行结果

8.2.6 ROUND()函数

ROUND()函数有两种用法。

(1) ROUND(x)函数用于获得数 x 四舍五入的整数值。例如：

```
SELECT ROUND(5.1),ROUND(25.501),ROUND(9.8);
```

执行结果如图 8-6 所示。

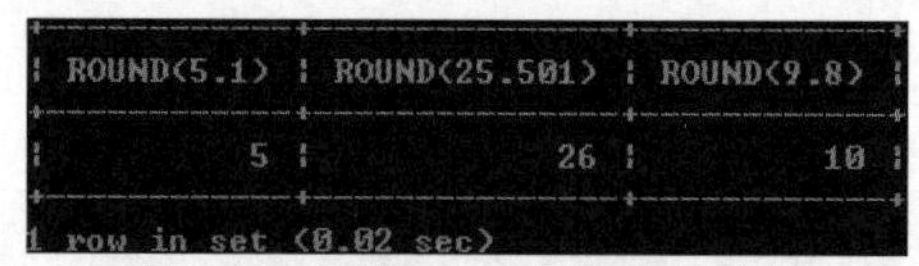

ROUND(5.1)	ROUND(25.501)	ROUND(9.8)
5	26	10

1 row in set (0.02 sec)

图 8-6　ROUND(x)函数执行结果

(2) ROUND(x，y)函数用于保留数 x 的小数点后 y 位的四舍五入值。例如：

```
SELECT ROUND(5.1,1),ROUND(25.501,2),ROUND(9.8,3);
```

执行结果如图 8-7 所示。

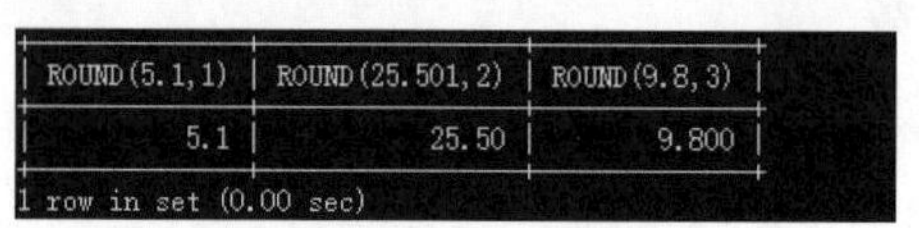

ROUND(5.1,1)	ROUND(25.501,2)	ROUND(9.8,3)
5.1	25.50	9.800

1 row in set (0.00 sec)

图 8-7　ROUND(x,y)函数执行结果

8.2.7　SQRT()函数

SQRT(x)函数返回数 x 的平方根。例如：

```
SELECT SQRT(25),SQRT(15),SQRT(1);
```

执行结果如图 8-8 所示。

SQRT(25)	SQRT(15)	SQRT(1)
5	3.872983346207417	1

1 row in set (0.02 sec)

图 8-8　SQRT()函数执行结果

8.3　字符串函数

字符串函数是 MySQL 中最常用的一类函数，主要用于处理表中的字符串。

8.3.1　INSERT 函数

INSERT($s1$,x,len,$s2$)函数将字符串 s1 从 x 位置开始、长度为 len 的部分替换为字符串 s2。例如：

```
SELECT INSERT('12345',1,3,'abc');
```

执行结果如图 8-9 所示。

8.3.2　UPPER()函数和 UCASE()函数

UPPER(s)、UCASE(s)函数都用于将字符串 s 中的所有字母变成大写字母。例如：

```
SELECT UPPER('abc');
```

或

```
SELECT UCASE('abc');
```

执行结果如图 8-10 所示。

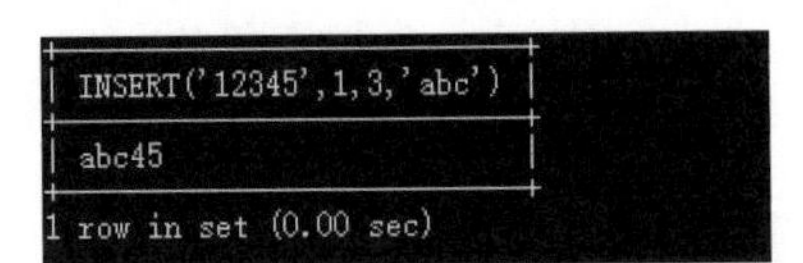

图 8-9 INSERT()函数执行结果

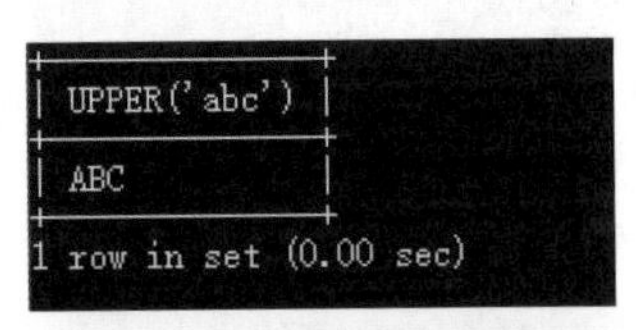

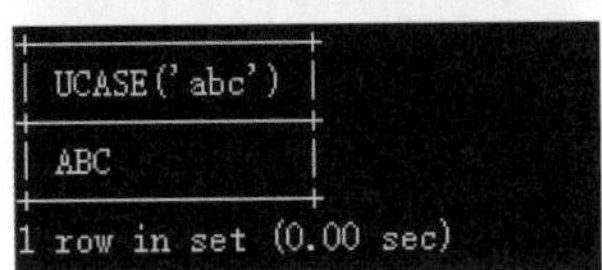

图 8-10 UPPER()、UCASE()函数执行结果

8.3.3 LEFT()函数

LEFT(*s*,*n*)函数用于返回字符串 *s* 的前 *n* 个字符。例如：

```
SELECT LEFT('abcde',2);
```

执行结果如图 8-11 所示。

8.3.4 RTRIM()函数

使用 RTRIM(*s*)函数删除字符串 *s* 中尾部的空格，返回值为字符串。例如：

```
SELECT TRIM(' MySQL   ');
```

执行结果如图 8-12 所示。

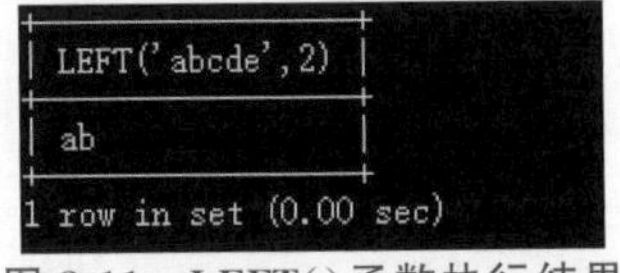

图 8-11 LEFT()函数执行结果

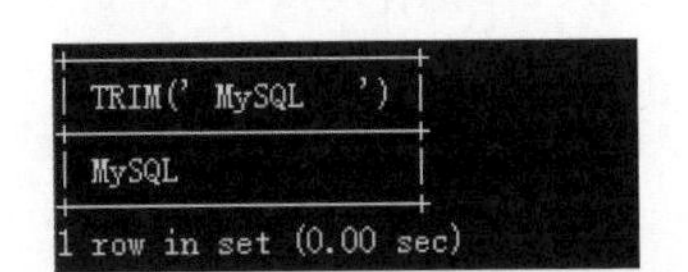

图 8-12 RTRIM()函数执行结果

8.3.5 SUBSTRING()函数

SUBSTRING(*s*,*n*,len)函数用于获取从字符串 *s* 中的第 *n* 个位置开始、长度为 len 的字符串。例如：

```
SELECT SUBSTRING('MySQL ',2,3);
```

执行结果如图 8-13 所示。

8.3.6 REVERSE()函数

REVERSE(*s*)函数用于将字符串 *s* 的顺序反过来。例如：

```
SELECT REVERSE('abc') ;
```

执行结果如图 8-14 所示。

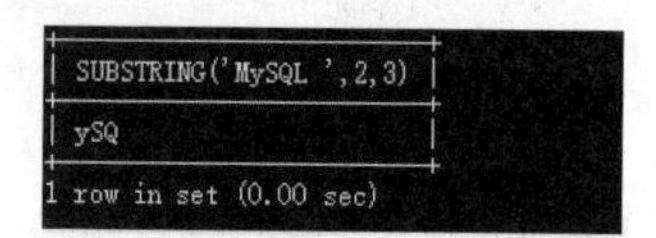

图 8-13 SUBSTRING()函数执行结果

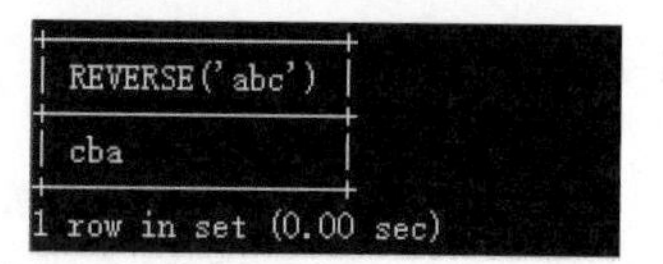

图 8-14 REVERSE()函数执行结果

8.3.7 FIELD()函数

FIELD(s,s_1,s_2,…)函数用于返回字符串序列 s_1,s_2,…中第一个与字符串 s 匹配的字符串的序号。例如：

```
SELECT FIELD('c','a','b','c');
```

执行结果如图 8-15 所示。

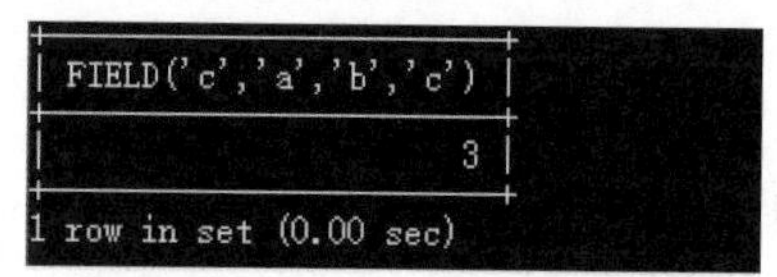

图 8-15 FIELD()函数执行结果

8.4 日期/时间函数

MySQL 的日期/时间函数主要用于处理日期和时间。

8.4.1 CURDATE()函数和 CURRENT_DATE()函数

CURDATE()函数和 CURRENT_DATE()函数都用于返回当前的日期。例如：

```
SELECT CURDATE();
```

或

```
SELECT CURRENT_DATE();
```

执行结果如图 8-16 所示。

8.4.2 CURTIME()函数和 CURRENT_TIME()函数

CURTIME()函数和 CURRENT_TIME()函数都用于返回当前的时间。例如：

```
SELECT CURTIME();
```

或

```
SELECT CURRENT_TIME();
```

执行结果如图 8-17 所示。

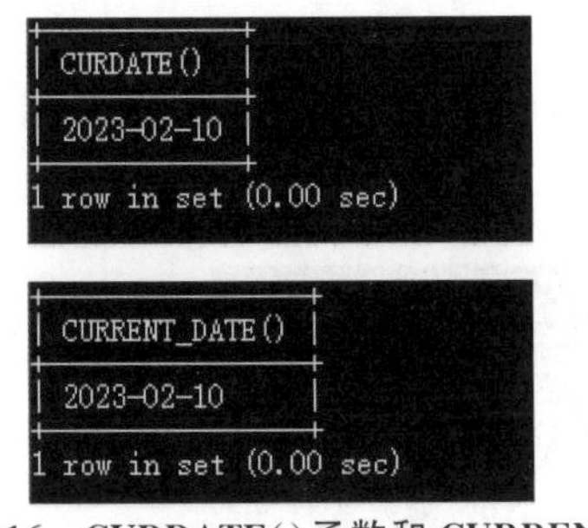

图 8-16　CURDATE()函数和 CURRENT_DATE()函数执行结果

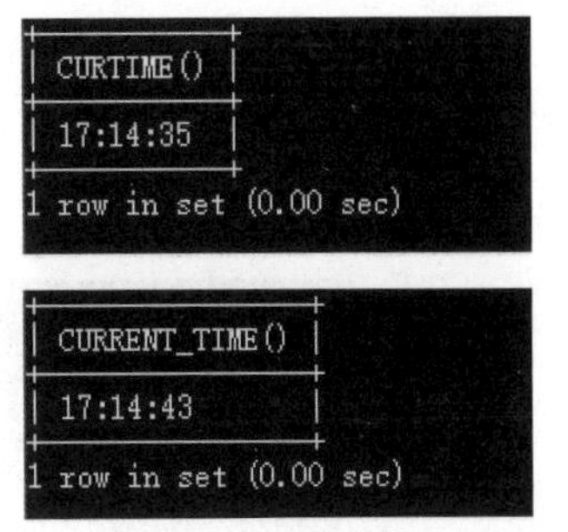

图 8-17　CURTIME()函数和 CURRENT_TIME()函数执行结果

8.4.3　NOW()函数

使用 NOW()函数可以获得当前的日期和时间，它以 YYYY-MM-DD hh:mm:ss 的格式返回当前的日期和时间。例如：

```
SELECT NOW();
```

执行结果如图 8-18 所示。

图 8-18　NOW()函数

8.4.4　DATEDIFF()函数

DATEDIFF(d_1,d_2)函数用于计算日期 d_1 和 d_2 间隔的天数。例如：

```
SELECT DATEDIFF('2021-02-01','2021-01-02');
```

执行结果如图 8-19 所示。

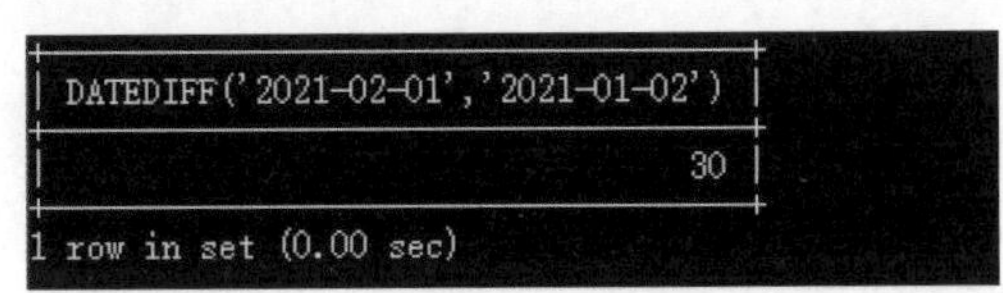

图 8-19　DATEDIFF()函数执行结果

8.4.5　ADDDATE()函数

ADDDATE()函数有两种用法。

(1) ADDDATE(*d*,*n*)函数用于计算日期 *d* 加上 *n* 天的日期。例如：

```
SELECT ADDDATE('2022-11-11 11:11:11',1);
```

执行结果如图 8-20 所示。

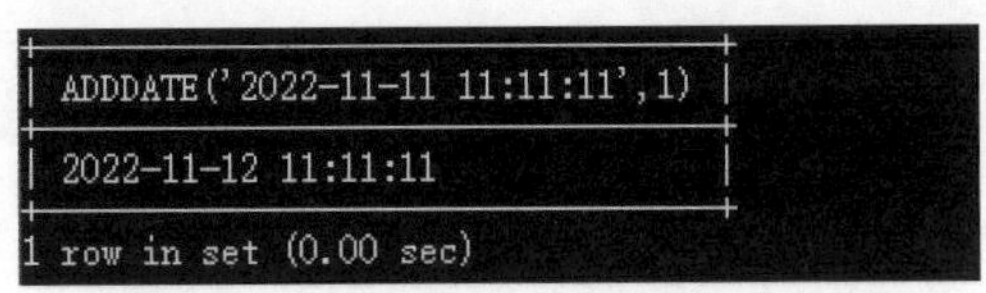

图 8-20　ADDDATE(*d*,*n*)函数执行结果

(2) ADDDATE(*d*,INTERVAL expr type)函数用于计算起始日期 *d* 加上一个时间段

后的日期。例如：

```
SELECT ADDDATE('2022-11-11 11:11:11', INTERVAL 5 MINUTE);
```

执行结果如图 8-21 所示。

```
+--------------------------------------------------+
| ADDDATE('2022-11-11 11:11:11', INTERVAL 5 MINUTE) |
+--------------------------------------------------+
| 2022-11-11 11:16:11                              |
+--------------------------------------------------+
1 row in set (0.00 sec)
```

图 8-21　ADDDATE(*d*,INTERVAL expr type)函数执行结果

8.4.6　SUBDATE()函数

SUBDATE(*d*, *n*)函数用于返回日期 *d* 减去 *n* 天后的日期。例如：

```
SELECT SUBDATE('2022-11-11 11:11:11', 1);
```

执行结果如图 8-22 所示。

```
+----------------------------------+
| SUBDATE('2022-11-11 11:11:11', 1) |
+----------------------------------+
| 2022-11-10 11:11:11              |
+----------------------------------+
1 row in set (0.00 sec)
```

图 8-22　SUBDATE()函数执行结果

8.5　条件判断函数

和许多脚本语言提供的 IF()函数一样，MySQL 的 IF()函数也可以建立一个简单的条件测试。其格式如下：

```
IF(表达式 1,表达式 2,表达式 3)
```

如果表达式 1 为真，将会返回表达式 2 的值；否则，将会返回表达式 3 的值。

【例 8-1】　判断 2×4 是否大于 9－5。

```
SELECT IF(2 * 4>9-5, '是', '否');
```

执行结果如图 8-23 所示。

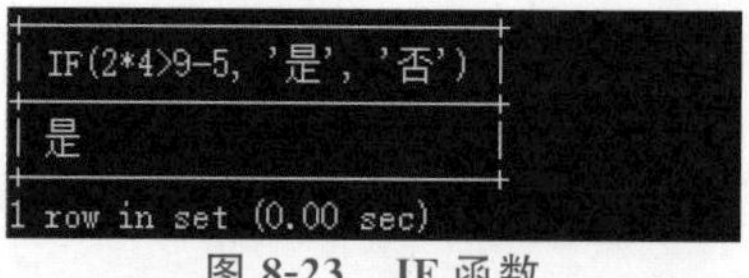

图 8-23　IF 函数

8.6　系统信息函数

系统信息函数用来查询 MySQL 数据库的系统信息。

8.6.1 VERSION()、CONNECTION_ID()和 DATABASE()函数

VERSION()、CONNECTION_ID() 和 DATABASE()函数可以分别返回 MySQL 版本信息、当前服务器的连接数和当前所选数据库。例如：

```
SELECT VERSION(),CONNECTION_ID(),DATABASE();
```

执行结果如图 8-24 所示。

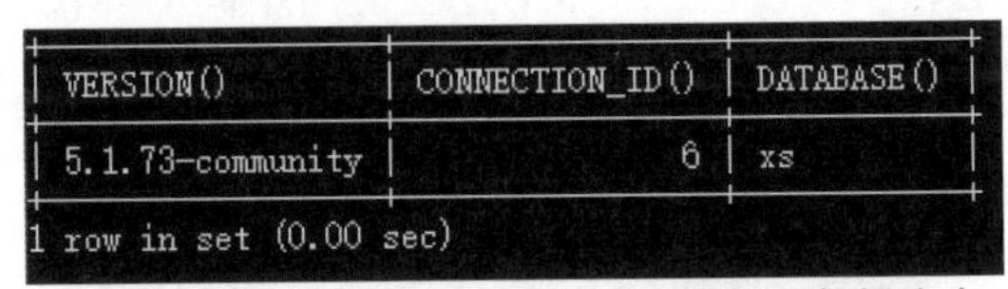

VERSION()	CONNECTION_ID()	DATABASE()
5.1.73-community	6	xs

1 row in set (0.00 sec)

图 8-24 获取 MySQL 版本号、连接数和数据库名

8.6.2 USER()函数

USER()函数用于返回当前用户。例如：

```
SELECT USER();
```

执行结果如图 8-25 所示。

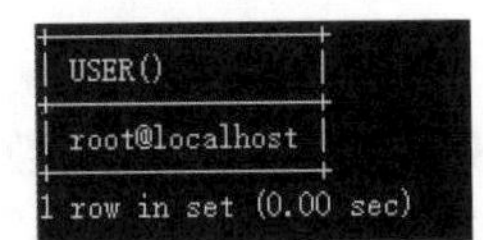

USER()
root@localhost

1 row in set (0.00 sec)

图 8-25 USER()函数执行结果

8.6.3 CHARSET()和 COLLATION()函数

CHARSET(str)函数用于返回字符串 str 的字符集，COLLATION(str)函数用于返回字符串 str 的字符排列方式。例如：

```
SELECT CHARSET('abc');
SELECT COLLATION('abc');
```

执行结果如图 8-26 所示。

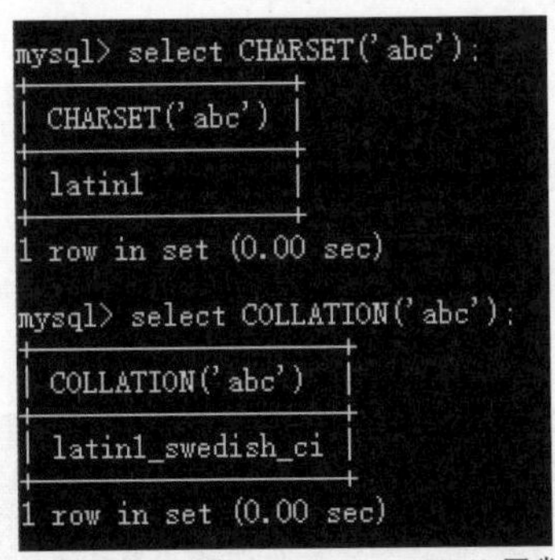

```
mysql> select CHARSET('abc');
+----------------+
| CHARSET('abc') |
+----------------+
| latin1         |
+----------------+
1 row in set (0.00 sec)

mysql> select COLLATION('abc');
+-------------------+
| COLLATION('abc')  |
+-------------------+
| latin1_swedish_ci |
+-------------------+
1 row in set (0.00 sec)
```

图 8-26 CHARSET()和 COLLATION()函数执行结果

8.7 加密函数

数据是信息系统中最核心的资产，数据丢失、遭到破坏或泄露很可能会带来难以估量的损失。对敏感数据进行加密是数据安全防护中最核心的手段之一。数据库加密能够显著提

升数据库的安全性。加密后，数据以密文的方式存储，防止了数据直接暴露，同时增强了对加密数据的访问控制，大大降低了数据的安全风险。MySQL 中的加密函数主要包括 PASSWORD()、MD5()等。

8.7.1 PASSWORD()函数

PASSWORD(str)函数返回字符串 str 加密后的密码字符串，适用于 MySQL 中的安全系统。该加密过程不可逆，和 UNIX 密码加密过程使用不同的算法。例如：

```
SELECT PASSWORD('MySQL');
```

执行结果如图 8-27 所示。

PASSWORD('MySQL')
*1799AB5202FE2E9958365F9B3ECBBF53657254C7

1 row in set (0.00 sec)

图 8-27 PASSWORD()函数执行结果

8.7.2 MD5()函数

MD5(str)函数对字符串 str 进行散列，可以用于对不需要解密的数据进行加密。例如：

```
SELECT MD5('321');
```

执行结果如图 8-28 所示。

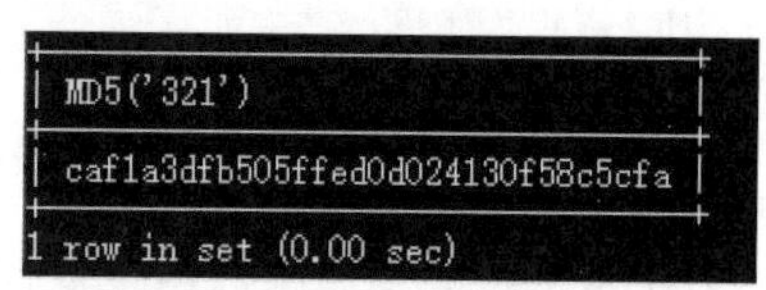

MD5('321')
caf1a3dfb505ffed0d024130f58c5cfa

1 row in set (0.00 sec)

图 8-28 MD5()函数执行结果

8.8 其他函数

8.8.1 FORMAT()函数

FORMAT(x,n)函数把数值格式化为以逗号间隔的数字序列，第一个参数 x 是被格式化的数据，第二个参数 n 是结果的小数位数。例如：

```
SELECT FORMAT(123456789.23654,2), FORMAT(-1234,4);
```

执行结果如图 8-29 所示。

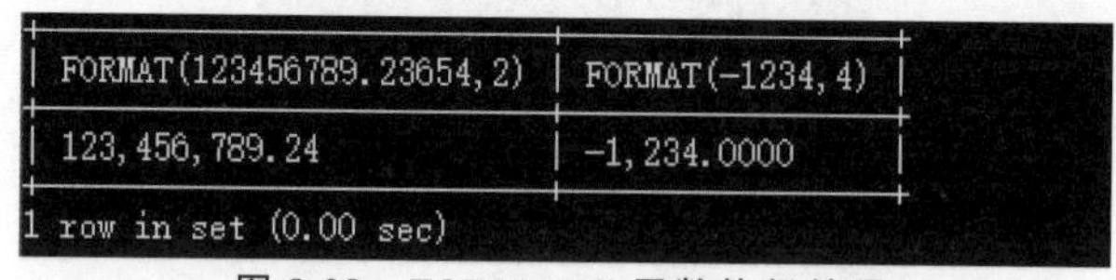

FORMAT(123456789.23654,2)	FORMAT(-1234,4)
123,456,789.24	-1,234.0000

1 row in set (0.00 sec)

图 8-29 FORMAT()函数执行结果

8.8.2 CONVERT()函数

CONVERT(s USING cs)函数将字符串 s 的字符集变成 cs。例如，要将字符串'ABC'的字符集变成 gbk。首先，查询字符串'ABC'的字符集：

```
SELECT CHARSET('ABC');
```

然后,将字符串'ABC'的字符集变成 gbk 并查询该字符串当前的字符集:

```
SELECT CHARSET(CONVERT('ABC' USING gbk));
```

执行结果如图 8-30 所示。

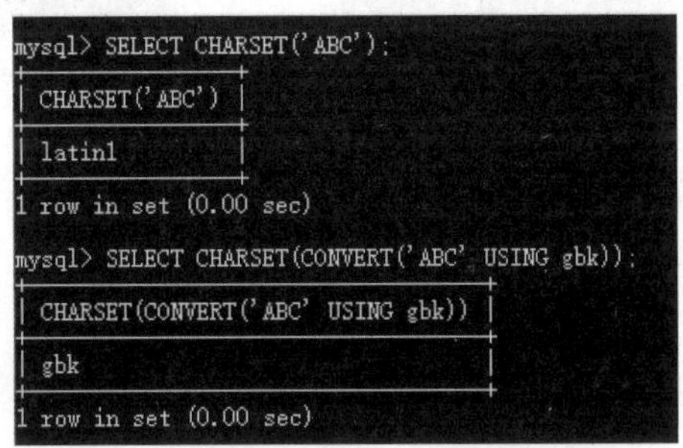

图 8-30 CONVERT()函数执行结果

8.8.3 CAST()函数

CAST(expr AS type)函数用于进行数据类型转换,它可以把一个值转换为指定的数据类型。expr 是 CAST()函数要转换的值,type 是转换后的数据类型。CAST()函数支持这几种数据类型:BINARY、CHAR、DATE、TIME、DATETIME、SIGNED 和 UNSIGNED。

通常情况下,当字符串在形式上为数字时,会自动地转换为数字类型,因此下面例子中的两个操作得到相同的结果:

```
SELECT 1+'99', 1+CAST('99' AS SIGNED);
```

执行结果如图 8-31 所示。

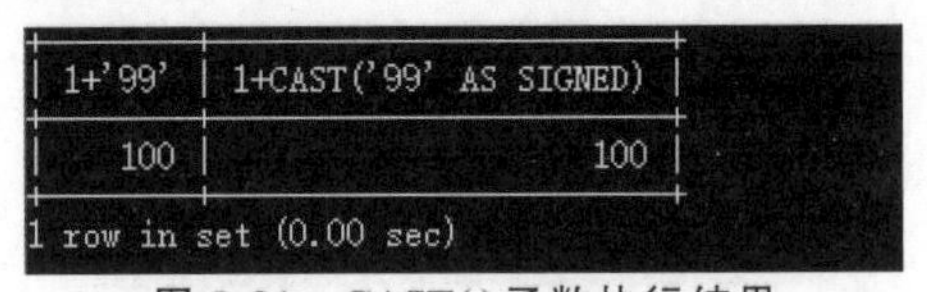

图 8-31 CAST()函数执行结果

8.9 实战

8.9.1 字符串函数的使用

获取字符串'abcdefg'的前 3 个字符并转换成大写字母:

```
SELECT UPPER(LEFT('abcdefg',3));
```

执行结果如图 8-32 所示。

8.9.2 查看当前数据库版本号

查看当前数据库版本号:

```
SELECT VERSION();
```

执行结果如图 8-33 所示。

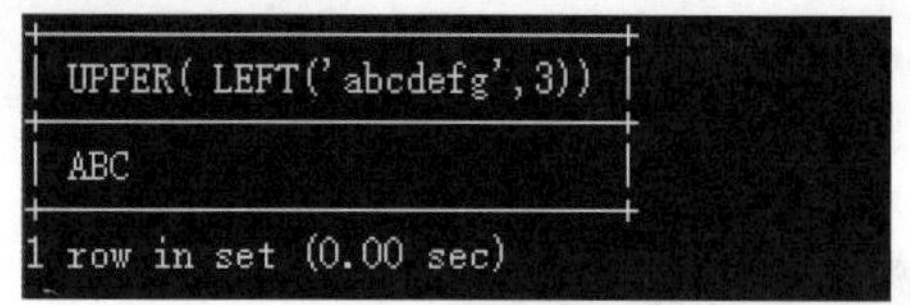
UPPER(LEFT('abcdefg',3))
ABC

1 row in set (0.00 sec)

图 8-32 字符串函数的使用

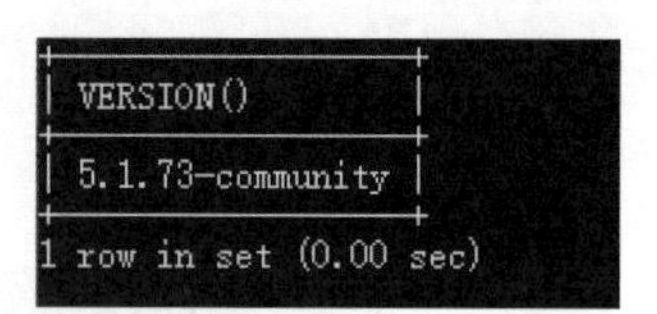
VERSION()
5.1.73-community

1 row in set (0.00 sec)

图 8-33 查看当前数据库版本号

8.9.3 生成随机整数

生成 3 个 1～100 的随机整数：

```
SELECT ROUND(RAND() * 100,0), ROUND(RAND() * 100,0), ROUND(RAND() * 100,0);
```

执行结果如图 8-34 所示。

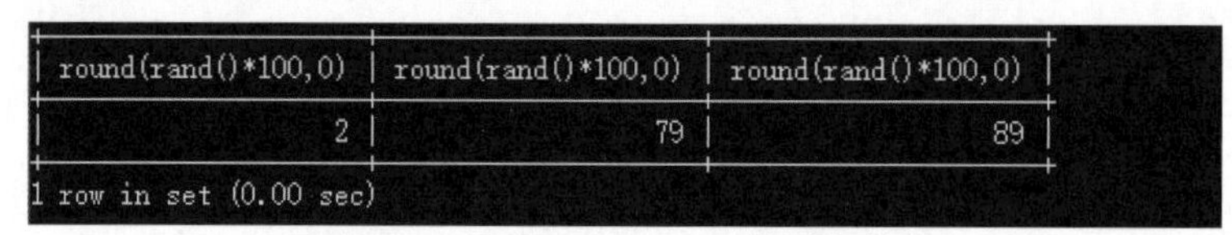
round(rand()*100,0)	round(rand()*100,0)	round(rand()*100,0)
2	79	89

1 row in set (0.00 sec)

图 8-34 生成 3 个 1～100 的随机整数

8.9.4 数字函数的使用

求 73 的平方根并保留两位小数：

```
SELECT TRUNCATE(SQRT(73), 2);
```

执行结果如图 8-35 所示。

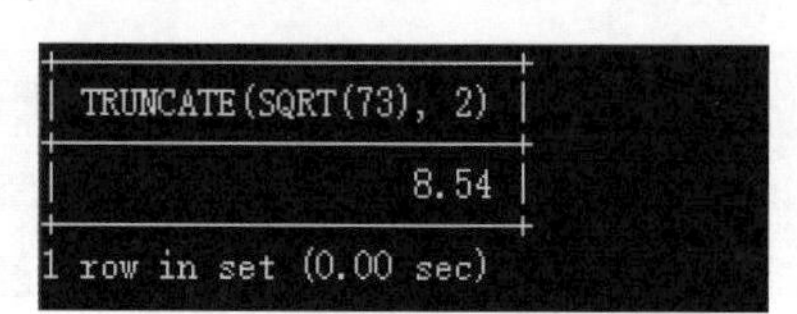
TRUNCATE(SQRT(73), 2)
8.54

1 row in set (0.00 sec)

图 8-35 数字函数的使用

8.9.5 加密函数的使用

将字符串'张三'用 MD5 方式加密。

```
SELECT MD5('张三');
```

执行结果如图 8-36 所示。

MD5('张三')
894152fff4f97e8fb2b8f304c5c56ebb

1 row in set (0.00 sec)

图 8-36 加密函数的使用

学习成果达成与测评

<table>
<tr><td>学号</td><td></td><td>姓名</td><td></td><td>项目序号</td><td></td><td>项目名称</td><td></td><td>学时</td><td>6</td><td>学分</td><td></td></tr>
<tr><td>职业技能等级</td><td colspan="2">中级</td><td colspan="3">职业能力</td><td colspan="4"></td><td>任务量数</td><td></td></tr>
<tr><td>序号</td><td colspan="10">评价内容</td><td>分数</td></tr>
<tr><td>1</td><td colspan="10">熟练掌握数学函数的使用方法</td><td>10</td></tr>
<tr><td>2</td><td colspan="10">熟练掌握字符串函数的使用方法</td><td>10</td></tr>
<tr><td>3</td><td colspan="10">熟练掌握日期和时间函数的使用方法</td><td>10</td></tr>
<tr><td>4</td><td colspan="10">熟练掌握条件判断函数的使用方法</td><td>10</td></tr>
<tr><td>5</td><td colspan="10">熟练掌握系统信息函数的使用方法</td><td>10</td></tr>
<tr><td>6</td><td colspan="10">熟练掌握加密函数的使用方法</td><td>10</td></tr>
<tr><td rowspan="2">考核评价</td><td colspan="10">总分数</td><td></td></tr>
<tr><td colspan="11">指导教师评语</td></tr>
<tr><td>备注</td><td colspan="11">奖励：
(1) 可以按照完成质量给予 1～10 分奖励。
(2) 每超额完成一个任务加 3 分。
(3) 巩固提升任务完成情况优秀，加 2 分。
惩罚：
(1) 完成任务超过规定时间，扣 2 分。
(2) 完成任务有缺项，每项扣 2 分。
(3) 任务实施报告中有歪曲事实、杜撰或抄袭内容者不予评分。</td></tr>
</table>

学习成果实施报告书

<table>
<tr><td>题目</td><td colspan="5"></td></tr>
<tr><td>班级</td><td></td><td>姓名</td><td></td><td>学号</td><td></td></tr>
<tr><td colspan="6">任务实施报告</td></tr>
<tr><td colspan="6">简要记述完成的各项任务，描述任务规划以及实施过程、遇到的重点难点以及解决过程，字数不少于800字。</td></tr>
<tr><td colspan="6">考核评价(10分制)</td></tr>
<tr><td colspan="4" rowspan="2">教师评语：</td><td>态度分数</td><td></td></tr>
<tr><td>工作量分数</td><td></td></tr>
<tr><td colspan="6">考核标准</td></tr>
<tr><td colspan="6">(1) 在规定时间内完成任务。
(2) 操作规范。
(3) 任务实施报告书内容真实可靠、条理清晰、文字流畅、逻辑性强。
(4) 没有完成工作量扣1分，有抄袭内容扣5分。</td></tr>
</table>

第 9 章

MySQL基本操作

知识导读

在 MySQL 中创建并管理数据库及相应的数据表，可以使用 MySQL 的可视化操作工具，也可以使用 MySQL 的命令。本章将介绍如何使用 MySQL 命令创建、查看、删除数据库和数据表。

学习目标

- 掌握创建、查看、选择、删除数据库的基本操作。
- 掌握创建、查看、修改、删除数据表的基本操作。

9.1 MySQL 数据库操作

数据库是指长期存储在计算机内的有组织、可共享的数据集合。换句话，数据库就是一个存储数据的地方。只是其存储方式有特定的规律，这样可以方便处理数据。数据库的基本操作包括创建、查看、选择和删除数据库。这些操作都是数据库管理的基础。本节讲解这几种基本的数据库管理操作的方法。

MySQL 在安装时就生成了系统使用的数据库，包括 information_schema、mysql 和 performance_schema。MySQL 把有关数据库管理系统自身的管理信息都保存在这几个数据库中，如果删除了它们，MySQL 将不能正常工作。

9.1.1 创建数据库

创建数据库是指在系统磁盘上划分一块区域用于数据的存储和管理。这是进行数据表操作的基础，也是进行数据库管理的基础。MySQL 中，创建数据库是通过 SQL 语句 CREATE DATABASE 实现的。根据 MySQL 参考手册，创建数据库的 SQL 基本语法格式如下：

```
CREATE DATABASE [IF NOT EXISTS] db_name
[create_specification [, …]];
```

其中 create_specification 格式如下：

```
[DEFAULT] CHARACTER SET charset_name | [DEFAULT] COLLATE collation_name
```

注意：带方括号的内容为可选项，其余为必须书写的项。

说明：

- CREATE DATABASE 是创建数据库的固定语法，不能省略。
- IF NOT EXISTS 为可选项，意思是在创建数据库之前判断该数据库是否存在。如果不存在，将创建该数据库；如果存在同名的数据库，则不创建任何数据库。但是，如果存在同名数据库，并且没有指定 IF NOT EXISTS，则会出现错误。
- db_name 是即将创建的数据库名称，该名称不能与已经存在的数据库重名。数据库中相关对象的命名要求如表 9-1 所示。此外，识别符不可以包含 ASCII 码中的 0 或值为 255 的字节。数据库、表和列名不应以空格结尾。在识别符中可以使用引号，但应尽可能避免这样使用。

表 9-1 数据库中相关对象的命名要求

识 别 符	最大长度/B	允许的字符
数据库名	64	目录名允许的任何字符，不包括/、\或者。
表名	64	文件名允许的任何字符，不包括/、\或者。
列名	64	所有字符
索引名	64	所有字符
别名	255	所有字符

- create_specification 用于指定数据库的特性。数据库特性存储在数据库目录中的 db.opt 文件中。CHARACTER SET 子句用于指定默认的数据库字符集，COLLATE 子句用于指定默认的数据库排序。

注意：在 MySQL 中，每一条 SQL 语句都以“;”作为结束标志。

【例 9-1】 创建名为 student 的数据库。

```
CREATE DATABASE student;
```

执行结果显示如图 9-1 所示。

```
Query OK, 1 row affected (0.02 sec)
```

图 9-1 创建数据库成功

结果信息“Query OK, 1 row affected (0.02 sec)”表示数据库创建成功。

注意：在进行此操作及本章后续操作之前，请确保已经连接了 MySQL 服务器。

如果 MySQL 服务器上已经存在名为 student 的数据库，则会出现错误提示，如图 9-2 所示。

```
ERROR 1007 (HY000): Can't create database 'student'; database exists
```

图 9-2 创建的数据库与已有数据库同名时的错误提示

创建数据库的完整命令如下：

```
CREATE DATABASE IF NOT EXISTS student;
```

【例 9-2】 创建名为 studentinfo 的数据库，并指定其默认字符集为 UTF8。

```
CREATE DATABASE IF NOT EXISTS studentinfo
DEFAULT CHARACTER SET UTF8;
```

执行结果如图 9-3 所示。

```
Query OK, 1 row affected (0.05 sec)
```

图 9-3　创建数据库并指定其默认字符集

9.1.2　查看数据库

为了检验数据库系统中是否已经存在名为 student 的数据库，可使用 SHOW DATABASES 命令。该命令可以列出 MySQL 服务器主机上的所有数据库。其语法格式如下：

```
SHOW DATABASES;
```

注意：此处为复数形式的 DATABASES，而非 DATABASE。

执行结果如图 9-4 所示。

图 9-4　查看数据库

从结果可以看出，已经存在 student 数据库，说明 student 数据库创建成功。

9.1.3　选择数据库

创建了 student 数据库之后，可以使用 USE 命令选择要操作的数据库。其语法格式如下：

```
USE db_name;
```

该语句可以通知 MySQL 把 db_name 数据库作为当前数据库使用，用于后续语句。该数据库保持为当前数据库，直到语段的结尾，或者直到运行另一条 USE 语句，也可以理解为从一个数据库切换到另一个数据库，在用 CREATE DATABASE 语句创建了数据库之后，刚创建的数据库不会自动成为当前数据库，需要用 USE 语句指定。

【例 9-3】　分别从 db1、db2 两个数据库中的 mytable 中查询数据。

```
mysql> USE db1;
mysql> SELECT COUNT(*) FROM mytable;            #selects from db1.mytable
mysql> USE db2;
mysql> SELECT COUNT(*) FROM mytable;            #selects from db2.mytable
```

前面用 CREATE DATABASE 命令创建了 student 数据库。如果需要将 student 数据库作为当前操作的数据库，就需要使用下面的命令：

```
USE student;
```

9.1.4　删除数据库

删除数据库是指在数据库系统中删除已经存在的数据库。删除数据库之后，原来分配给它的空间将被收回。值得注意的是，删除数据库会永久删除该数据库中所有的表及其数据，因此在删除数据库时应该特别小心。

在 MySQL 中，删除数据库是通过 SQL 语句 DROP DATABASE 实现的。其语法格式如下：

```
DROP DATABASE [IF EXISTS] db_name;
```

此命令可以删除名为 db_name 的数据库，当 db_name 数据库在 MySQL 服务器主机中不存在时，系统就会出现错误提示，如图 9-5 所示。

```
ERROR 1008 (HY000): Can't drop database 'db_name'; database doesn't exist
```

图 9-5 删除不存在的数据库时的错误提示

【例 9-4】 删除名为 student 的数据库。

```
DROP DATABASE student;
```

或者

```
DROP DATABASE IF NOT EXISTS student;
```

执行结果如图 9-6 所示。

```
Query OK, 0 rows affected (0.00 sec)
```

图 9-6 删除数据库的执行结果

9.2 MySQL 数据表操作

表是数据库存储数据的基本单位。一个表包含若干字段和记录。表的操作包括创建表、查看表结构、修改表结构、重命名表和删除表，这些都是数据库管理中最基本也是最重要的操作。

9.2.1 创建表

创建表是指在已存在的数据库中建立新表。这是建立数据库最重要的一步，是对表进行其他操作的基础。在 MySQL 中，创建表是通过 SQL 语句 CREATE TABLE 实现的。此语句的完整语法是相当复杂的，但在实际应用中此语句较为简单。

创建表的语法如下：

```
CREATE [TEMPORARY] TABLE  表名 (
    属性名 数据类型 [完整性约束条件],
    属性名 数据类型 [完整性约束条件],
    ⋮
    属性名 数据类型 [完整性约束条件]
);
```

其中，数据类型和完整性约束条件为

```
  TINYINT[(length)] [UNSIGNED] [ZEROFILL]
| SMALLINT[(length)] [UNSIGNED] [ZEROFILL]
| MEDIUMINT[(length)] [UNSIGNED] [ZEROFILL]
| INT[(length)] [UNSIGNED] [ZEROFILL]
| INTEGER[(length)] [UNSIGNED] [ZEROFILL]
| BIGINT[(length)] [UNSIGNED] [ZEROFILL]
| REAL[(length,decimals)] [UNSIGNED] [ZEROFILL]
| DOUBLE[(length,decimals)] [UNSIGNED] [ZEROFILL]
| FLOAT[(length,decimals)] [UNSIGNED] [ZEROFILL]
```

```
| DECIMAL(length,decimals) [UNSIGNED] [ZEROFILL]
| NUMERIC(length,decimals) [UNSIGNED] [ZEROFILL]
| DATE
| TIME
| TIMESTAMP
| DATETIME
| CHAR(length) [BINARY | ASCII | UNICODE]
| VARCHAR(length) [BINARY]
| TINYBLOB
| BLOB
| MEDIUMBLOB
| LONGBLOB
| TINYTEXT [BINARY]
| TEXT [BINARY]
| MEDIUMTEXT [BINARY]
| LONGTEXT [BINARY]
| ENUM(value1,value2,value3,…)
| SET(value1,value2,value3,…)
| spatial_type
```

【例 9-5】 设已经创建了数据库 student，在该数据库中创建学生情况表 student。

```
USE student;
CREATE TABLE 'student' (
  'sno' char(9) NOT NULL COMMENT '学号',
  'sname' varchar(10) NOT NULL COMMENT '姓名',
  'ssex' char(2) default NULL COMMENT '性别',
  'sbirthday' date default NULL COMMENT '出生日期',
  'sdept' varchar(8) NOT NULL COMMENT '系别',
  PRIMARY KEY ('sno')
) ENGINE=InnoDB DEFAULT CHARSET=gbk;
```

student 有 5 个字段：sno 字段存储学生的学号，sname 字段存储学生的姓名，ssex 字段存储学生的性别，sbirthday 字段存储学生的出生日期，sdept 字段存储学生所属的系别。每个字段名后面都必须跟一个指定的数据类型。例如，字段名 sno 后跟 char(9)，这指定了 sno 字段的数据类型为长度为 9 的字符型(char)。数据类型决定了一个字段可以存储什么样的数据。因为 sno 字段包含固定长度的文本信息，所以其数据类型可设置为 char 型。

每个字段都包含附加约束或修饰符，这些可以用来增加对输入数据的约束。PRIMARY KEY 表示将 sno 字段定义为主键。default NULL 表示字段可以为空值。ENGINE＝InnoDB 表示采用的存储引擎是 InnoDB，它是 MySQL 在 Windows 平台默认的存储引擎，所以 ENGINE＝InnoDB 可以省略。

执行结果显示如图 9-7 所示。

创建了学生表 student 之后，再创建成绩表 sc，并将该表的 sno 字段设置为外键。

```
CREATE TABLE 'sc' (
  'sno' char(9) NOT NULL COMMENT '学号',
  'cno' char(4) NOT NULL COMMENT '课程编号',
  'grade' float default NULL COMMENT '成绩',
  CONSTRAINT S_FK FOREIGN KEY(SNO)
REFERENCES student(SNO)
) ENGINE=InnoDB DEFAULT CHARSET=gbk;
```

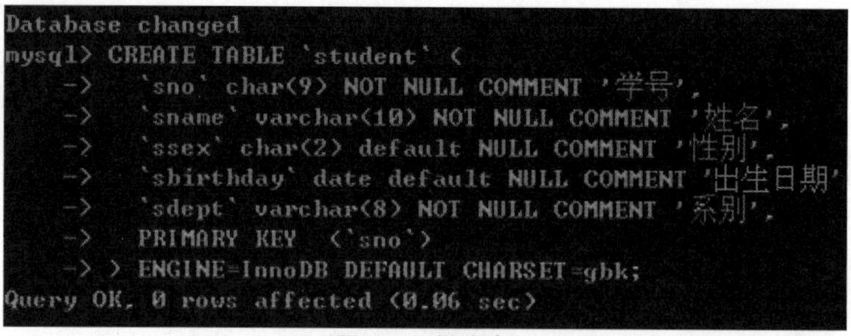

```
Database changed
mysql> CREATE TABLE `student` (
    ->   `sno` char(9) NOT NULL COMMENT '学号',
    ->   `sname` varchar(10) NOT NULL COMMENT '姓名',
    ->   `ssex` char(2) default NULL COMMENT '性别',
    ->   `sbirthday` date default NULL COMMENT '出生日期',
    ->   `sdept` varchar(8) NOT NULL COMMENT '系别',
    ->   PRIMARY KEY  (`sno`)
    -> ) ENGINE=InnoDB DEFAULT CHARSET=gbk;
Query OK, 0 rows affected (0.06 sec)
```

图 9-7 创建表

9.2.2 查看表结构

查看表结构是指查看数据库中已存在的表的定义。查看表结构的语句包括 DESCRIBE 语句和 SHOW CREATE TABLE 语句。通过这两条语句，可以查看表的字段名、字段的数据类型、完整性约束条件等。

1. 查看表的基本结构

在 MySQL 中，DESCRIBE 语句可以查看表的基本结构，其中包括字段名、字段数据类型、是否为主键和默认值等。DESCRIBE 语句的语法格式如下：

```
DESCRIBE 表名;
```

【例 9-6】 利用 DESCRIBE 语句查看学生情况表 student 的结构。语句如下：

```
DESCRIBE student;
```

执行结果如图 9-8 所示。

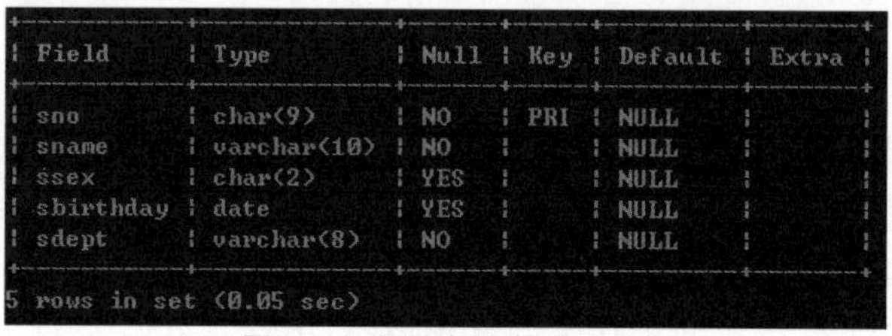

```
+-----------+-------------+------+-----+---------+-------+
| Field     | Type        | Null | Key | Default | Extra |
+-----------+-------------+------+-----+---------+-------+
| sno       | char(9)     | NO   | PRI | NULL    |       |
| sname     | varchar(10) | NO   |     | NULL    |       |
| ssex      | char(2)     | YES  |     | NULL    |       |
| sbirthday | date        | YES  |     | NULL    |       |
| sdept     | varchar(8)  | NO   |     | NULL    |       |
+-----------+-------------+------+-----+---------+-------+
5 rows in set (0.05 sec)
```

图 9-8 查看表的基本结构

2. 查看表的详细结构

在 MySQL 中，SHOW CREATE TABLE 语句可以查看表的详细结构，除了表的字段名、字段的数据类型、完整性约束条件等信息之外，还包括表默认的存储引擎和字符编码。SHOW CREATE TABLE 语句的语法格式如下：

```
SHOW CREATE TABLE 表名;
```

【例 9-7】 利用 SHOW CREATE TABLE 语句查看学生情况表 student 的结构。语句如下：

```
SHOW CREATE TABLE student;
```

执行命令后，结果显示如图 9-9 所示。

```
+----------+---------------------------------------------------------------
------------------------------------------------------------------------------
------------------------------------------------------------------------------
------------------------------------------------------------------------------
-----+
| Table    | Create Table




   |
+----------+---------------------------------------------------------------
------------------------------------------------------------------------------
------------------------------------------------------------------------------
------------------------------------------------------------------------------
-----+
| STUDENT  | CREATE TABLE `student` (
  `sno` char(9) NOT NULL COMMENT '学号',
  `sname` varchar(10) NOT NULL COMMENT '姓名',
  `ssex` char(2) default NULL COMMENT '性别',
  `sbirthday` date default NULL COMMENT '出生日期',
  `sdept` varchar(8) NOT NULL COMMENT '系别',
  PRIMARY KEY  (`sno`)
) ENGINE=InnoDB DEFAULT CHARSET=gbk |
+----------+---------------------------------------------------------------
------------------------------------------------------------------------------
------------------------------------------------------------------------------
------------------------------------------------------------------------------
-----+
1 row in set (0.00 sec)
```

图 9-9　查看表的详细结构

9.2.3　修改表结构

修改表结构是指修改数据库中已存在的表的定义。修改表结构比重新定义表简单，不需要重新加载数据，也不会影响正在进行的服务。MySQL 中通过 ALTER TABLE 语句修改表结构，包括修改表名、修改字段的数据类型、修改字段名、增加字段、删除字段、更改表的存储引擎等。

1. 修改表名

表名可以在一个数据库中唯一地确定一张表。数据库系统通过表名区分不同的表。例如，数据库 student 中有 student 表。那么，student 表就是唯一的。在数据库 student 中不可能存在另一个名为 student 的表。在 MySQL 中，修改表名是通过 SQL 语句 ALTER TABLE 实现的。其语法格式如下：

```
ALTER TABLE 旧表名 RENAME [TO] 新表名;
```

【例 9-8】　修改例 9-5 中学生情况表 student 的表名为 student1。语句如下：

```
ALTER TABLE student RENAME student1;
```

2. 修改字段的数据类型

字段的数据类型包括整型、浮点型、字符串类型、二进制类型、日期/时间类型等。数据类型决定了数据的存储格式、约束条件和有效范围。有关数据类型的详细内容参见 7.2 节。在 MySQL 中，ALTER TABLE 语句也可以修改字段的数据类型，其基本语法如下：

```
ALTER TABLE 表名 MODIFY 属性名 数据类型;
```

其中,“属性名”参数指字段名。

【例 9-9】 修改例 9-5 中学生情况表 student 的 sname 字段的数据类型为 char,长度为10。语句如下:

```
ALTER TABLE student MODIFY sname char(10) not null;
```

3. 修改字段名

字段名可以在一张表中唯一地确定一个字段。数据库系统通过字段名区分表中的不同字段。例如,student 表中包含 sno 字段。那么,sno 字段在 student 表中是唯一的,该表中不可能存在另一个名为 sno 的字段。在 MySQL 中,ALTER TABLE 语句也可以修改表的字段名。其基本语法如下:

```
ALTER TABLE 表名 CHANGE 旧属性名 新属性名 新数据类型;
```

其中,“旧属性名”参数指修改前的字段名;“新属性名”参数指修改后的字段名;“新数据类型”参数指修改后的数据类型,如不需要修改,则将新数据类型设置成与原来一样。

【例 9-10】 修改例 9-5 中学生情况表 student 的 sno 字段的字段名为 sid。语句如下:

```
ALTER TABLE student CHANGE sno sid char(9) not null;
```

4. 增加字段

在创建表时,表中的字段就已经完成了定义。如果要增加新的字段,可以通过 ALTER TABLE 语句实现。在 MySQL 中,ALTER TABLE 语句增加字段的基本语法如下:

```
ALTER TABLE 表名 ADD 属性名 1 数据类型 [完整性约束条件] [FIRST | AFTER 属性名 2] ;
```

【例 9-11】 在例 9-5 中的学生情况表 student 中新增一个存储学生年龄的字段 sage。语句如下:

```
ALTER TABLE student ADD sage VARCHAR(100);
```

5. 删除字段

删除字段是指删除已经定义好的表中的某个字段。在表创建好之后,如果发现某个字段需要删除,可以将整个表删除,然后重新创建一张表。这样做可以达到目的,但必然会影响到表中的数据,而且操作比较麻烦。在 MySQL 中,ALTER TABLE 语句也可以删除表中的字段,其基本语法如下:

```
ALTER TABLE 表名 DROP 属性名;
```

【例 9-12】 删除例 9-11 中新增的 sage 字段。语句如下:

```
ALTER TABLE student DROP sage;
```

6. 更改表的存储引擎

MySQL 存储引擎是指 MySQL 数据库中表的存储类型。MySQL 常用的存储引擎包括 InnoDB、MyISAM、MEMORY 等。在 MySQL 中,ALTER TABLE 语句也可以更改表的存储引擎,其基本语法如下:

```
ALTER TABLE 表名 ENGINE=存储引擎名;
```

【例 9-13】　将例 9-5 中学生情况表 student 的存储引擎更改为 MyISAM。语句如下：

```
ALTER TABLE student ENGINE=MyISAM;
```

9.2.4　重命名表

如果数据表的命名需要修改，可利用 RENAME 实现，其语法如下：

```
ALTER TABLE 旧表名 RENAME [TO] 新表名;
```

【例 9-14】　将例 9-5 中学生情况表 student 更名为 stu。语句如下：

```
ALTER TABLE student RENAME stu;
```

9.2.5　删除表

删除表是指删除数据库中已存在的表。删除表时，会删除表中的所有数据，因此在删除表时要特别注意。在 MySQL 中，通过 DROP TABLE 语句删除表。

1. 删除普通表

在 MySQL 中，直接使用 DROP TABLE 语句可以删除没有被其他表关联的普通表。其基本语法如下：

```
DROP TABLE 表名;
```

【例 9-15】　删除 student 表。

在执行代码之前，先用 DESC 语句查看是否存在 student 表，以便与删除后进行对比。DESC 语句和执行结果如下：

```
+-----------+-------------+------+-----+---------+-------+
| Field     | Type        | Null | Key | Default | Extra |
+-----------+-------------+------+-----+---------+-------+
| sno       | char(9)     | NO   | PRI | NULL    |       |
| sname     | varchar(10) | NO   |     | NULL    |       |
| ssex      | char(2)     | YES  |     | NULL    |       |
| sbirthday | date        | YES  |     | NULL    |       |
| sdept     | varchar(8)  | NO   |     | NULL    |       |
+-----------+-------------+------+-----+---------+-------+
5 rows in set (0.22 sec)
```

从结果可以看出，当前存在 student 表。然后，执行 DROP TABLE 语句删除表：

```
mysql> DROP TABLE student;
```

执行结果如下：

```
Query OK, 0 rows affected (0.09 sec)
```

结果显示执行成功。为了检验数据库中是否还存在 student 表，使用“DESC”语句重新查看 student 表：

```
mysql> DESC student;
```

执行结果如下：

```
ERROR 1146 (42S02): Table 'student.student' doesn't exist
```

结果显示 student 表已经不存在了，说明删除操作执行成功。

注意：删除一个表时，表中的所有数据也会被删除。因此，最稳妥的做法是先将表中所有数据备份，然后再删除表。一旦删除表后发现造成了损失，可以通过备份的数据还原表，以便将损失降低到最小。

2. 删除被其他表关联的父表

如果在数据库中的某些表之间建立了关联关系，一些表就成为父表，这些表被其他表所关联。如果要删除这些父表，情况比较复杂。

【例 9-16】 删除被其他表关联的表 student。语句如下：

```
DROP TABLE student;
```

代码执行后，结果显示如下：

```
ERROR 1217 (23000): Cannot delete or update a parent row: a foreign key
constraint fails
```

结果显示删除失败，这是因为有外键依赖于该表。前面新建的 sc 表依赖于 student 表——sc 表的外键 sno 依赖于 student 表的主键，因此 student 表是 sc 表的父表。要删除 sc 表，必须先去掉这种依赖关系。最简单直接的办法是：先删除子表 sc，再删除父表 student，但这样可能会影响子表的其他数据。另一种办法是：先删除子表 sc 的外键约束，再删除父表 student，这种办法不会影响子表的其他数据，可以保证数据库的安全。因此，这里介绍第二种办法。

首先，用 SHOW CREATE TABLE 语句查看 sc 表的外键别名：

```
mysql> SHOW CREATE TABLE sc\G;
```

执行结果如下：

```
CREATE TABLE 'sc' (
  'sno' char(9) NOT NULL COMMENT '学号',
  'cno' char(4) NOT NULL COMMENT '课程编号',
  'grade' float default NULL COMMENT '成绩',
  KEY 'S_FK' ('sno'),
  CONSTRAINT 'S_FK' FOREIGN KEY ('sno') REFERENCES 'student' ('sno')
) ENGINE=InnoDB DEFAULT CHARSET=gbk
1 row in set (0.00 sec)
```

查询结果显示，sc 表的外键别名为 S_FK。

然后，执行 ALTER TABLE 语句删除 sc 表的外键约束：

```
ALTER TABLE sc DROP FOREIGN KEY S_FK;
```

执行结果如下：

```
Query OK, 0 rows affected (0.20 sec)
Records: 0  Duplicates: 0  Warnings: 0
```

使用 SHOW CREATE TABLE 语句查看 sc 表的外键约束是否已经被删除：

```
mysql> SHOW CREATE TABLE sc\G;
```

执行结果如下：

```
*************************** 1. row ***************************
       Table: SC
Create Table: CREATE TABLE 'sc' (
  'sno' char(9) NOT NULL COMMENT '学号',
  'cno' char(4) NOT NULL COMMENT '课程编号',
  'grade' float default NULL COMMENT '成绩',
  KEY 'S_FK' ('sno')
) ENGINE=InnoDB DEFAULT CHARSET=gbk
1 row in set (0.00 sec)
```

结果显示，sc 表中已经不存在外键了。

现在已经消除了 sc 表与 student 表的关联关系，即可直接使用 DROP TABLE 语句删除 student 表：

```
DROP TABLE student;
```

执行结果如下：

```
Query OK, 0 rows affected (0.00 sec)
```

结果显示操作成功。为了验证上面的操作，可以使用 DESC 语句查询 student 表是否存在：

```
mysql> DESC student;
```

执行结果如下：

```
ERROR 1146 (42S02): Table 'student.student' doesn't exist
```

结果显示 student 表已经不存在了，说明 student 表已经被删除。

9.3　MySQL 数据操作

本节介绍 MySQL 的常用数据操作，包括插入记录、查询记录、修改记录和删除记录。

9.3.1　插入记录

向表中插入全新的记录用 INSERT 语句，其语法格式如下：

```
INSERT [LOW_PRIORITY | DELAYED | HIGH_PRIORITY] [IGNORE]
    [INTO] 表名 [(列名,…)]
    VALUES (表达式 | DEFAULT,…)
    | SET 列名=表达式 | DEFAULT, …
    [ ON DUPLICATE KEY UPDATE 列名=表达式, … ];
```

说明：

- LOW_PRIORITY。可以使用在 INSERT、DELETE 和 UPDATE 等操作中，当原有客户端正在读取数据时，延迟操作的执行，直到没有其他客户端从表中读取为止。
- DELAYED。若使用此关键字，则服务器会把待插入的行放到一个缓冲器中，而发送 INSERT DELAYED 语句的客户端会继续运行。

- HIGH_PRIORITY。可以使用在 SELECT 和 INSERT 操作中，使操作优先执行。
- IGNORE。使用此关键字，在执行语句时出现的错误就会被当作警告处理。
- 列名。如果要给全部列插入数据，列名可以省略。如果只给表的部分列插入数据，需要指定这些列。
- VALUES 子句。包含各列需要插入的数据清单，数据的顺序要与列的顺序相对应。若表名后不给出列名，则在 VALUES 子句中要给出每一列(除 IDENTITY 和 timestamp 类型的列)的值，如果列值为空，则值必须置为 NULL，否则会出错。
- SET 子句。SET 子句用于给列指定值。使用 SET 子句时，表名的后面省略列名。要插入数据的列名在 SET 子句中指定，列名等号后面为指定数据。未指定的列，列值为默认值。
- ON DUPLICATE KEY UPDATE…。使用此选项插入行后，若导致 UNIQUE KEY 或 PRIMARY KEY 出现重复值，则根据 UPDATE 后的语句修改旧行(使用此选项时 DELAYED 被忽略)。

1. 为所有字段插入数据

利用 INSERT INTO 语句向表中插入新记录的语法格式如下：

```
INSERT [INTO] 表名 VALUES(记录 1) [,(记录 2),…]);
```

【例 9-17】 向数据表 Customers 中插入一条新记录。

```
mysql> INSERT INTO Customers VALUES(9,'李苹','女','1989-3-9','VIP');
```

【例 9-18】 向数据表 Customers 中插入两条新记录。

```
mysql> INSERT INTO Customers VALUES(10,'赵军','男','1972-7-8','贵宾'),(11,'孙海平','男','1958-9-21','VIP') ;
```

2. 为指定字段插入数据

为指定字段插入数据，需要在被插入数据表名后用括号将要插入数据的字段列出来，这里的字段顺序可以与表中不一致。其语法格式如下：

```
INSERT [INTO] 表名(字段列表) VALUES(记录 1) [,(记录 2),…]);
```

【例 9-19】 为 Customers 表添加一条新记录，其中缺少 Level 值。

```
mysql> INSERT INTO Customers(CustomerID,Name,Gender,BirthDay)
    VALUES (12,'吴向天','男','1974-8-18');
```

3. 用 INSERT…SET 语句插入数据

INSERT…SET 语句通过 SET 对指定字段插入值。其语法格式如下：

```
INSERT [INTO] 表名 SET 字段 1=值 1 [,字段 2=值 2,…]
```

【例 9-20】 为 Customers 表添加一条新记录，其中缺少 Level 值。

```
mysql> INSERT INTO Customers SET CustomerID=13,Name='郑心怡',
    BirthDay='1978-5-8',Gender='女';
```

9.3.2 查询记录

查询的实质是按照查询语句的要求将数据从指定数据表中查找出来，组成一个动态表。在 MySQL 中，查询操作是通过 SELECT 语句实现的。其语法格式如下：

```
SELECT
[DISTINCT | DISTINCTROW | 字段名 | * ]
FROM 表名
WHERE 条件
[GROUP BY 字段名]
[HAVING 条件]
[ORDER BY 字段名[ASC | DESC]]
[LIMIT 行数];
```

【例 9-21】 查询 Customers 表中的所有记录。

```
SELECT * FROM Customers;
```

更多数据查询方法将在第 10 章详细介绍。

9.3.3 修改记录

对数据表中的数据进行修改用 UPDATE 语句实现。

1. 修改单个表

修改单个表中数据的 UPDATE 语句的语法格式如下：

```
UPDATE [LOW_PRIORITY] [IGNORE] 表名
    SET 列名 1=表达式 1 [, 列名 2=表达式 2,…]
    [WHERE 条件]
    [ORDER BY …]
    [LIMIT 行数];
```

说明：

- SET 子句根据 WHERE 子句中指定的条件对符合条件的数据行进行修改。若 UPDATE 语句中不设定 WHERE 子句，则更新所有行。
- ORDER BY 子句指定修改记录行的顺序，此子句只在与 LIMIT 联用时才起作用。
- LIMIT 子句指定被修改的最大行数。

【例 9-22】 将 xscj 数据库的 xs 表中所有学生的总学分加 1。将姓名为“刘华”的学生的备注改为“辅修计算机专业”，学号改为“081250”。

```
UPDATE xs
    SET 总学分=总学分+ 1;
UPDATE xs
    SET 学号= '081250' , 备注= '辅修计算机专业'
    WHERE 姓名= '刘华';
SELECT 学号, 姓名, 总学分, 备注 FROM xs;
```

2. 修改多个表

修改多个表中数据的 UPDATE 语句的语法格式如下：

```
UPDATE [LOW_PRIORITY] [IGNORE] 表名 1 [, 表名 2,…]
    SET 列名 1=表达式 1 [, 列名 2=表达式 2,…]
    [WHERE 条件];
```

【例 9-23】 将 xs 表和 xs1 表中所有学生的总学分加 4。

```
UPDATE xs,xs1
    SET xs.总学分= xs.总学分+4, xs1.总学分= xs1.总学分+4
    WHERE xs.学号 = xs1.学号;
```

9.3.4 删除记录

删除记录也是重要的数据库操作之一。删除操作用 DELETE 语句实现。

1. 从单个表中删除记录

从单个表中删除记录的 DELETE 语句的语法格式如下：

```
DELETE [LOW_PRIORITY] [QUICK] [IGNORE] FROM 表名
    [WHERE 条件]
    [ORDER BY …]
    [LIMIT 行数];
```

说明：

- QUICK 修饰符可以加快部分类型的删除操作的速度。
- FROM 子句指定要删除记录的表名。
- WHERE 子句指定删除记录的条件。如果省略 WHERE 子句，则删除该表的所有行。
- ORDER BY 子句指定删除的顺序，此子句只在与 LIMIT 联用时才起作用。
- LIMIT 子句指定被删除的最大行数。

【例 9-24】 删除 xscj 表中姓名是“李明”的记录。

可使用如下语句：

```
USE xscj;
DELETE FROM xs1 WHERE 姓名= '李明';
```

2. 从多个表中删除记录

删除操作若要在多个表中进行，DELETE 语句的语法格式如下：

```
DELETE [LOW_PRIORITY] [QUICK] [IGNORE] 表名[.*] [, 表名[.*],…]
    FROM 表名 1 [, 表名 2,…]
    [WHERE 条件];
```

或

```
DELETE [LOW_PRIORITY] [QUICK] [IGNORE]
    FROM 表名[.*] [, 表名[.*],…]
    USING 表名 1 [, 表名 2,…]
    [WHERE 条件];
```

说明：第一种语法格式只删除列于 FROM 子句之前的表中对应的行；对于第二种语法格式只删除列于 FROM 子句中(在 USING 子句之前)的表中对应的行。DELETE 语句中后一个表名列表的作用是指定使用其他的表进行搜索。

【例 9-25】　将 xs 表和 xs1 表中学号相同的学生在 xscj 数据库中的记录删除。

使用如下语句：

```
USE xscj;
DELETE xs, xs1
    FROM xs, xs1
    WHERE xs.学号=xs1.学号;
```

或

```
DELETE FROM xs, xs1
    USING xs, xs1
    WHERE xs.学号=xs1.学号;
```

9.4　实战

9.4.1　操作 teacher 表

（1）创建一个名为 teacher 的数据表，num 为教师号，name 为教师姓名，zc 为职称，gz 为工资。

操作如图 9-10 所示。

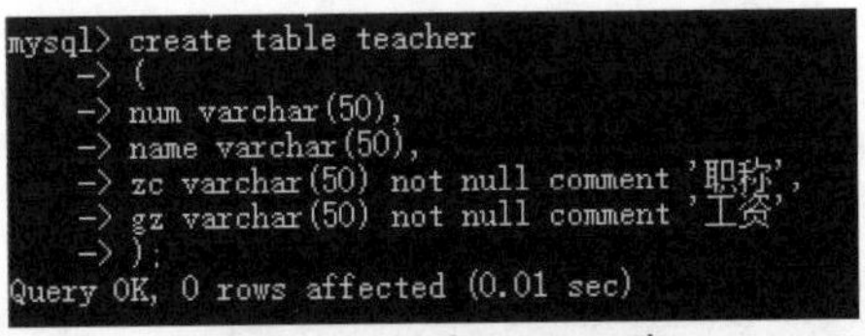

```
mysql> create table teacher
    -> (
    -> num varchar(50),
    -> name varchar(50),
    -> zc varchar(50) not null comment '职称',
    -> gz varchar(50) not null comment '工资'
    -> );
Query OK, 0 rows affected (0.01 sec)
```

图 9-10　创建 teacher 表

（2）插入表 9-2 所示的数据。

表 9-2　插入 teacher 表的数据

教　师　号	教 师 姓 名	职　　称	工资/元
200101	张玲	教授	5000
200102	李想	副教授	4000
200103	王冬梅	副教授	4000
200104	陈明	讲师	3000

操作如图 9-11 所示。

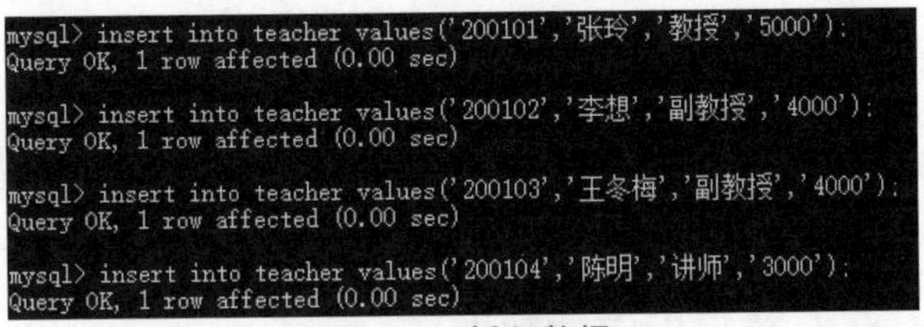

```
mysql> insert into teacher values('200101','张玲','教授','5000');
Query OK, 1 row affected (0.00 sec)

mysql> insert into teacher values('200102','李想','副教授','4000');
Query OK, 1 row affected (0.00 sec)

mysql> insert into teacher values('200103','王冬梅','副教授','4000');
Query OK, 1 row affected (0.00 sec)

mysql> insert into teacher values('200104','陈明','讲师','3000');
Query OK, 1 row affected (0.00 sec)
```

图 9-11　插入数据

（3）查询 teacher 表，如图 9-12 所示。

```
mysql> select * from teacher;
```

num	name	zc	gz
200101	张玲	教授	5000
200102	李想	副教授	4000
200103	王冬梅	副教授	4000
200104	陈明	讲师	3000

```
4 rows in set (0.00 sec)
```

图 9-12 查询 teacher 表

9.4.2 登录数据库系统

1. 用 MySQL 客户端方式登录

MySQL 安装和配置完后，在 Windows 桌面选择“开始”→“程序”→MySQL→MySQL Server 5.1→MySQL Command Line Client 命令，进入 MySQL 客户端。在窗口中输入密码，以 root 用户身份登录 MySQL 服务器，在窗口中出现 mysql>命令提示符，如图 9-13 所示。在命令提示符后面输入 SQL 语句就可以操作 MySQL 数据库。以 root 用户身份登录后，可以对数据库进行所有的操作。

2. 用 DOS 窗口命令方式

在 Windows 操作系统下还可以使用 DOS 窗口登录 MySQL 系统。选择“开始”→“运行”命令，打开“运行”对话框，如图 9-14 所示。在“运行”对话框的“打开”文本框中输入 cmd 命令，单击“确定”按钮，即可进入 DOS 窗口。

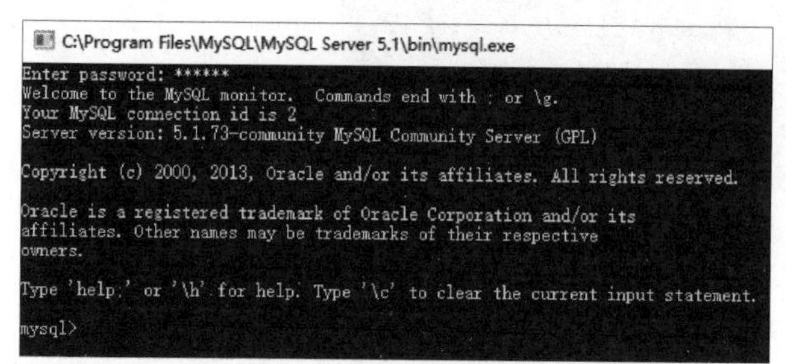

图 9-13 在 MySQL 客户端窗口中登录 MySQL 系统

图 9-14 “运行”对话框

连接数据库命令格式如下：

```
mysql -u 用户名 -h 服务地址 -p
```

在 DOS 窗口中，输入

```
cd Program Files\MySQL\MySQL Server 5.1\bin
```

进入 MySQL 可执行程序目录，再输入

```
mysql -u root -p
```

按 Enter 键后输入密码(使用安装 MySQL 时设置的密码)，显示如图 9-15 所示的欢迎信息。

9.4.3 读取 MySQL 数据库中的数据

使用 PHP 语言操作数据库的一般步骤如下：

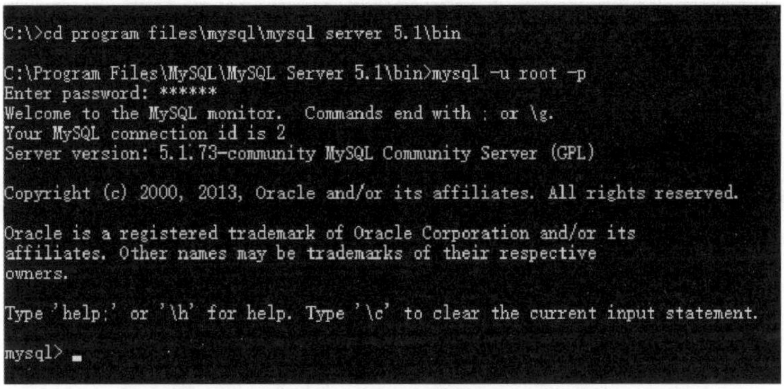

```
C:\>cd program files\mysql\mysql server 5.1\bin

C:\Program Files\MySQL\MySQL Server 5.1\bin>mysql -u root -p
Enter password: ******
Welcome to the MySQL monitor.  Commands end with ; or \g.
Your MySQL connection id is 2
Server version: 5.1.73-community MySQL Community Server (GPL)

Copyright (c) 2000, 2013, Oracle and/or its affiliates. All rights reserved.

Oracle is a registered trademark of Oracle Corporation and/or its
affiliates. Other names may be trademarks of their respective
owners.

Type 'help;' or '\h' for help. Type '\c' to clear the current input statement.

mysql>
```

图 9-15 在 DOS 窗口中登录 MySQL 系统

(1) 使用 mysqli_connect()函数连接 MySQL 服务器。

(2) 使用 mysqli_select_db()函数选择数据库。

(3) 构建 SQL 语句。

(4) 使用 mysqli_query()函数执行 SQL 语句。

(5) 使用 mysqli_num_rows()、mysqli_fetch_rows()、mysqli_fetch_array()等函数处理查询结果集中的记录。

(6) 完成一次数据库服务器的使用后,使用 mysqli_close()函数关闭 MySQL 连接。

现对上述操作步骤中的函数进行详细说明。

(1) mysqli_connect()函数用于连接到 MySQL 数据库。

格式:mysqli_connect('MySQL 服务器地址','用户名','用户密码','要连接的数据库名','端口号')

说明:前 3 个参数是必选项,最后一个参数是可选项。MySQL 服务器连接成功后,可以使用 mysqli_get_server_info(link)函数获取 MySQL 服务器的版本信息,使用 mysqli_get_host_info(link)函数获取 MySQL 服务器主机名和连接类型。如果失败,可以使用 mysqli_connect_errno()函数获取错误信息。

(2) mysqli_select_db()函数用于选择打开指定的数据库或更改已选择的数据库。

格式:mysqli_select_db(MySQL 服务器连接对象,数据库名)

说明:如果在 mysqli_connect()函数中未指定数据库,则用 mysqli_select_db()函数打开要操作的数据库;如果在 mysqli_connect()函数中已指定数据库,用 mysqli_select_db()函数更改要操作的数据库。

(3) mysqli_query()函数用于执行 SQL 语句。

格式:mysqli_query(MySQL 服务器连接对象,SQL 语句)

说明:两个参数都是必选项,一个是 MySQL 服务器连接对象,另一个是以字符串表示的 SQL 语句。

(4) mysqli_num_rows()函数用于获取查询结果集中的记录数。

格式:mysqli_num_rows(result)

说明:result 是查询结果对象,此函数只对 SELECT 语句有效。

(5) mysqli_fetch_rows()函数用于获取结果集中的一条记录作为枚举数组。

执行 select 查询操作后,使用 mysqli_fetch_rows()函数可以从查询结果中取出数据。

如果想逐行取出每条数据,可以结合循环语句输出。

格式:mysqli_ fetch_rows(result)

说明:result 是查询结果对象。

(6) mysqli_fetch_array()函数用于获取结果集记录。

格式:mysqli_fetch_array(resul)

说明:result 是查询结果对象。如果记录指针指向的记录存在,则获取该记录的所有列,以数组形式保存;如果记录指针指向最后一条记录之后,则返回 false。

(7) mysqli_close()函数用于关闭 MySQL 服务器连接。

格式:mysqli_close(需要关闭的 MySQL 服务器连接对象)

说明:在完成了一次 MySQL 服务器的使用后,需要关闭此连接,以免对 MySQL 服务器中的数据进行误操作并对资源进行释放。MySQL 服务器连接的数据类型也是对象。

以下通过实例说明 PHP 如何读取 MySQL 数据库中的数据。假设 MySQL 服务器是本地服务器,用户名是 root,数据库密码是 123456。

首先,创建名为 usedb 的数据库,并在数据库中创建表 userinfo,其结构如表 9-3 所示。

表 9-3 userinfo 表结构

字段名称	字段说明	类型和长度	是否允许为空	其他
username	用户名	varchar(30)	not null	主键
sex	性别	varchar(30)	not null	
truename	真实姓名	varchar(30)	not null	
phoneno	电话号码	varchar(11)	not null	

【例 9-26】 创建数据库和表。代码如下:

```
<?php
$conn=mysqli_connect('localhost','root','123456');          //连接 MySQL 服务器
if(!$conn){
    echo "服务器连接错误:".mysqli_connect_errno();
}
else{
    $sql="create database userdb default charset=utf8";     //创建数据库 userdb
    if(mysqli_query($conn,$sql)){
        echo "创建数据库成功!<br/>";
    }
    else{
        echo "创建数据库失败!<br/>";
    }
    mysqli_select_db($conn,'userdb');                        //选择数据库 userdb
    //创建表 userinfo
    $sql="create table userinfo(username varchar(18) not null primary key, sex
varchar(2) not null, truename varchar (18) not null, phoneno varchar (11) not
null)";
    if(mysqli_query($conn,$sql)){
        echo "创建表成功!<br/>";
    }
    else
        echo "创建表失败!<br/>";
}
```

```
mysqli_close($conn);
?>
```

运行结果如图 9-16 所示。

图 9-16　创建数据库和表

然后，在 userinfo 表中插入如表 9-4 所示的记录。

表 9-4　在 userinfo 表中插入的记录

序　　号	username	sex	truename	phoneno
1	zhangping	男	张平	13233567890
2	lili	女	李丽	13967543323
3	zhaowen	男	赵文	13654378965

【例 9-27】　在表中插入记录。

```
<?php
//连接 MySQL 服务器并打开 userdb 数据库
$conn=mysqli_connect('localhost','root','123456','userdb');
//构建 SQL 语句
$sql="insert into userinfo (username,sex,truename,phoneno) values
    ('zhangping','男','张平','13233567890'),
    ('lili','女','李丽','13967543323'),
    ('zhaowen','男','赵文','13654378965')";
//执行查询
if(mysqli_query($conn,$sql)){
    echo "插入表成功!<br/>";
}
else
    echo "插入表失败!<br/>";
mysqli_close($conn);
?>
```

运行结果如图 9-17 所示。

图 9-17　在表中插入记录

最后，在网页上显示 userinfo 表的所有记录。

【例 9-28】　显示 userinfo 表的所有记录。代码如下：

```
<?php
//连接 MySQL 服务器并打开 userdb 数据库
$conn=mysqli_connect('localhost','root','123456','userdb');
$sql="select * from userinfo";
$result=mysqli_query($conn,$sql);
```

```
?>
<style>
<!--
table td{height:30px; width:80px;  vertical-align:middle; text-align:center;
font-size:11pt;}
p{font-size:12pt;}
-->
</style>
<p align="center">显示表中数据</p>
<table cellpadding="0" cellspacing="0" align="center" border="1" width="600">
    <tr bgcolor="eeeeee"><td>用户名</td><td>性别</td><td>真实姓名</td><td>
电话号码</td></tr>
    <?php
    //获取查询结果集的记录存放在数组$row中,然后循环显示
    while ($row=mysqli_fetch_array($result)){
        echo "<tr>";
        echo "<td>".$row['username']."</td>";
        echo "<td>".$row['sex']."</td>";
        echo "<td>".$row['truename']."</td>";
        echo "<td>".$row['phoneno']."</td>";
        echo "</tr>";
    }
    mysqli_close($conn);
    ?>
    </table>
```

运行结果如图 9-18 所示。

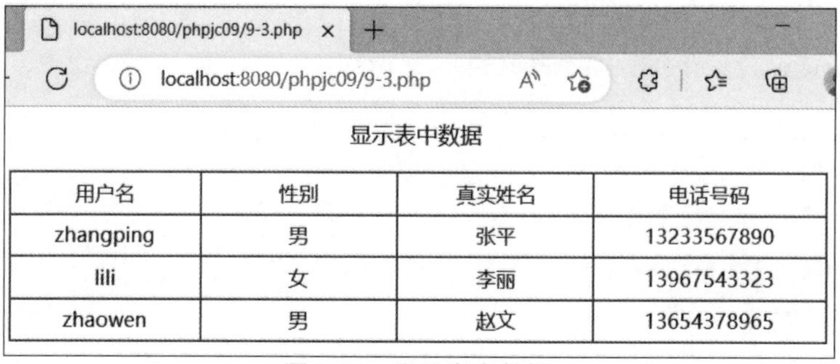
localhost:8080/phpjc09/9-3.php
localhost:8080/phpjc09/9-3.php
显示表中数据

用户名	性别	真实姓名	电话号码
zhangping	男	张平	13233567890
lili	女	李丽	13967543323
zhaowen	男	赵文	13654378965

图 9-18　显示表中数据

9.4.4　备份和恢复 MySQL 数据库

下面使用 Java 实现 MySQL 数据库的备份和恢复。

数据库备份代码如下：

```
//将数据库备份到 D 盘 test.sql 文件中
//mysqldump -h 端口号 -u 用户 -p 密码 数据库 > d:/test.sql
public static void dataBaseDump (String port, String username, String password,
String databasename, String sqlname) throws Exception {
    File file = new File("F:\\test");
    if(!file.exists()){
        file.mkdir();
    }
```

```
    File datafile = new File(file+File.separator+sqlname+".sql");
    if(datafile.exists()){
        System.out.println(sqlname+"文件名已存在,请更换");
        return;
    }
    //拼接 cmd 命令
    Process exec = Runtime.getRuntime().exec("cmd /c mysqldump -h"+port+" -u "
+username+" -p"+password+" "+databasename+" > "+datafile);
    if(exec.waitFor() == 0){
        System.out.println("数据库备份成功,备份路径为:"+datafile);
    }
}
```

数据库恢复代码如下：

```
//将 D 盘 test.sql 文件恢复到数据库中
//mysql -h 端口号 -u 用户 -p 密码 数据库 < d:/test.sql
public static void backup(String port, String username, String password, String
databasename,String sqlname) throws Exception {
    File datafile = new File("F:\\test\\"+sqlname+".sql");
    if(!datafile.exists()){
        System.out.println(sqlname+"文件不存在,请检查");
        return ;
    }
    //拼接 cmd 命令
    Process exec = Runtime.getRuntime().exec("cmd /c mysql -h"+port+" -u "+
username+" -p"+password+" "+databasename+" < "+datafile);
    if(exec.waitFor() == 0){
        System.out.println("数据库还原成功,还原的文件为:"+datafile);
    }
}
```

9.4.5 查看表的详细结构

查看表的详细结构使用 SHOW CREATE TABLE 语句,语法如下：

```
SHOW CREATE TABLE 表名\G
```

【例 9-29】 查看表 teacher 的详细结构。

```
SHOW CREATE TABLE teacher\G
```

运行结果如图 9-19 所示。

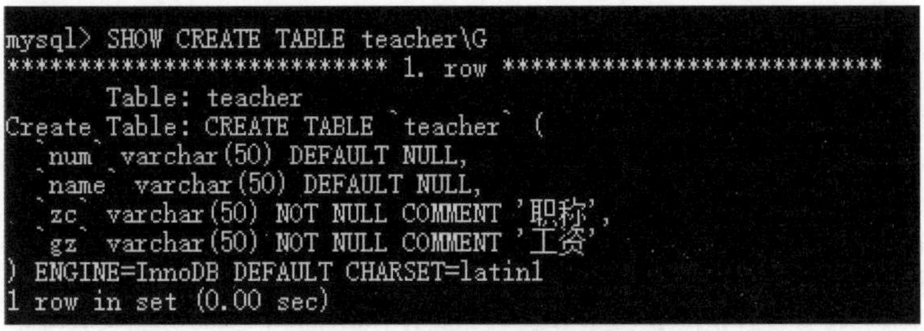

```
mysql> SHOW CREATE TABLE teacher\G
*************************** 1. row ***************************
       Table: teacher
Create Table: CREATE TABLE `teacher` (
  `num` varchar(50) DEFAULT NULL,
  `name` varchar(50) DEFAULT NULL,
  `zc` varchar(50) NOT NULL COMMENT '职称',
  `gz` varchar(50) NOT NULL COMMENT '工资'
) ENGINE=InnoDB DEFAULT CHARSET=latin1
1 row in set (0.00 sec)
```

图 9-19 查看表的详细结构

学习成果达成与测评

<table>
<tr><td>学号</td><td></td><td>姓名</td><td></td><td>项目序号</td><td></td><td>项目名称</td><td></td><td>学时</td><td>6</td><td>学分</td><td></td></tr>
<tr><td>职业技能等级</td><td colspan="2">中级</td><td colspan="2">职业能力</td><td colspan="5"></td><td>任务量数</td><td></td></tr>
<tr><td>序号</td><td colspan="10">评价内容</td><td>分数</td></tr>
<tr><td>1</td><td colspan="10">熟练掌握 MySQL 数据库创建、删除、查看的方法</td><td>10</td></tr>
<tr><td>2</td><td colspan="10">掌握 MySQL 数据表的创建、修改、删除等操作</td><td>30</td></tr>
<tr><td>3</td><td colspan="10">掌握 MySQL 数据表中记录的插入、删除、修改等操作</td><td>30</td></tr>
<tr><td rowspan="2">考核评价</td><td colspan="10">总分数</td><td></td></tr>
<tr><td colspan="11">指导教师评语</td></tr>
<tr><td>备注</td><td colspan="11">奖励：
(1) 可以按照完成质量给予 1～10 分奖励。
(2) 每超额完成一个任务加 3 分。
(3) 巩固提升任务完成情况优秀，加 2 分。
惩罚：
(1) 完成任务超过规定时间，扣 2 分。
(2) 完成任务有缺项，每项扣 2 分。
(3) 任务实施报告中有歪曲事实、杜撰或抄袭内容者不予评分。</td></tr>
</table>

学习成果实施报告书

<table>
<tr><td>题目</td><td colspan="5"></td></tr>
<tr><td>班级</td><td></td><td>姓名</td><td></td><td>学号</td><td></td></tr>
<tr><td colspan="6">任务实施报告</td></tr>
<tr><td colspan="6">简要记述完成的各项任务，描述任务规划以及实施过程、遇到的重点难点以及解决过程，字数不少于 800 字。</td></tr>
<tr><td colspan="6">考核评价(10 分制)</td></tr>
<tr><td colspan="4" rowspan="2">教师评语：</td><td>态度分数</td><td></td></tr>
<tr><td>工作量分数</td><td></td></tr>
<tr><td colspan="6">考 核 标 准</td></tr>
<tr><td colspan="6">(1) 在规定时间内完成任务。
(2) 操作规范。
(3) 任务实施报告书内容真实可靠、条理清晰、文字流畅、逻辑性强。
(4) 没有完成工作量扣 1 分，有抄袭内容扣 5 分。</td></tr>
</table>

第10章

MySQL数据查询

知识导读

在数据库应用中，最常用的操作是查询，它是数据库的其他操作（如统计、插入、删除和修改）的基础。在 MySQL 中，对数据库的查询使用 SELECT 语句。SELECT 语句的功能非常强大，使用灵活。本章将介绍利用该语句对数据库进行各种查询的方法。

学习目标

- 掌握查询语句的基本语法。
- 掌握集合函数的使用。
- 掌握多表联合查询语法。
- 掌握子查询的语法。
- 掌握为表和字段取别名的基本语法。

10.1 基本查询语句

查询数据是数据库操作中最常用的一项。通过对数据库的查询，用户可以从数据库中获取需要的数据。数据库中可能包含无数的表，表中可能包含无数的记录。因此，要获得所需的数据并非易事。在 MySQL 中可以使用 SQL 语句查询数据。根据查询的条件不同，数据库系统会找到不同的数据。通过 SQL 语句可以很方便地获取所需的信息。

在 MySQL 中，SELECT 语句的基本语法如下：

```
SELECT 属性列表
    FROM 表名和视图列表
    WHERE 条件表达式 1
    GROUP BY 属性名 1[HAVING 条件表达式 2]
    ORDER BY 属性名 2[ASC | DESC];
```

说明：

- “属性列表”参数表示需要查询的字段名，它控制的是最终结果的显示方式。
- “表名和视图列表”参数表示从此处指定的表或者视图中查询数据。表和视图可以有多个。如果查询的数据来自一个表，称为单表查询；如果查询在多个表中进行，则称为多表查询。
- “条件表达式 1”参数指定查询条件，我们可以理解为要让哪些记录的数据显示出来。

- “属性名 1”参数指定按该字段中的数据进行分组。
- “条件表达式 2”参数表示满足该表达式的数据才能输出。
- “属性名 2”参数指按该字段中的数据进行排序，排序方式由 ASC 和 DESC 两个选项指出。ASC 表示按升序进行排序，这是默认参数；DESC 表示按降序进行排序。升序指数值按从小到大的顺序排列，例如{1,2,3}；降序指数值按从大到小的顺序排列，例如{3,2,1}。
- 如果有 WHERE 子句，就按照“条件表达式 1”指定的条件进行查询；否则查询所有记录。
- 如果有 GROUP BY 子句，就按照“属性名 1”指定的字段进行分组。如果 GROUP BY 子句后带 HAVING 关键字，那么只有在满足“条件表达式 2”中指定条件的情况下才能够输出。GROUP BY 子句通常和 COUNT()、SUM()等集合函数一起使用。
- 如果有 ORDER BY 子句，就按照“属性名 2”指定的字段进行排序。排序方式由 ASC 和 DESC 两个选项确定。默认的情况下是 ASC。

10.2 单表查询

查询数据时，可以从一张表中查询，也可以从多张表中同时查询，两者的主要区别体现为 FROM 子句中是一个表名还是多个表名。单表查询只涉及一张表的数据，它的 FROM 子句中只有一个表名。本节更关注的是结果的显示方式和条件控制。

SELECT 语句主要控制的是查询结果的显示方式。它可以从两方面实现有效控制：

(1) 控制显示的字段。通过 SELECT 语句，可以决定表中哪些字段的值显示，哪些字段的值不显示。

(2) 控制显示的字段样式。如果要在原始字段名的基础上做修改，或者在原始值的基础上做运算，都可以通过 SELECT 语句达到目的。需要注意的是，SELECT 语句只控制本次查询的结果，并不影响实际的表数据。也就是说，即使在 SELECT 语句中对某些字段中的数据做了一些运算，也不会影响实际的表数据。

10.2.1 查询所有字段

在 MySQL 中有两种方式可以查询表中所有字段。

1. 使用通配符 *

在 MySQL 中，可以在 SELECT 语句的“属性列表”中用通配符 * 表示要查询表中的所有字段。

【例 10-1】 查询 student 表中的所有数据。

SELECT 语句如下：

```
SELECT * FROM student;
```

执行结果如图 10-1 所示。

2. 列举所有字段名

从图 10-1 可以看到，student 表中包含 5 个字段，分别是 sno、sname、ssex、sbirthday 和

sno	sname	ssex	sbirthday	sdept
00001	阿三	男	1900-01-01	通信系
200515001	赵菁菁	女	1994-08-10	网络系
200515002	李勇	男	1993-02-24	网络系
200515003	张力	男	1992-06-12	网络系
200515004	张衡	男	1995-01-04	软件系
200515005	张向东	男	1992-12-24	软件系
200515006	张向丽	女	1994-04-12	软件系
200515007	王芳	女	1993-10-05	网络系
200515008	王明生	男	1991-09-16	通信系
200515009	王小丽	女	1993-08-18	通信系
200515010	李晨	女	1993-12-01	通信系
200515011	张毅	男	1993-02-24	外语系
200515012	杨丽华	女	1994-02-01	英语系
200515013	李芳	女	1992-05-03	通信系
200515014	张丰毅	男	1995-05-05	网络系
200515015	李雷	女	1994-03-02	英语系
200515016	刘杜	男	1992-07-02	中文系
200515017	刘星耀	男	1994-06-17	数学系
200515018	李贵	男	1994-02-17	英语系
200515019	林自许	男	1991-07-23	网络系
200515020	马翔	男	1993-09-24	网络系
200515021	刘峰	男	1994-01-18	网络系
200515022	朱晓鸥	女	1994-01-01	软件系
200515023	牛站强	男	1993-07-28	中文系
200515024	李婷婷	女	1993-01-29	通信系
200515025	严丽	女	1992-07-12	数学系

26 rows in set (0.00 sec)

图 10-1　用 * 查询所有字段的执行结果

sdept。也可以逐一将要显示的字段名列举在 SELECT 语句中，如下所示：

```
SELECT sno, sname, ssex, sbirthday, sdept FROM student ;
```

执行结果如图 10-2 所示。

sno	sname	ssex	sbirthday	sdept
00001	阿三	男	1900-01-01	通信系
200515001	赵菁菁	女	1994-08-10	网络系
200515002	李勇	男	1993-02-24	网络系
200515003	张力	男	1992-06-12	网络系
200515004	张衡	男	1995-01-04	软件系
200515005	张向东	男	1992-12-24	软件系
200515006	张向丽	女	1994-04-12	软件系
200515007	王芳	女	1993-10-05	网络系
200515008	王明生	男	1991-09-16	通信系
200515009	王小丽	女	1993-08-18	通信系
200515010	李晨	女	1993-12-01	通信系
200515011	张毅	男	1993-02-24	外语系
200515012	杨丽华	女	1994-02-01	英语系
200515013	李芳	女	1992-05-03	通信系
200515014	张丰毅	男	1995-05-05	网络系
200515015	李雷	女	1994-03-02	英语系
200515016	刘杜	男	1992-07-02	中文系
200515017	刘星耀	男	1994-06-17	数学系
200515018	李贵	男	1994-02-17	英语系
200515019	林自许	男	1991-07-23	网络系
200515020	马翔	男	1993-09-24	网络系
200515021	刘峰	男	1994-01-18	网络系
200515022	朱晓鸥	女	1994-01-01	软件系
200515023	牛站强	男	1993-07-28	中文系
200515024	李婷婷	女	1993-01-29	通信系
200515025	严丽	女	1992-07-12	数学系

26 rows in set (0.00 sec)

图 10-2　列举字段名的查询结果

这种方式同样也可以查询表中所有字段的数据。只是在写代码的时候需要明确表中每一个字段的具体名字。

使用 DESC 语句可以查询表的结构。如图 10-3 所示，最左边的一列显示的就是 student 表中的字段名，此结果中字段名的顺序就代表表中各字段的顺序。

Field	Type	Null	Key	Default	Extra
sno	char(9)	NO	PRI	NULL	
sname	varchar(10)	NO		NULL	
ssex	char(2)	YES		NULL	
sbirthday	date	YES		NULL	
sdept	varchar(8)	NO		NULL	

5 rows in set (0.02 sec)

图 10-3 查询表的结构

如果希望查询结果的字段显示顺序与默认顺序不一致，或者只需要查询表中的部分字段，只需要修改 SELECT 语句中的字段名及字段顺序，就可以达到目的了。

10.2.2 查询指定字段

【例 10-2】 查询所有学生的姓名、性别、出生日期和系别。

SELECT 语句如下：

```
SELECT sname, ssex, sbirthday, sdept FROM student;
```

执行结果如图 10-4 所示。

sname	ssex	sbirthday	sdept
阿三	男	1900-01-01	通信系
赵菁菁	女	1994-08-10	网络系
李勇	男	1993-02-24	网络系
张力	男	1992-06-12	网络系
张衡	男	1995-01-04	软件系
张向东	男	1992-12-24	软件系
张向丽	女	1994-04-12	软件系
王芳	女	1993-10-05	网络系
王明生	男	1991-09-16	通信系
王小丽	女	1993-08-18	通信系
李晨	女	1993-12-01	通信系
张毅	男	1993-02-24	外语系
杨丽华	女	1994-02-01	英语系
李芳	女	1992-05-03	通信系
张丰毅	男	1995-05-05	网络系
李雷	女	1994-03-02	英语系
刘杜	男	1992-07-02	中文系
刘星耀	男	1994-06-17	数学系
李贵	男	1994-02-17	英语系
林自许	男	1991-07-23	网络系
马翔	男	1993-09-24	网络系
刘峰	男	1994-01-18	网络系
朱晓鸥	女	1994-01-01	软件系
牛站强	男	1993-07-28	中文系
李婷婷	女	1993-01-29	通信系
严丽	女	1992-07-12	数学系

26 rows in set (0.00 sec)

图 10-4 查询指定字段的执行结果

结果显示了 sname、ssex、sbirthday、sdept 4 个字段的数据。结果中字段的排列顺序与 SQL 语句中字段名的排列顺序相同。如果改变 SQL 语句中字段名的排列顺序，可以改变结果中字段的显示顺序。例如：

```
SELECT sname, ssex, sdept , sbirthday FROM student;
```

代码执行结果如图 10-5 所示。

sname	ssex	sdept	sbirthday
阿三	男	通信系	1900-01-01
赵菁菁	女	网络系	1994-08-10
李勇	男	网络系	1993-02-24
张力	男	网络系	1992-06-12
张衡	男	软件系	1995-01-04
张向东	男	软件系	1992-12-24
张向丽	女	软件系	1994-04-12
王芳	女	网络系	1993-10-05
王明生	男	通信系	1991-09-16
王小丽	女	通信系	1993-08-18
李晨	女	通信系	1993-12-01
张毅	男	外语系	1993-02-24
杨丽华	女	英语系	1994-02-01
李芳	女	通信系	1992-05-03
张丰毅	男	网络系	1995-05-05
李雷	女	英语系	1994-03-02
刘杜	男	中文系	1992-07-02
刘星耀	男	数学系	1994-06-17
李贵	男	英语系	1994-02-17
林自许	男	网络系	1991-07-23
马翔	男	网络系	1993-09-24
刘峰	男	网络系	1994-01-18
朱晓鸥	女	软件系	1994-01-01
牛站强	男	中文系	1993-07-28
李婷婷	女	通信系	1993-01-29
严丽	女	数学系	1992-07-12

26 rows in set (0.00 sec)

图 10-5 改变字段排列顺序的执行结果

注意：查询的字段必须包含在表中，否则系统会报错。例如，在 student 表中查询 age 字段，系统会出现如图 10-6 所示的错误提示信息。

```
ERROR 1054 (42S22): Unknown column 'age' in 'field list'
```

图 10-6 字段名错误提示信息

10.2.3 查询指定记录

在 SELECT 语句中可以设置查询条件。

WHERE 子句用来对表中的行进行某种条件筛选。例如，用户需要查找 sno 为 200515001 的记录，可以设置 WHERE sno=200515001 为查询条件，这样，查询结果中就会显示满足该条件的记录。WHERE 子句的语法格式如下：

```
WHERE 条件表达式
```

其中，“条件表达式”参数指定查询条件。

【例 10-3】 查询 student 表中 sno 为 200515001 的记录。

SELECT 语句如下：

```
SELECT * FROM student WHERE sno=200515001;
```

执行结果如图 10-7 所示。

查询结果中只包含 sno 为 200515001 的记录。如果根据指定的条件进行查询时没有得到任何结果，系统会提示 Empty set，即结果集为空，如图 10-8 所示。

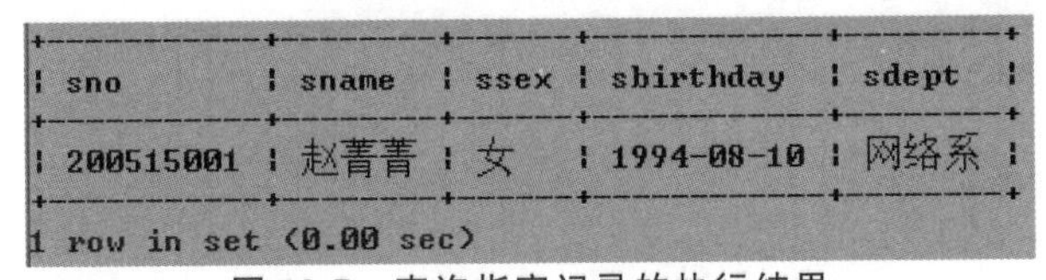

图 10-7　查询指定记录的执行结果

```
Empty set (0.00 sec)
```

图 10-8　查询无结果

WHERE 子句常用的查询条件如表 10-1 所示。

表 10-1　WHERE 子句常用的查询条件

查询条件	符号或关键字
比较	=、<、<=、>、>=、!=、<>、!>、!<
指定范围	BETWEEN…AND/NOT BETWEEN…AND
指定集合	IN/NOT IN
通配字符	LIKE/NOT LIKE
是否为空值	IS NULL/IS NOT NULL
多个查询条件	AND/OR

在表 10-1 中，<>表示不等于，其作用等价于!=；!>表示不大于，等价于<=；!<表示不小于，等价于>=；BETWEEN…AND 指定某字段的取值范围；IN 指定某字段的取值集合；IS NULL 用来判断某字段的取值是否为空；AND 和 OR 用来连接多个查询条件。关于这些查询条件的内容，后面会详细地介绍。

注意：条件表达式中设置的条件越多，查询得到的记录就会越少。

10.2.4　带 IN 关键字的查询

IN 关键字可以判断某个字段的值是否在指定的集合中。如果是，则满足查询条件，该记录将被查询出来；否则不满足查询条件。IN 关键字的语法格式如下：

```
[NOT] IN(元素 1,元素 2,…,元素 n)
```

其中，NOT 是可选项，加上 NOT 表示不满足集合内的条件；元素 1，元素 2，…，元素 n 表示集合中的元素，各元素之间用逗号隔开，字符串型元素需要加上单引号或双引号。

【例 10-4】　查询学号为 200515001 或 200515002 的学生的记录。

本例与例 10-3 的思路基本一致，只是在第 3 步明确最终要显示的行数据时多了一个条件，即学号是 200515001 或 200515002。也可以说，学号只要等于 200515001 和 200515002 之一即可。其 SELECT 语句如下：

```
SELECT * FROM student WHERE sno IN ( 200515001, 200515002);
```

执行结果如图 10-9 所示。

sno	sname	ssex	sbirthday	sdept
200515001	赵菁菁	女	1994-08-10	网络系
200515002	李勇	男	1993-02-24	网络系

2 rows in set (0.00 sec)

图 10-9　IN 关键字的使用

结果显示,sno 字段的取值为 200515001 或 200515002 的记录都被查询出来了。如果集合中的元素为字符串,需要加上单引号或双引号。例如,查询姓名为"李勇"或"张力"的记录的 SELECT 语句和执行结果如图 10-10 所示。

sno	sname	ssex	sbirthday	sdept
200515002	李勇	男	1993-02-24	软件系
200515003	张力	男	1992-06-12	网络系

2 rows in set (0.00 sec)

图 10-10　字符串加单引号

如果要查询的条件为某个字段的取值不在指定的集合中,例如,若要把例 10-4 中查询的条件改为 sno 取值既不是 200515001 也不是 200515002,应该怎么写查询语句呢?

只需要加上 NOT 这个可选项便可实现:

```
SELECT * FROM student WHERE sno NOT IN (200515001, 200515002)
```

就表示学号的取值不在指定的集合中。

10.2.5　指定范围的查询

BETWEEN…AND 关键字可以判断字段的值是否在指定的范围内。如果字段的值在指定范围内,则满足查询条件,可查询出相应的记录;否则不满足查询条件。其语法格式如下:

```
[NOT] BETWEEN 取值 1 AND 取值 2
```

其中,NOT 是可选项,加上 NOT 表示不在指定范围内时满足条件;取值 1 表示范围的起始值;取值 2 表示范围的终止值。

【例 10-5】 查询年龄为 15～25 岁的学生的信息。

SELECT 语句如下:

```
SELECT * FROM student WHERE sno BETWEEN 200515001 AND 200515002;
```

执行结果如图 10-11 所示。

由结果可以知道,BETWEEN…AND 指定的范围是大于或等于取值 1 且小于或等于取值 2,因此 NOT BETWEEN…AND 指定的取值范围是小于取值 1 或者大于取值 2。

10.2.6　字符串匹配查询

LIKE 关键字可以匹配字符串。如果字段的值与指定的字符串相同,则满足查询条件,

sno	sname	ssex	sbirthday	sdept
200515001	赵菁菁	女	1994-08-10	网络系
200515002	李勇	男	1993-02-24	网络系

2 rows in set (0.00 sec)

图 10-11 BETWEEN…AND 关键字的使用

可查询出相应的记录;否则不满足查询条件。其语法格式如下：

```
[ NOT] LIKE '字符串'
```

其中,NOT 是可选项,加上 NOT 表示与指定的字符串不匹配时满足条件;“字符串”指定用来匹配的字符串,该字符串必须加单引号或者双引号。

“字符串”参数的值可以是一个完整的字符串,也可以包含百分号(%)或者下画线(_)这两个通配符。

- 百分号可以代表任意长度的字符串,长度可以为 0。例如,b%k 表示以字母 b 开头、以字母 k 结尾的任意长度的字符串,该字符串可以是 bk、buk、book、break、bedrock 等。
- 下画线只能表示单个字符。例如,b_k 表示以字母 b 开头、以字母 k 结尾的 3 个字符,中间的下画线可以代表任意一个字符,该字符串可以是 bok、bak 和 buk 等。

【例 10-6】 查询姓名为“李勇”的记录。

SELECT 语句如下：

```
SELECT * FROM student WHERE sname LIKE '李勇';
```

执行结果如图 10-12 所示。

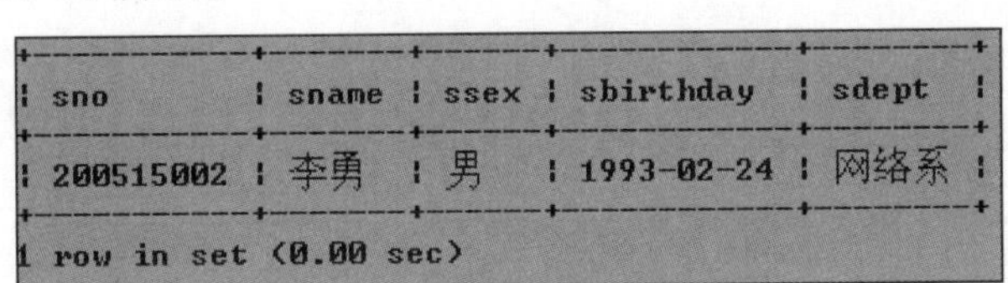

sno	sname	ssex	sbirthday	sdept
200515002	李勇	男	1993-02-24	网络系

1 row in set (0.00 sec)

图 10-12 LIKE 关键字的使用

结果显示,查询出 sname 字段的取值是“李勇”的记录,不满足条件的记录都不在结果中。此处的 LIKE 与=是等价的,因此可以直接换成=,查询结果是一样的,如图 10-13 所示。但是,等号只对匹配一个完整的字符串的情况有效。如果字符串中包含了通配符,就不能这样替换了。

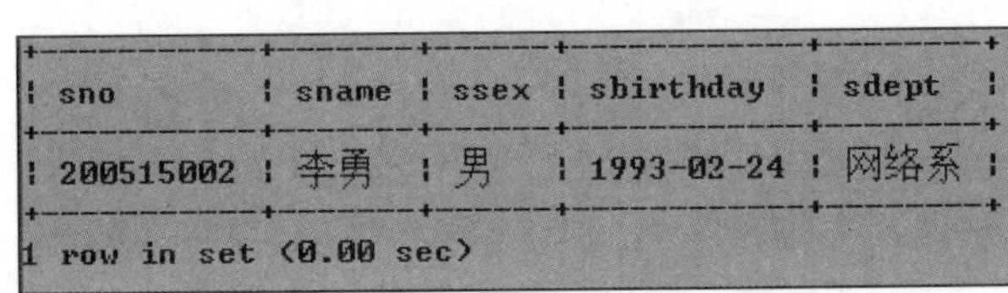

sno	sname	ssex	sbirthday	sdept
200515002	李勇	男	1993-02-24	网络系

1 row in set (0.00 sec)

图 10-13 等号与 LIKE 的功能相同

【例 10-7】 查询姓张的学生的信息。

SELECT 语句如下：

```
SELECT * FROM student WHERE sname like '张%';
```

执行结果如图 10-14 所示。

sno	sname	ssex	sbirthday	sdept
200515003	张力	男	1992-06-12	网络系
200515004	张衡	男	1995-01-04	软件系
200515005	张向东	男	1992-12-24	软件系
200515006	张向丽	女	1994-04-12	软件系
200515011	张毅	男	1993-02-24	外语系
200515014	张丰毅	男	1995-05-05	网络系

6 rows in set (0.00 sec)

图 10-14　通配符的使用

结果显示,查询出 sname 字段以“张”开头的记录。如果使用＝代替 LIKE,SELECT 语句如下:

```
SELECT * FROM student WHERE sname= '张%';
```

执行结果如图 10-15 所示。

```
mysql> Select * from student where sname= '张%';
Empty set (0.00 sec)
```

图 10-15　等号与 LIKE 不能替换的情况

结果显示,没有查询出任何记录。这说明,当字符串中包含了通配符时,等号不能代替 LIKE。

【例 10-8】 查询姓氏为“张”、名字的第三个字为“东”的学生的信息。

SELECT 语句如下:

```
SELECT * FROM student WHERE sname like '张__东';
```

执行结果如图 10-16 所示。

sno	sname	ssex	sbirthday	sdept
200515005	张向东	男	1992-12-24	软件系

1 row in set (0.00 sec)

图 10-16　通配符的使用(可查询到结果)

结果显示,查询出 sname 字段的取值是“张向东”的记录。需要特别注意的是:_只能代表一个英文字符,而一个汉字占两个英文字符的空间,如果此处将“张__东”写成了“张_东”,将不能查询出结果,如图 10-17 所示。

```
mysql> Select * from student where sname like  '张_东';
Empty set (0.00 sec)
```

图 10-17　通配符的使用(无法查询到结果)

结果显示,没有查询出任何记录。因为 sname 字段中不存在以“张”开头、以“东”结尾、长度为 5 的记录。

若想查询不姓“张”的学生信息,SELECT 语句如下:

```
SELECT * FROM student WHERE sname NOT LIKE '张%'
```

执行结果如图 10-18 所示。

sno	sname	ssex	sbirthday	sdept
00001	阿三	男	1900-01-01	通信系
200515001	赵菁菁	女	1994-08-10	网络系
200515002	李勇	男	1993-02-24	网络系
200515007	王芳	女	1993-10-05	网络系
200515008	王明生	男	1991-09-16	通信系
200515009	王小丽	女	1993-08-18	通信系
200515010	李晨	女	1993-12-01	通信系
200515012	杨丽华	女	1994-02-01	英语系
200515013	李芳	女	1992-05-03	通信系
200515015	李蕾	女	1994-03-02	英语系
200515016	刘杜	男	1992-07-02	中文系
200515017	刘星耀	男	1994-06-17	数学系
200515018	李贵	男	1994-02-17	英语系
200515019	林自许	男	1991-07-23	网络系
200515020	马翔	男	1993-09-24	网络系
200515021	刘峰	男	1994-01-18	网络系
200515022	朱晓鸥	女	1994-01-01	软件系
200515023	牛站强	男	1993-07-28	中文系
200515024	李婷婷	女	1993-01-29	通信系
200515025	严丽	女	1992-07-12	数学系

20 rows in set (0.00 sec)

图 10-18　NOT LIKE 和%通配符的使用

结果显示，sname 字段的值以“张”开头的记录被排除了。

10.2.7　查询空值

IS NULL 关键字可以用来判断字段的值是否为空值(NULL)。如果字段的值是空值，则满足查询条件，可查询出该记录；否则不满足查询条件。其语法格式如下：

```
IS [ NOT ] NULL
```

其中，NOT 是可选项，加上 NOT 表示字段不是空值时满足条件。

【例 10-9】 在 xscj 表中，查询目前还没有成绩的学生学号，要求显示的列名必须为中文。

前面的例子都是显示表中的所有字段，但是本例要求只显示学号列，而且还需要对列名做一定的处理(将 sno 改为中文的“学号”)。

SELECT 语句如下：

```
SELECT sno AS 学号 FROM sc WHERE grade IS NULL;
```

执行结果如图 10-19 所示。

注意：IS NULL 是一个整体，不能将 IS 换成＝，否则不能查询出任何结果，如图 10-20 所示。同理，“IS NOT NULL”中的“IS NOT”不能换成“！＝”或“＜＞”。如果使用“IS NOT NULL”关键字，将查询出该段的值不为空的所有记录。

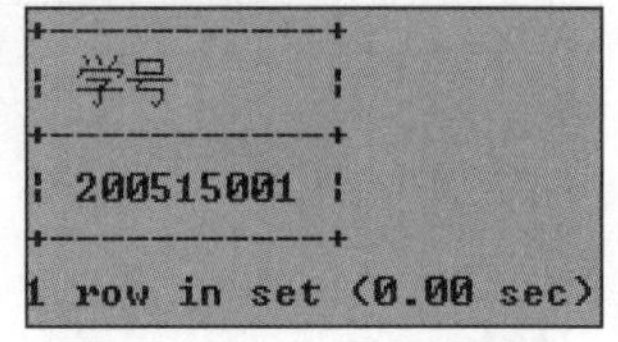

学号
200515001

1 row in set (0.00 sec)

图 10-19　IS NULL 查询空值的使用

```
mysql> SELECT  sno as 学号  FROM  sc   WHERE  grade = null;
Empty set (0.00 sec)
```

图 10-20 将 IS 替换为等号的错误现象

10.2.8 带 AND 的多条件查询

AND 关键字可以用来联合多个条件进行查询。使用 AND 关键字时,只有同时满足所有查询条件的记录才会被查询出来;不满足这些查询条件中的任意一个的记录都将被排除。AND 关键字的语法格式如下:

```
条件表达式 1 AND 条件表达式 2 AND … AND 条件表达式 n
```

其中,AND 可以连接两个条件表达式。可以同时使用多个 AND 关键字,这样可以连接更多的条件表达式。

【例 10-10】 查询学号为 200515001 的女学生的信息。

SELECT 语句如下:

```
SELECT * FROM student WHERE sno=200515001 AND ssex LIKE '女';
```

执行结果如图 10-21 所示。

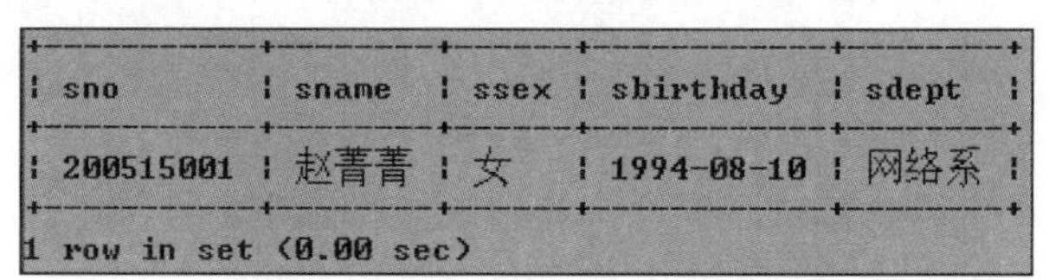

sno	sname	ssex	sbirthday	sdept
200515001	赵菁菁	女	1994-08-10	网络系

1 row in set (0.00 sec)

图 10-21 ADN 连接两个条件表达式

结果显示,满足 sno 为 200515001 而且 ssex 为“女”的记录被查询出来。因为要同时满足 AND 连接的所有条件,所以查询出来的记录数量较少。

【例 10-11】 在 student 表中查询 sno 小于 200515009 而且 ssex 为“男”的记录。

SELECT 语句如下:

```
SELECT * FROM student WHERE sno<200515009 AND ssex='男';
```

执行结果如图 10-22 所示。

```
mysql> Select  *  from  student  where  sno<200515009  AND  ssex='男';
+-----------+--------+------+------------+--------+
| sno       | sname  | ssex | sbirthday  | sdept  |
+-----------+--------+------+------------+--------+
| 00001     | 阿三   | 男   | 1900-01-01 | 通信系 |
| 200515002 | 李勇   | 男   | 1993-02-24 | 网络系 |
| 200515003 | 张力   | 男   | 1992-06-12 | 网络系 |
| 200515004 | 张衡   | 男   | 1995-01-04 | 软件系 |
| 200515005 | 张向东 | 男   | 1992-12-24 | 软件系 |
| 200515008 | 王明生 | 男   | 1991-09-16 | 通信系 |
+-----------+--------+------+------------+--------+
6 rows in set (0.00 sec)
```

图 10-22 AND 和比较符的综合运用

查询结果正好满足这两个条件。本例中使用了<和=这两个运算符。其中,=可以用 LIKE 替换。

【例 10-12】 使用 AND 关键字查询 student 表中的记录。查询条件为:sdept 取值在{'网络系','软件系','通信系'}集合中,sno 为 200515001~200515015,而且 sname 的取值以

“张”开头。

SELECT 语句如下：

```
SELECT * FROM student WHERE sdept IN('网络系','软件系','通信系') AND sno BETWEEN
200515001 AND 200515015 AND sname LIKE '张%';
```

执行结果如图 10-23 所示。

```
mysql> select * from student where sdept in('网络系','软件系','通信系') and sno
between 200515001 and 200515015 and sname like '张%';
+-----------+--------+------+------------+--------+
| sno       | sname  | ssex | sbirthday  | sdept  |
+-----------+--------+------+------------+--------+
| 200515003 | 张力   | 男   | 1992-06-12 | 网络系 |
| 200515004 | 张衡   | 男   | 1995-01-04 | 软件系 |
| 200515005 | 张向东 | 男   | 1992-12-24 | 软件系 |
| 200515006 | 张向丽 | 女   | 1994-04-12 | 软件系 |
| 200515014 | 张丰毅 | 男   | 1995-05-05 | 网络系 |
+-----------+--------+------+------------+--------+
5 rows in set (0.00 sec)
```

图 10-23 多条件查询

本例中使用了 IN、BETWEEN…AND 和 LIKE 关键字，还使用了通配符%。结果中显示的记录同时满足 3 个条件表达式。

10.2.9 带 OR 的多条件查询

OR 关键字也可以用来联合多个条件进行查询，但是与 AND 关键字不同，使用“OR”关键字时，只要记录满足这几个条件之一，就会被查询出来。而不满足这些查询条件中的任何一个的记录将被排除。OR 关键字的语法格式如下：

```
条件表达式 1  OR  条件表达式 2 OR … OR 条件表达式 n
```

其中，OR 可以用来连接两个条件表达式。可以同时使用多个 OR 关键字，这样可以连接更多的条件表达式。

【例 10-13】 使用 OR 关键字查询 student 表中 sno 为 200515001 或者 ssex 为“男”的记录。

SELECT 语句如下：

```
SELECT * FROM student WHERE sno =200515001 OR ssex LIKE '男';
```

执行结果如图 10-24 所示。

结果显示，出现了很多 sno 的值不是 200515001 的记录，但是这些记录的 ssex 字段值为“男”，所以这些记录也会显示出来。这说明，使用“OR”关键字时，只要满足多个条件之一，记录就可以被查询出来。

【例 10-14】 使用“OR”关键字查询 student 表中的记录。查询条件为“sdept”取值在{'网络系','软件系','通信系'}这个集合中，或者“sno”从“200515001～200515015”这个范围，或者“sname”的取值中包以'张'开头。

SELECT 语句如下：

```
SELECT * FROM student WHERE sdept IN('网络系','软件系','通信系') OR sno BETWEEN
200515001 AND 200515015 OR sname LIKE '张%';
```

sno	sname	ssex	sbirthday	sdept
00001	阿三	男	1900-01-01	通信系
200515001	赵菁菁	女	1994-08-10	网络系
200515002	李勇	男	1993-02-24	网络系
200515003	张力	男	1992-06-12	网络系
200515004	张衡	男	1995-01-04	软件系
200515005	张向东	男	1992-12-24	软件系
200515008	王明生	男	1991-09-16	通信系
200515011	张毅	男	1993-02-24	外语系
200515014	张丰毅	男	1995-05-05	网络系
200515016	刘杜	男	1992-07-02	中文系
200515017	刘星耀	男	1994-06-17	数学系
200515018	李贵	男	1994-02-17	英语系
200515019	林自许	男	1991-07-23	网络系
200515020	马翔	男	1993-09-24	网络系
200515021	刘峰	男	1994-01-18	网络系
200515023	牛站强	男	1993-07-28	中文系

16 rows in set (0.00 sec)

图 10-24 OR 关键字的使用

执行结果如图 10-25 所示。

sno	sname	ssex	sbirthday	sdept
	李驯	男	NULL	软件系
200515001	赵菁菁	女	1994-08-10	网络系
200515002	李勇	男	1993-02-24	软件系
200515003	张力	男	1992-06-12	网络系
200515004	张衡	男	1995-01-04	软件系
200515005	张向东	男	1992-12-24	软件系
200515006	张向丽	女	1994-04-12	软件系
200515007	王芳	女	1993-10-05	网络系
200515008	王明生	男	1991-09-16	通信系
200515009	王小丽	女	1993-08-18	通信系
200515010	李晨	女	1993-12-01	通信系
200515011	张毅	男	1993-02-24	外语系
200515012	杨丽华	女	1994-02-01	英语系
200515013	李芳	女	1992-05-03	通信系
200515014	张丰毅	男	1995-05-05	网络系
200515015	李雷	女	1994-03-02	英语系
200515019	林自许	男	1991-07-23	网络系
200515020	马翔	男	1993-09-24	网络系
200515021	刘峰	男	1994-01-18	网络系
200515022	朱晓鸥	女	1994-01-01	软件系
200515024	李婷婷	女	1993-01-29	通信系
200515027	何为	男	NULL	软件系

22 rows in set (0.00 sec)

图 10-25 OR 关键字的综合运用

本例中也使用了 IN、BETWEEN…AND 和 LIKE 关键字，还使用了通配符%。只要满足 3 个条件表达式中的任何一个，记录就会被查询出来。OR 可以和 AND 一起使用，此时 AND 要比 OR 优先运算。

10.2.10 去除查询结果中的重复行

如果表中的某些字段没有唯一性约束，这些字段就有可能存在重复的值。例如，sc 表中的 sno 字段就存在重复的情况，如图 10-26 所示。

sc 表中有 5 条记录的 sno 值为 200515001。在 SELECT 语句中可以使用 DISTINCT 关键字消除重复的记录。其语法格式如下：

```
SELECT DISTINCT 属性名
```

其中,“属性名”参数表示要消除重复记录的字段名。

【例 10-15】 使用 DISTINCT 关键字消除 sno 字段中的重复记录。SELECT 语句如下:

```
SELECT DISTINCT sno FROM sc;
```

执行结果如图 10-27 所示。

sno	cno	grade
00002	1	100
200515001	1	75
200515001	2	NULL
200515001	4	62
200515001	5	58
200515001	7	70
200515002	1	85
200515002	3	53
200515002	4	85
200515003	1	86
200515004	1	74
200515004	2	46
200515005	1	58
200515005	10	65
200515005	2	89
200515006	1	84
200515006	2	65
200515008	2	72
200515009	2	76
200515010	2	96
200515010	8	96
200515011	8	72
200515015	8	10
200515016	8	0
200515017	8	0
200515018	8	68
200515021	6	58
200515021	9	54

28 rows in set (0.00 sec)

图 10-26 sc 表数据

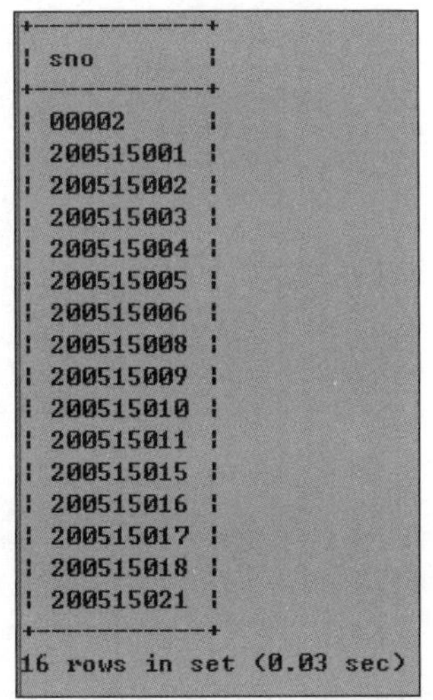

sno
00002
200515001
200515002
200515003
200515004
200515005
200515006
200515008
200515009
200515010
200515011
200515015
200515016
200515017
200515018
200515021

16 rows in set (0.03 sec)

图 10-27 使用 DISTINCT 后的查询结果

结果显示,只有一条 sno 字段值为 200515001 的记录,这说明使用 DISTINCT 关键字消除了重复的记录。

10.2.11 对查询结果进行排序

从表中查询出来的数据可能是无序的,或者其排列顺序不是用户所期望的。为了使查询结果的顺序满足用户的要求,可以使用 ORDER BY 关键字对记录进行排序。其语法格式如下:

```
ORDER BY 属性名 [ASC/DESC]
```

其中,“属性名”参数表示按照该字段进行排序;ASC 表示按升序进行排序,DESC 表示按降序进行排序,默认按 ASC 方式进行排序。

【例 10-16】 查询 student 表中的所有记录,按 sbirthday 字段进行排序。SELECT 语句如下:

```
SELECT * FROM student ORDER BY sbirthday;
```

执行结果如图 10-28 所示。结果显示，student 表中的记录是按 sbirthday 字段的值进行排序的，而且是按升序进行排序的。本例说明，ORDER BY 关键字可以设置查询结果按某个字段进行排序，而且默认是按升序进行排序的。

```
+-----------+--------+------+------------+--------+
| sno       | sname  | ssex | sbirthday  | sdept  |
+-----------+--------+------+------------+--------+
| 00001     | 阿三   | 男   | 1900-01-01 | 通信系 |
| 200515019 | 林自许 | 男   | 1991-07-23 | 网络系 |
| 200515008 | 王明生 | 男   | 1991-09-16 | 通信系 |
| 200515013 | 李芳   | 女   | 1992-05-03 | 通信系 |
| 200515003 | 张力   | 男   | 1992-06-12 | 网络系 |
| 200515016 | 刘杜   | 男   | 1992-07-02 | 中文系 |
| 200515025 | 严丽   | 女   | 1992-07-12 | 数学系 |
| 200515005 | 张向东 | 男   | 1992-12-24 | 软件系 |
| 200515024 | 李婷婷 | 女   | 1993-01-29 | 通信系 |
| 200515011 | 张毅   | 男   | 1993-02-24 | 外语系 |
| 200515002 | 李勇   | 男   | 1993-02-24 | 网络系 |
| 200515023 | 牛站强 | 男   | 1993-07-28 | 中文系 |
| 200515009 | 王小丽 | 女   | 1993-08-18 | 通信系 |
| 200515020 | 马翔   | 男   | 1993-09-24 | 网络系 |
| 200515007 | 王芳   | 女   | 1993-10-05 | 网络系 |
| 200515010 | 李晨   | 女   | 1993-12-01 | 通信系 |
| 200515022 | 朱晓鸥 | 女   | 1994-01-01 | 软件系 |
| 200515021 | 刘峰   | 男   | 1994-01-18 | 网络系 |
| 200515012 | 杨丽华 | 女   | 1994-02-01 | 英语系 |
| 200515018 | 李贵   | 男   | 1994-02-17 | 英语系 |
| 200515015 | 李雷   | 女   | 1994-03-02 | 英语系 |
| 200515006 | 张向丽 | 女   | 1994-04-12 | 软件系 |
| 200515017 | 刘星耀 | 男   | 1994-06-17 | 数学系 |
| 200515001 | 赵菁菁 | 女   | 1994-08-10 | 网络系 |
| 200515004 | 张衡   | 男   | 1995-01-04 | 软件系 |
| 200515014 | 张丰毅 | 男   | 1995-05-05 | 网络系 |
+-----------+--------+------+------------+--------+
26 rows in set (0.03 sec)
```

图 10-28　对查询结果进行排序

若想将其按降序排列，可在“ORDER BY”子句的后加上“DESC”，如图 10-29 所示。

注意： 在例 10-14 中，如果存在一条记录 sbirthday 字段的值为空值(NULL)，这条记录将显示为第一条记录。按升序排序时，含空值的记录将最先显示，可以理解为空值是最小值；而按降序排序时，含空值的记录将最后显示。

在 MySQL 中，可以指定按多个字段进行排序。例如，可以使 student 表按 sbirthday 字段和 sno 字段进行排序。排序过程中，先按 sbirthday 字段进行排序。遇到 sbirthday 字段的值相等的情况时，再把 sbirthday 字段值相等的记录按 sno 字段进行排序。

【例 10-17】 查询 sc 表中的所有记录，按 sno 字段的升序和 cno 字段的升序进行排序。SELECT 语句如下：

```
SELECT * FROM sc ORDER BY sno ASC, cno ASC
```

执行结果如图 10-30 所示。

对查询结果进行排序时，先按 sno 字段的升序进行排序。因为有 5 条 sno=200515001 的记录，这 5 条记录按 cno 字段的升序进行排序。

sno	sname	ssex	sbirthday	sdept
200515014	张丰毅	男	1995-05-05	网络系
200515004	张衡	男	1995-01-04	软件系
200515001	赵菁菁	女	1994-08-10	网络系
200515017	刘星耀	男	1994-06-17	数学系
200515006	张向丽	女	1994-04-12	软件系
200515015	李雷	女	1994-03-02	英语系
200515018	李贵	男	1994-02-17	英语系
200515012	杨丽华	女	1994-02-01	英语系
200515021	刘峰	男	1994-01-18	网络系
200515022	朱晓鸥	女	1994-01-01	软件系
200515010	李晨	女	1993-12-01	通信系
200515007	王芳	女	1993-10-05	网络系
200515020	马翔	男	1993-09-24	网络系
200515009	王小丽	女	1993-08-18	通信系
200515023	牛站强	男	1993-07-28	中文系
200515011	张毅	男	1993-02-24	外语系
200515002	李勇	男	1993-02-24	网络系
200515024	李婷婷	女	1993-01-29	通信系
200515005	张向东	男	1992-12-24	软件系
200515025	严丽	女	1992-07-12	数学系
200515016	刘杜	男	1992-07-02	中文系
200515003	张力	男	1992-06-12	网络系
200515013	李芳	女	1992-05-03	通信系
200515008	王明生	男	1991-09-16	通信系
200515019	林自许	男	1991-07-23	网络系
00001	阿三	男	1900-01-01	通信系

26 rows in set (0.00 sec)

图 10-29 降序排序

sno	cno	grade
00002	1	100
200515001	1	75
200515001	2	NULL
200515001	4	62
200515001	5	58
200515001	7	70
200515002	4	85
200515002	3	53
200515002	1	85
200515003	1	86
200515004	1	74
200515004	2	46
200515005	2	89
200515005	10	65
200515005	1	58
200515006	1	84
200515006	2	65
200515008	2	72
200515009	2	76
200515010	2	96
200515010	8	96
200515011	8	72
200515015	8	10
200515016	8	0
200515017	8	0
200515018	8	68
200515021	6	58
200515021	9	54

28 rows in set (0.02 sec)

图 10-30 复合排序

10.2.12 分组查询

GROUP BY 关键字可以将查询结果按某个字段或多个字段进行分组。字段中值相等的为一组。其语法格式如下：

```
GROUP BY 属性名 [HAVING 条件表达式] [WITH ROLLUP]
```

其中，“属性名”是指分组时依据的字段名；“HAVING 条件表达式”用来限制分组后的显示，满足条件表达式的结果将被显示；WITH ROLLUP 关键字将会在所有记录的最后加上一条记录，该记录是上面所有记录的总和。

GROUP BY 关键字可以和 GROUP_CONCAT()函数一起使用。GROUP_ CONCAT()函数会把每个分组中指定字段值都显示出来。同时，GROUP BY 关键字通常与集合函数一起使用。集合函数包括 COUNT()、SUM()、AVG()、MAX()、MIN()。其中，COUNT()用来统计记录的条数，SUM()用来计算字段的值的总和，AVG()用来计算字段的值的平均值，MAX()用来查询字段的最大值，MIN()用来查询字段的最小值。关于集合函数的详细内容见 10.3 节。如果 GROUP BY 不与上述函数一起使用，那么查询结果就是字段取值的分组情况。字段中取值相同的记录为一组，但只显示该组的第一条记录。

1. 使用 GROUP BY 进行分组

如果只使用 GROUP BY 关键字，查询结果只显示一个分组的一条记录。

【例 10-18】 按 sc 表的 sno 字段进行分组查询，将查询结果与分组前结果进行对比。

先执行

```
SELECT * FROM sc;
```

执行结果如图 10-31 所示。

再执行

```
SELECT * FROM sc GROUP BY sno;
```

执行结果如图 10-32 所示。

sno	cno	grade
00002	1	100
200515001	1	75
200515001	2	NULL
200515001	4	62
200515001	5	58
200515001	7	70
200515002	1	85
200515002	3	53
200515002	4	85
200515003	1	86
200515004	1	74
200515004	2	46
200515005	1	58
200515005	10	65
200515005	2	89
200515006	1	84
200515006	2	65
200515008	2	72
200515009	2	76
200515010	2	96
200515010	8	96
200515011	8	72
200515015	8	10
200515016	8	0
200515017	8	0
200515018	8	68
200515021	6	58
200515021	9	54

28 rows in set (0.00 sec)

图 10-31　sc 表数据

sno	cno	grade
00002	1	100
200515001	1	75
200515002	1	85
200515003	1	86
200515004	1	74
200515005	1	58
200515006	1	84
200515008	2	72
200515009	2	76
200515010	2	96
200515011	8	72
200515015	8	10
200515016	8	0
200515017	8	0
200515018	8	68
200515021	6	58

16 rows in set (0.00 sec)

图 10-32　GROUP BY 关键字的使用

分组结果中只显示了 15 条记录。这 15 条记录的 sno 字段的值都不同，GROUP BY 关键字只显示每个分组的一条记录。因此，一般在使用集合函数时才使用 GROUP BY 关键字。

2. 使用 GROUP BY 与 GROUP_CONCAT()函数进行分组

GROUP BY 关键字与 GROUP_CONCAT()函数一起使用时，每个分组中指定字段的值都显示出来。

【例 10-19】 按 sc 表的 sno 字段进行分组查询。使用 GROUP_CONCAT()函数将每个分组的 cno 字段的值显示出来。

SELECT 语句如下：

```
SELECT sno,GROUP_CONCAT(cno) FROM sc GROUP BY sno;
```

执行结果如图 10-33 所示。

查询结果分为15组，每个学生为一组，值为学生的学号。而且，每组中所有课程的编号都被查询出来。本例说明，使用GROUP_CONCAT()函数可以很好地把分组情况表示出来。

3. 使用GROUP BY与集合函数进行分组

GROUP BY关键字与集合函数一起使用时，可以通过集合函数计算分组中的记录数、最大值、最小值等。

【例10-20】 按sc表的sno字段进行分组查询，sno字段取值相同的为一组。然后对每组使用集合函数COUNT()进行计算，求出每组的记录数。

SELECT语句如下：

```
SELECT sno,COUNT(sno) FROM sc GROUP BY sno;
```

执行结果如图10-34所示。

sno	group_concat(cno)
00002	1
200515001	1,2,4,5,7
200515002	1,3,4
200515003	1
200515004	1,2
200515005	1,10,2
200515006	1,2
200515008	2
200515009	2
200515010	2,8
200515011	8
200515015	8
200515016	8
200515017	8
200515018	8
200515021	6,9

16 rows in set (0.03 sec)

图10-33　GROUP_CONCAT()函数的使用

sno	count(sno)
00002	1
200515001	5
200515002	3
200515003	1
200515004	2
200515005	3
200515006	2
200515008	1
200515009	1
200515010	2
200515011	1
200515015	1
200515016	1
200515017	1
200515018	1
200515021	2

16 rows in set (0.01 sec)

图10-34　集合函数的使用

查询结果按sno字段取值进行分组，取值相同的记录为一组。COUNT(sno)计算出sno字段各分组的记录数，第一组有5条记录，第二组有3条记录。

注意：通常情况下，GROUP BY关键字与集合函数一起使用。先使用GROUP BY关键字将记录分组，然后再使用集合函数进行计算。

4. 使用GROUP BY与HAVING进行分组

如果加上"HAVING条件表达式"，可以限制输出的结果，即只有满足条件表达式的结果才会显示。

【例10-21】 按sc表的sno字段进行分组查询，然后显示记录数等于5的分组。SELECT语句如下：

```
SELECT sno,COUNT(sno) FROM sc GROUP BY sno HAVING COUNT(sno)=5;
```

执行结果如图10-35所示。

查询结果只显示了记录数为5的分组。

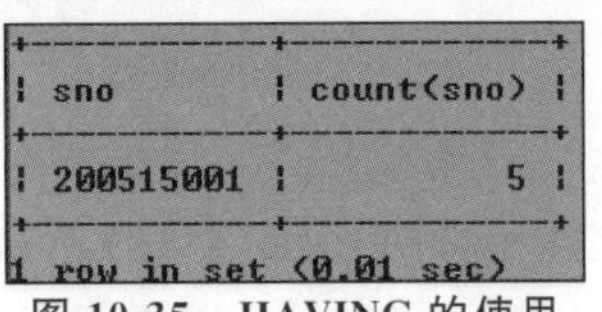

sno	count(sno)
200515001	5

1 row in set (0.01 sec)

图10-35　HAVING的使用

注意："WHERE条件表达式"与"HAVING条件表达式"都是用来限制显示的，但是两者起作用的地方不一样。"WHERE条件表达式"作用于表或者视图，是表和视图的查询条件;"HAVING 条件表达式"作用于分组后的记录,用于选择满足条件的分组。

5. 按多个字段进行分组

在 MySQL 中,还可以按多个字段进行分组。例如,student 表按 sno 字段和 cno 字段进行分组。在分组过程中,先按 sno 字段进行分组。遇到 sno 字段的值相等的情况时,再把 sno 值相等的记录按 cno 字段进行分组。

【例 10-22】 将 sc 表按 sno 字段和 cno 字段进行分组。SELECT 语句如下:

```
SELECT * FROM sc GROUP BY sno ,cno;
```

执行结果如图 10-36 所示。

查询结果显示,记录先按照"sno"字段进行分组。因为有 5 条记录的"sno"值为"200515001",所以这 5 条记录按照"cno"字段的取值进行分组。

6. 使用 GROUP BY 与 WITH ROLLUP 进行分组

使用 WITH ROLLUP 时,将会在所有记录的最后加上一条记录,这条记录的内容是上面所有记录数的总和。

【例 10-23】 按 sc 表的 sno 字段进行分组查询。使用 COUNT()函数计算每组的记录数,并且加上 WITH ROLLUP。SELECT 语句如下:

```
SELECT sno,COUNT(sno) FROM sc GROUP BY sno WITH ROLLUP;
```

执行结果如图 10-37 所示。

sno	cno	grade
00002	1	100
200515001	1	75
200515001	2	NULL
200515001	4	62
200515001	5	58
200515001	7	70
200515002	1	85
200515002	3	53
200515002	4	85
200515003	1	86
200515004	1	74
200515004	2	46
200515005	1	58
200515005	10	65
200515005	2	89
200515006	1	84
200515006	2	65
200515008	2	72
200515009	2	76
200515010	2	96
200515010	8	96
200515011	8	72
200515015	8	10
200515016	8	0
200515017	8	0
200515018	8	68
200515021	6	58
200515021	9	54

28 rows in set (0.00 sec)

图 10-36 复合分组

sno	count(sno)
00002	1
200515001	5
200515002	3
200515003	1
200515004	2
200515005	3
200515006	2
200515008	1
200515009	1
200515010	2
200515011	1
200515015	1
200515016	1
200515017	1
200515018	1
200515021	2
NULL	28

17 rows in set (0.00 sec)

图 10-37 WITH ROLLUP 的使用

查询结果计算出了各个分组的记录数,并且在记录的最后加上了一条新的记录,其中给出了上面分组记录数的总和。

【例 10-24】 显示每个学生参与考试的课程及课程总数。

使用 GROUT_CONCAT()函数可以显示分组中每一个成员的详细数据,可以在

SELECT 语句中使用此函数，中间加上课程编号以显示参加考试的课程。SELECT 语句如下：

```
SELECT sno,GROUP_CONCAT(cno),COUNT(sno) FROM sc GROUP BY sno WITH ROLLUP;
```

执行结果如图 10-38 所示。

```
+-----------+------------------------------------------------------+------------+
| sno       | group_concat(cno)                                    | count(sno) |
+-----------+------------------------------------------------------+------------+
| 200515001 | 1,2,4,5,7                                            |          5 |
| 200515002 | 1,3,4                                                |          3 |
| 200515003 | 1                                                    |          1 |
| 200515004 | 1,2                                                  |          2 |
| 200515005 | 1,10,2                                               |          3 |
| 200515006 | 1,2                                                  |          2 |
| 200515008 | 2                                                    |          1 |
| 200515009 | 2                                                    |          1 |
| 200515010 | 2,8                                                  |          2 |
| 200515011 | 8                                                    |          1 |
| 200515015 | 8                                                    |          1 |
| 200515016 | 8                                                    |          1 |
| 200515017 | 8                                                    |          1 |
| 200515018 | 8                                                    |          1 |
| 200515021 | 6,9                                                  |          2 |
| NULL      | 1,2,4,5,7,1,3,4,1,1,2,1,10,2,1,2,2,2,2,8,8,8,8,8,6,9 |         27 |
+-----------+------------------------------------------------------+------------+
16 rows in set (0.00 sec)
```

图 10-38 GROUP_CONCAT 与 WITH ROLLUP()函数的综合运用

在查询结果中，GROUP_CONCAT(cno)()函数显示了每个分组的 cno 字段的值，最后一条记录中给出了上面各分组考试课程数的总和。

10.2.13 限制查询结果的数量

查询数据时，可能会输出很多的记录，而用户需要的记录可能只是很少的一部分，这样就需要限制查询结果的数量。LIMIT 是 MySQL 中的一个特殊关键字，可以用来指定查询结果从哪条记录开始显示，还可以指定一共显示多少条记录。LIMIT 关键字有两种使用方式，分别是不指定初始位置和指定初始位置。

1. 不指定初始位置

LIMIT 关键字不指定初始位置时，记录从第一条记录开始显示。显示记录的数量由 LIMIT 关键字指定。其语法格式如下：

```
LIMIT 记录数
```

其中，“记录数”参数表示显示记录的数量。如果“记录数”的值小于查询结果的总记录数，将会从第一条记录开始显示指定数量的记录；否则，数据库系统会直接显示查询出来的所有记录。

【例 10-25】 查询 student 表的前两条记录。

SELECT 语句如下：

```
SELECT * FROM student LIMIT 2;
```

执行结果如图 10-39 所示。

```
+-----------+--------+------+------------+--------+
| sno       | sname  | ssex | sbirthday  | sdept  |
+-----------+--------+------+------------+--------+
| 00001     | 阿三   | 男   | 1900-01-01 | 通信系 |
| 200515001 | 赵菁菁 | 女   | 1994-08-10 | 网络系 |
+-----------+--------+------+------------+--------+
2 rows in set (0.00 sec)
```

图 10-39 LIMIT 不指定初始位置

结果中只显示了两条记录。

2. 指定初始位置

LIMIT 关键字可以指定从哪条记录开始显示，并且可以指定显示多少条记录。其语法格式如下：

```
LIMIT 初始位置,记录数
```

其中，“初始位置”参数指定从哪条记录开始显示，第一条记录的位置是 0，第二条记录的位置是 1，以此类推；“记录数”参数表示显示记录的数量。

【例 10-26】 查询 student 表从第一条记录开始的两条记录。

SELECT 语句如下：

```
SELECT * FROM student LIMIT 0,2;
```

执行结果如图 10-40 所示。从结果可以看出，“LIMIT 0,2”和“LIMIT 2”都是显示前两条记录。

```
+-----------+--------+------+------------+--------+
| sno       | sname  | ssex | sbirthday  | sdept  |
+-----------+--------+------+------------+--------+
| 00001     | 阿三   | 男   | 1900-01-01 | 通信系 |
| 200515001 | 赵菁菁 | 女   | 1994-08-10 | 网络系 |
+-----------+--------+------+------------+--------+
2 rows in set (0.00 sec)
```

图 10-40 LIMIT 指定初始位置(一)

【例 10-27】 查询 student 表的第 2 条和第 3 条记录。

SELECT 语句如下：

```
SELECT * FROM student LIMIT 1, 2;
```

执行结果如图 10-41 所示。

```
+-----------+--------+------+------------+--------+
| sno       | sname  | ssex | sbirthday  | sdept  |
+-----------+--------+------+------------+--------+
| 200515001 | 赵菁菁 | 女   | 1994-08-10 | 网络系 |
| 200515002 | 李勇   | 男   | 1993-02-24 | 网络系 |
+-----------+--------+------+------------+--------+
2 rows in set (0.00 sec)
```

图 10-41 LIMIT 指定初始位置(二)

结果中只显示了第 2 条和第 3 条记录。

注意：LIMIT 关键字是 MySQL 中特有的，它可以指定要显示的记录的开始位置，0 表示第一条记录。如果需要查询成绩在前 10 名的学生信息，可以使用 ORDER BY 关键字将记录按分数降序排列，然后使用 LIMIT 关键字指定只查询前 10 条记录。

10.3 集合函数查询

集合函数包括 COUNT()、SUM()、AVG()、MAX()和 MIN()。其中,COUNT()函数用来统计记录的条数,SUM()函数用来计算字段的值的总和,AVG()函数用来计算字段的值的平均值,MAX()函数用来查询字段的最大值,MIN()函数用来查询字段的最小值。当需要对表中的记录进行统计时,可以使用集合函数。例如,要计算学生成绩表中的平均成绩,可以使用 AVG()函数。GROUP BY 关键字通常需要与集合函数一起使用。

10.3.1 COUNT()函数

COUNT()函数用来统计记录的条数。例如,employee 是员工信息表。如果要统计该表中有多少条记录,可以使用 COUNT()函数。如果要统计该表中不同部门的人数,也可以使用 COUNT()函数。

【例 10-28】 查询 student 表中学生的总人数。

SELECT 语句如下:

```
SELECT COUNT(*) FROM student;
```

执行结果如图 10-42 所示。

【例 10-29】 查询每个学生考试的课程总数。

SELECT 语句如下:

```
SELECT sno,count(*) FROM sc GROYP BY sno;
```

执行结果如图 10-43 所示。

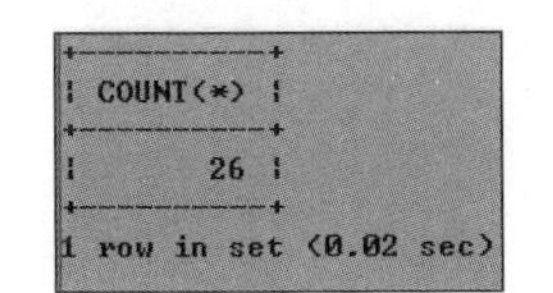

COUNT(*)
26

1 row in set (0.02 sec)

图 10-42 COUNT()函数的运用

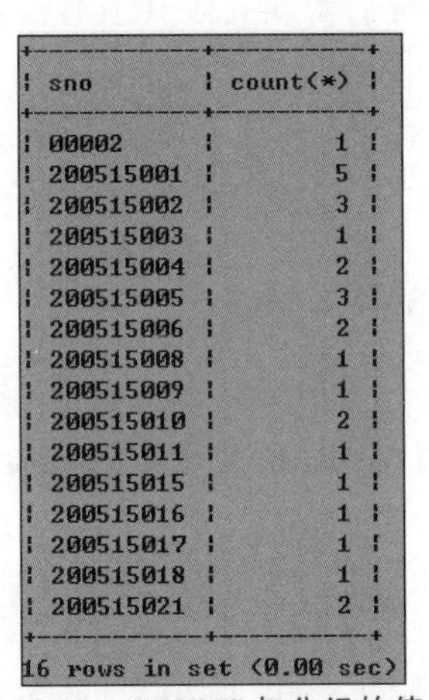

sno	count(*)
00002	1
200515001	5
200515002	3
200515003	1
200515004	2
200515005	3
200515006	2
200515008	1
200515009	1
200515010	2
200515011	1
200515015	1
200515016	1
200515017	1
200515018	1
200515021	2

16 rows in set (0.00 sec)

图 10-43 COUNT 与分组的使用

结果显示,sc 表中 sno 字段的值为 200515001 的记录有 5 条,sno 字段的值为 200515002 的记录有 3 条,sno 字段的值为 200515003 的记录有 1 条。从这个例子可以看出,表中的记录先通过 GROUP BY 关键字进行分组,再计算每个分组的记录数。

10.3.2 SUM()函数

使用 SUM()函数可以求出表中某个字段取值的总和。

【例 10-30】 统计 sc 表中学号为 200515001 的学生的总成绩。

SELECT 语句如下：

```
SELECT SUM(grade) FROM sc WHERE sno= 200515001;
```

在执行该语句之前，可以先查看学号为 200515001 的学生的各科成绩：

```
SELECT * FROM sc WHERE sno=200515001;
```

查询结果如图 10-44 所示。

现在执行带 SUM()函数的 SELECT 语句计算该学生的总成绩。执行结果如图 10-45 所示。

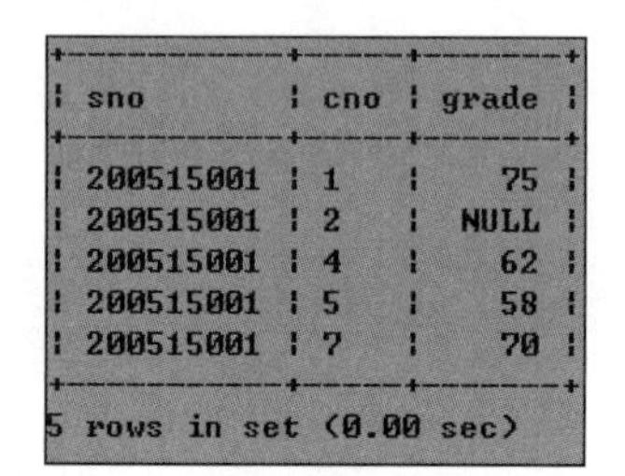

sno	cno	grade
200515001	1	75
200515001	2	NULL
200515001	4	62
200515001	5	58
200515001	7	70

5 rows in set (0.00 sec)

图 10-44 查询学号为 200515001 的学生的成绩

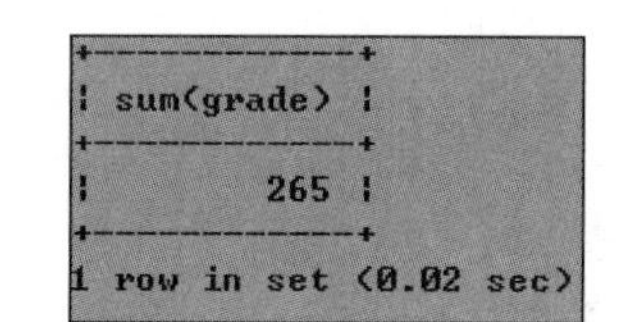

sum(grade)
265

1 row in set (0.02 sec)

图 10-45 SUM()函数统计学号为 200515001 的学生的总成绩

结果显示，学号为 200515001 的学生的总成绩为 265，正是他各科成绩的总和。

SUM()函数通常和 GROUP BY 关键字一起使用，这样可以计算出不同分组中某个字段取值的总和。

注意：SUM()函数只能计算数值类型的字段。包括 INT 类型、FLOAT 类型、DOUBLE 类型、DECIMAL 类型等。使用 SUM()函数计算字符类型字段时，计算结果都为 0。

10.3.3 AVG()函数

使用 AVG()函数可以求出表中某个字段取值的平均值。

【例 10-31】 计算所有学生的平均成绩。

SELECT 语句如下：

```
SELECT AVG(grade) FROM sc;
```

执行结果如图 10-46 所示。

AVG()函数可以与 GROUP BY 字段一起使用，计算每个分组的平均值。

【例 10-32】 查询每个学生的平均成绩。

SELECT 语句如下：

```
SELECT sno,AVG(grade) FROM sc GROUP BY sno;
```

执行结果如图 10-47 所示。

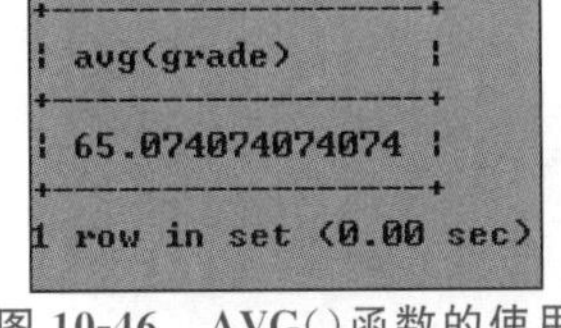

avg(grade)
65.074074074074

1 row in set (0.00 sec)

图 10-46　AVG()函数的使用

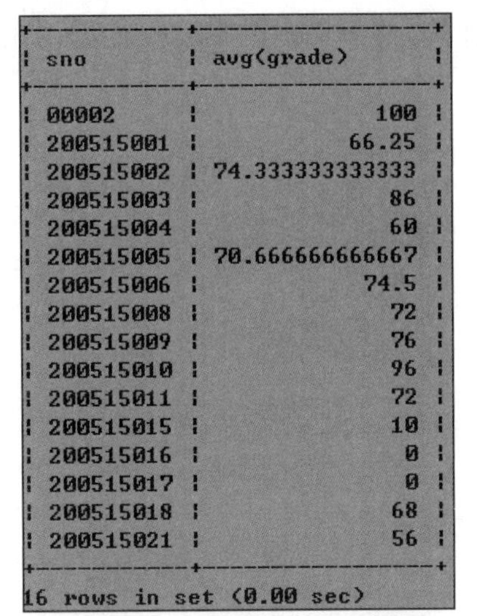

sno	avg(grade)
00002	100
200515001	66.25
200515002	74.333333333333
200515003	86
200515004	60
200515005	70.666666666667
200515006	74.5
200515008	72
200515009	76
200515010	96
200515011	72
200515015	10
200515016	0
200515017	0
200515018	68
200515021	56

16 rows in set (0.00 sec)

图 10-47　分组统计平均成绩

使用 GROUP BY 关键字将 sc 表的记录按 sno 字段进行分组，然后计算出每组的平均成绩。从本例可以看出，AVG()函数与 GROUP BY 关键字结合后可以灵活地计算平均值。通过这种方式可以计算各门课程的平均分数，还可以计算每个人的平均分数。如果按班级和课程两个字段进行分组，还可以计算出每个班级不同课程的平均分数。

10.3.4　MAX()函数

使用 MAX()函数可以求出表中某个字段取值的最大值。

【例 10-33】　查询 sc 表中的最高成绩。

SELECT 语句如下：

```
SELECT MAX (grade) FROM sc;
```

执行结果如图 10-48 所示。

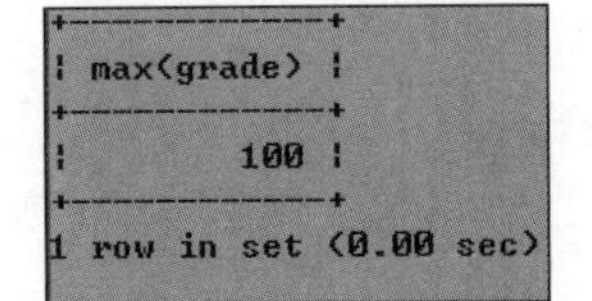

max(grade)
100

1 row in set (0.00 sec)

图 10-48　MAX()函数的使用

MAX()函数通常与 GROUP BY 字段一起使用，计算每个分组的最大值。

【例 10-34】　查询每门课程的最高成绩。

SELECT 语句如下：

```
SELECT sno,MAX(grade) FROM sc GROUP BY sno;
```

执行结果如图 10-49 所示。

先将 sc 表的记录按 sno 字段进行分组，然后查询出每组的最高成绩。从本例可以看出，MAX()函数与 GROUP BY 关键字结合后可以查询不同分组的最大值。通过这种方式可以计算各门课程的最高分。如果按班级和课程两个字段进行分组，还可以计算出每个班级不同课程的最高分。MAX()函数不仅适用于数值类型，也适用于字符类型。

以下查询语句在 sname 字段上使用 MAX()函数，结果显示，sname 字段中“阿三”是最大值，如图 10-50 所示。

```
SELECT MAX(sname) FROM student;
```

sno	max(grade)
00002	100
200515001	75
200515002	85
200515003	86
200515004	74
200515005	89
200515006	84
200515008	72
200515009	76
200515010	96
200515011	72
200515015	10
200515016	0
200515017	0
200515018	68
200515021	58

16 rows in set (0.00 sec)

图 10-49 在分组中使用 MAX()函数

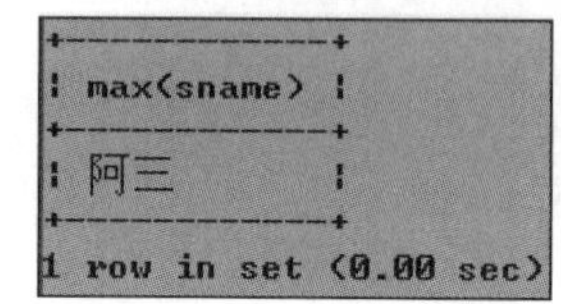

max(sname)
阿三

1 row in set (0.00 sec)

图 10-50 在 sname 字段上使用 MAX()函数

注意：在 MySQL 表中，字母 a 最小，字母 z 最大，因为 a 的 ASCII 码值最小。在使用 MAX()函数进行比较时，先比较第一个字母。如果第一个字母相等，再继续比较下一个字母。例如，hhc 和 hhz 只有比较到第 3 个字母时才能比出大小。一般中文字符是按拼音字母的 ASCII 码进行比较的。

10.3.5 MIN()函数

使用 MIN()函数可以求出表中某个字段取值的最小值。

MIN()函数经常与 GROUP BY 关键字一起使用，计算每个分组的最小值。

【例 10-35】 查询 grade 表中各门课程的最低成绩。

SELECT 语句如下：

```
SELECT sno,MIN(grade) FROM sc GROUP BY sno;
```

执行结果如图 10-51 所示。

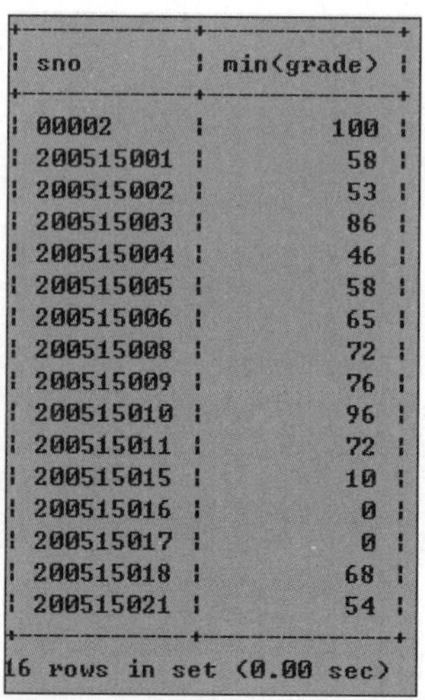

sno	min(grade)
00002	100
200515001	58
200515002	53
200515003	86
200515004	46
200515005	58
200515006	65
200515008	72
200515009	76
200515010	96
200515011	72
200515015	10
200515016	0
200515017	0
200515018	68
200515021	54

16 rows in set (0.00 sec)

图 10-51 在分组中使用 MIN()函数

先将 sc 表的记录按 sno 字段进行分组，然后查询出每组的最低成绩。MIN()函数也可以用来查询字符类型的数据，其基本方法与 MAX()函数相似。

10.4　连接查询

若需要的数据来自多个表，就要用到连接查询。连接查询是将两个或两个以上的表按某个条件连接起来，从中选取需要的数据。当几个表中存在表示相同意义的字段时，可以通过该字段连接这几个表。例如，学生表中用 course_id 字段表示所学课程的课程号，课程表中用 num 字段表示课程号。那么，可以通过学生表中的 course_id 字段与课程表中的 num 字段进行连接查询。连接查询包括内连接查询和外连接查询。本节将详细讲解内连接查询、外连接查询和多个条件结合在一起的复合连接查询。

10.4.1　内连接查询

内连接查询是最常用的连接查询，可以查询两个或两个以上的表。为了便于理解，下面只讲两个表的连接查询。当两个表中存在表示相同意义的字段时，可以通过该字段连接这两个表；当该字段的值相等时，就可查询出相应的记录。

注意：两个表中表示相同意义的字段可以是指父表的主键和子表的外键。例如，student 表中 sno 字段表示学生的学号，并且 sno 字段是 student 表的主键；sc 表的 sno 字段也表示学生的学号，并且 sno 字段是 sc 表的外键。sc 表的 sno 字段依赖于 student 表的 sno 字段，因此这两个字段有相同的意义。

下面使用内连接查询的方式查询 student 表和 sc 表。在执行内连接查询之前，先分别查看 student 表和 sc 表中的记录，以便进行比较：

```
SELECT * FROM student;
SELECT * FROM sc;
```

由于数据行较多，这里只截取部分数据。查询结果如图 10-52 和图 10-53 所示。

sno	sname	ssex	sbirthday	sdept
00001	阿三	男	1900-01-01	通信系
200515001	赵菁菁	女	1994-08-10	网络系
200515002	李勇	男	1993-02-24	网络系
200515003	张力	男	1992-06-12	网络系

图 10-52　student 表数据

sno	cno	grade
00002	1	100
200515001	1	75
200515001	2	NULL
200515001	4	62
200515001	5	58
200515001	7	70
200515002	1	85
200515002	3	53
200515002	4	85
200515003	1	86
200515004	1	74
200515004	2	46
200515005	1	58

图 10-53　sc 表数据

查询结果显示，student 表和 sc 表的 sno 字段都表示学号。通过 sno 字段可以对 student 表和 sc 表进行内连接查询。从 student 表中查询出 sno、sname、sdept 这 3 个字段，从 sc 表中查询出 cno、grade 这两个字段。内连接查询的 SELECT 语句如下：

```
SELECT student.sno,sname,sdept, cno,grade FROM student,sc WHERE student.sno=
sc.sno;
```

SQL语句执行结果如图10-54所示。

从图10-54中可以看出,查询结果共显示了27条记录。这27条记录的数据是从student表和sc表中取出来的。这27条记录的sno字段的取值为各学生的学号。通过本例可以看出,只有表中有意义相同的字段时才能进行连接查询,而且内连接查询只能查询出指定字段取值相同的记录。

sno	sname	sdept	cno	grade
200515001	赵菁菁	网络系	1	75
200515001	赵菁菁	网络系	2	NULL
200515001	赵菁菁	网络系	4	62
200515001	赵菁菁	网络系	5	58
200515001	赵菁菁	网络系	7	70
200515002	李勇	软件系	1	85
200515002	李勇	软件系	3	53
200515002	李勇	软件系	4	85
200515003	张力	网络系	1	86
200515004	张衡	软件系	1	74
200515004	张衡	软件系	2	46
200515005	张向东	软件系	1	58
200515005	张向东	软件系	10	65
200515005	张向东	软件系	2	89
200515006	张向丽	软件系	1	84
200515006	张向丽	软件系	2	65
200515008	王明生	通信系	2	72
200515009	王小丽	通信系	2	76
200515010	李晨	通信系	2	96
200515010	李晨	通信系	8	96
200515011	张毅	外语系	8	72
200515015	李雷	英语系	8	10
200515016	刘杜	中文系	8	0
200515017	刘星耀	数学系	8	0
200515018	李贵	英语系	8	68
200515021	刘峰	网络系	6	58
200515021	刘峰	网络系	9	54

27 rows in set (0.06 sec)

图10-54 内连接查询结果

10.4.2 外连接查询

外连接查询可以查询两个或两个以上的表。外连接查询也需要通过指定字段进行连接。外连接查询包括左连接查询和右连接查询。其基本语法如下:

```
SELECT 属性名列表
FROM 表名 1 LEFT| RIGHT JOIN 表名 2
ON 表名 1.属性名 1=表名 2.属性名 2;
```

其中,“属性名列表”参数表示要查询的字段的名称,这些字段可以来自不同的表;“表名1”和“表名2”参数表示对这两个表进行外连接查询;LEFT选项表示进行左连接查询,RIGHT选项表示进行右连接查询;ON后面的表达式就是连接条件;“属性名1”参数是“表名1”中的一个字段,“属性名2”参数是“表名2”中的一个字段,用“.”符号表示字段属于哪个表。

1. 左连接查询

进行左连接查询时,可以查询出“表名1”所指的表中的所有记录,而“表名2”所指的表中只能查询出匹配的记录。为演示此功能，先向 student 表中插入一条记录，该记录的 sno 字段的值不在 sc 表中出现。语句如下：

```
INSERT INTO student VALUES('00001','阿三','男','1900-01-01','通信系');
```

【例 10-36】　显示所有学生参加考试的情况。未参加考试的学生，其成绩为 NULL。SELECT 语句如下：

```
SELECT student.sno,sname,sdept, cno,grade FROM student LEFT JOIN sc
on student.sno=sc.sno;
```

执行结果如图 10-55 所示。

sno	sname	sdept	cno	grade
	李驯	软件系	NULL	NULL
200515001	赵菁菁	网络系	1	75
200515001	赵菁菁	网络系	2	NULL
200515001	赵菁菁	网络系	4	62
200515001	赵菁菁	网络系	5	58
200515001	赵菁菁	网络系	7	70
200515002	李勇	软件系	1	85
200515002	李勇	软件系	3	53
200515002	李勇	软件系	4	85
200515003	张力	网络系	1	86
200515004	张衡	软件系	1	74
200515004	张衡	软件系	2	46
200515005	张向东	软件系	1	58
200515005	张向东	软件系	10	65
200515005	张向东	软件系	2	89
200515006	张向丽	软件系	1	84
200515006	张向丽	软件系	2	65
200515007	王芳	网络系	NULL	NULL
200515008	王明生	通信系	2	72

图 10-55　左连接查询结果

2. 右连接查询

进行右连接查询时，可以查询出“表名 2”所指的表中的所有记录，而“表名 1”所指的表中只能查询出匹配的记录。

【例 10-37】　显示所有课程表中所有课程的考试成绩。未参加某门课程考试的学生，其相应成绩显示为 NULL。SELECT 语句如下：

```
SELECT student.sno,sname,sdept, cno,grade FROM student RIGHT JOIN sc
on student.sno=sc.sno;
```

执行结果如图 10-56 所示。

sno	sname	sdept	cno	grade
NULL	NULL	NULL	1	100
200515001	赵菁菁	网络系	1	75
200515001	赵菁菁	网络系	2	NULL
200515001	赵菁菁	网络系	4	62
200515001	赵菁菁	网络系	5	58
200515001	赵菁菁	网络系	7	70
200515002	李勇	软件系	1	85
200515002	李勇	软件系	3	53

图 10-56　右连接查询结果

10.4.3 复合连接查询

在连接查询时，也可以增加其他的限制条件，通过多个条件构成复合连接查询，可以使查询结果更加准确。例如，student 表和 sc 表进行连接查询时，可以限制 grade 字段的取值必须大于 75，这样可以更加准确地查询出成绩高于 75 分的学生的信息。

【例 10-38】 查询成绩高于 75 分的学生的学号、系别和成绩。

SELECT 语句如下：

```
SELECT student.sno,sname,sdept, cno,grade FROM student , sc
WHERE student.sno=sc.sno AND grade>75;
```

执行结果如图 10-57 所示。

```
+-----------+--------+--------+-----+-------+
| sno       | sname  | sdept  | cno | grade |
+-----------+--------+--------+-----+-------+
| 200515002 | 李勇   | 网络系 | 1   |    85 |
| 200515002 | 李勇   | 网络系 | 4   |    85 |
| 200515003 | 张力   | 网络系 | 1   |    86 |
| 200515005 | 张向东 | 软件系 | 2   |    89 |
| 200515006 | 张向丽 | 软件系 | 1   |    84 |
| 200515009 | 王小丽 | 通信系 | 2   |    76 |
| 200515010 | 李晨   | 通信系 | 2   |    96 |
| 200515010 | 李晨   | 通信系 | 8   |    96 |
+-----------+--------+--------+-----+-------+
8 rows in set (0.00 sec)
```

图 10-57 复合内连接查询

查询结果只显示了 grade 字段取值大于 75 的记录。

10.5 子查询

子查询是将一个查询语句嵌套在另一个查询语句中，所以有时候也被称为嵌套查询。内层查询语句的查询结果可以为外层查询语句提供查询条件。因为在特定情况下，一个查询语句的条件需要另一个查询语句获取。例如，要从学生成绩表中查询计算机系学生的各门课程成绩，首先就要知道哪些课程是计算机系学生选修的。因此，必须先查询计算机系学生选修的课程，然后根据这些课程查询计算机系学生的各门课程成绩。通过子查询可以实现多表之间的查询。子查询中可能包括 IN、NOT IN、AND、ALL、EXISTS 和 NOT EXISTS 等关键字。子查询中还可能包含比较运算符，如=、!=、>和<等。

10.5.1 带 IN 关键字的子查询

一个查询语句的条件可能落在另一个查询语句的结果中，这可以通过 IN 关键字判断。例如，要查询哪些学生选修了计算机系开设的课程，必须先从课程表中查询出计算机系开设了哪些课程，再从学生表中进行查询。如果一个学生选修的课程在前面查询出来的课程中，则可以查询出该学生的信息，这可以用带 IN 关键字的子查询实现。

【例 10-39】 查询成绩高于 80 分的学生的基本信息。

SELECT 语句如下：

```
SELECT * FROM student WHERE sno IN(SELECT sno FROM sc WHERE grade>80);
```

执行结果如图 10-58 所示。

```
+-----------+--------+------+------------+--------+
| sno       | sname  | ssex | sbirthday  | sdept  |
+-----------+--------+------+------------+--------+
| 200515002 | 李勇   | 男   | 1993-02-24 | 网络系 |
| 200515003 | 张力   | 男   | 1992-06-12 | 网络系 |
| 200515005 | 张向东 | 男   | 1992-12-24 | 软件系 |
| 200515006 | 张向丽 | 女   | 1994-04-12 | 软件系 |
| 200515010 | 李晨   | 女   | 1993-12-01 | 通信系 |
+-----------+--------+------+------------+--------+
5 rows in set (0.02 sec)
```

图 10-58　带 IN 关键字的子查询结果

查询结果显示，student 表中的 sno 字段取值分别为 200515002、200515003、200515005、200515006、200515010。可以看出，结果排除了很多记录。然后执行带 IN 关键字的子查询。

NOT IN 关键字的作用与 IN 关键字刚好相反。

【例 10-40】 查询没有成绩的学生的信息。

SELECT 语句如下：

```
SELECT * FROM student WHERE sno NOT IN (SELECT sno FROM sc);
```

执行结果如图 10-59 所示。

```
+-----------+--------+------+------------+--------+
| sno       | sname  | ssex | sbirthday  | sdept  |
+-----------+--------+------+------------+--------+
| 00001     | 阿三   | 男   | 1900-01-01 | 通信系 |
| 200515007 | 王芳   | 女   | 1993-10-05 | 网络系 |
| 200515012 | 杨丽华 | 女   | 1994-02-01 | 英语系 |
| 200515013 | 李芳   | 女   | 1992-05-03 | 通信系 |
| 200515014 | 张丰毅 | 男   | 1995-05-05 | 网络系 |
| 200515019 | 林自许 | 男   | 1991-07-23 | 网络系 |
| 200515020 | 马翔   | 男   | 1993-09-24 | 网络系 |
| 200515022 | 朱晓鸥 | 女   | 1994-01-01 | 软件系 |
| 200515023 | 牛站强 | 男   | 1993-07-28 | 中文系 |
| 200515024 | 李婷婷 | 女   | 1993-01-29 | 通信系 |
| 200515025 | 严丽   | 女   | 1992-07-12 | 数学系 |
+-----------+--------+------+------------+--------+
11 rows in set (0.00 sec)
```

图 10-59　带 NOT IN 关键字的子查询结果

结果中只查询出了 11 条记录。因为 sc 表中没有任何记录的 sno 字段取值为这 11 条记录的 sno 的值。

10.5.2　带比较运算符的子查询

子查询可以使用比较运算符，包括=、!=、>、>=、<、<=等。比较运算符在子查询中使用非常广泛。

【例 10-41】 查询成绩高于整体平均成绩的学生的学号。

SELECT 语句如下：

```
SELECT sno FROM sc WHERE grade > (SELECT AVG(grade) FROM sc);
```

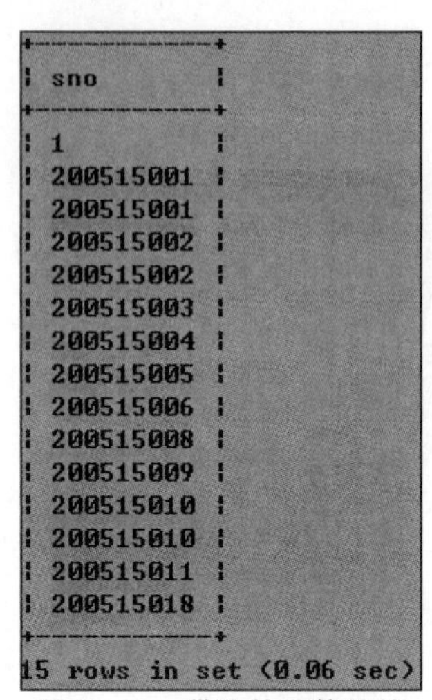

sno
1
200515001
200515001
200515002
200515002
200515003
200515004
200515005
200515006
200515008
200515009
200515010
200515010
200515011
200515018

15 rows in set (0.06 sec)

图 10-60 带比较运算符的子查询结果

执行结果如图 10-60 所示。

结果显示，最终符合条件的有 15 行，但是因为 sc 表中存在很多重复的数据。所以，在写查询语句时，尽量在 SELECT 的后面带 DISTINCT 关键字。

10.5.3 带 EXISTS 关键字的子查询

EXISTS 关键字表示存在。使用 EXISTS 关键字时，内层查询语句不返回查询的记录，而是返回一个布尔值。如果内层查询语句查询到满足条件的记录，就返回一个真值(true)；否则，将返回一个假值(false)。当返回值为 true 时，外层查询语句将进行查询；当返回值为 false 时，外层查询语句不进行查询或者查询不出任何记录。

【例 10-42】 如果存在一个学生的学号为 0003，则显示所有学生的信息；如果没有这个学生，就不显示任何学生的信息。SELECT 语句如下：

```
SELECT * FROM student WHERE EXISTS (SELECT sno FROM student WHERE sno =0003);
```

执行结果如图 10-61 所示。

```
Empty set (0.01 sec)
```

图 10-61 带 EXISTS 关键字的子查询结果

结果显示，没有查询出任何记录。这是因为 student 表中根本不存在 sno=0003 的记录。内层查询语句返回 false。外层查询语句接收到 false 后不进行任何查询，所以输出 Empty set。

当然，EXISTS 关键字可以与其他的查询条件一起使用。条件表达式与 EXISTS 关键字之间用 AND 或者 OR 连接。

【例 10-43】 如果 student 表中存在 sno 取值为 200515001 的记录，则查询 student 表中 sdept 等于“网络系”的记录。

SELECT 语句如下：

```
SELECT * FROM student
WHERE sdept= '网络系' and EXISTS(SELECT * FROM student WHERE sno=200515001);
```

执行结果如图 10-62 所示。

sno	sname	ssex	sbirthday	sdept
200515001	赵菁菁	女	1994-08-10	网络系
200515003	张力	男	1992-06-12	网络系
200515007	王芳	女	1993-10-05	网络系
200515014	张手毅	男	1995-05-05	网络系
200515019	林自许	男	1991-07-23	网络系
200515020	马翔	男	1993-09-24	网络系
200515021	刘峰	男	1994-01-18	网络系

7 rows in set (0.00 sec)

图 10-62 带 EXISTS 关键字的子查询结果

结果显示，从 student 表中查询出了 7 条记录。这 7 条记录的 sdept 字段的取值都是"网络系"。内层查询语句从 student 表中查询到记录，返回 true，外层查询语句才开始进行查询，根据查询条件，从 sutdnet 表中查询出 sdept 等于"网络系"的 7 条记录。

NOT EXISTS 与 EXISTS 刚好相反。使用 NOT EXISTS 关键字时，当返回的值是 true 时，外层查询语句不进行查询或者查询不出任何记录；当返回值是 false 时，外层查询语句将进行查询。

注意：EXISTS 关键字与前面的关键字不一样。使用 EXISTS 关键字时，内层查询语句只返回 true 或 false。如果内层查询语句查询到记录，那么返回 true；否则，将返回 false。如果返回 true，那么就可以执行外层查询语句。使用前面介绍的其他关键字时，其内层查询语句都会返回已查询到的记录。

10.5.4 带 ANY 关键字的子查询

ANY 关键字表示满足其中任一条件。使用 ANY 关键字时，只要内层查询语句返回结果中的任何一个满足条件，就可以通过该条件执行外层查询语句。例如，需要查询哪些学生能够获得奖学金，首先必须从奖学金表中查询出各种奖学金要求的最低分，只要一个学生的成绩不低于不同奖学金最低分的任何一个，这个学生就可以获得奖学金。ANY 关键字通常与比较运算符一起使用。例如，>ANY 表示大于任何一个值，=ANY 表示等于任何一个值。

【例 10-44】 查询 student 表中出生日期不早于所有通信系学生的网络系学生。查询前先看一看网络系和通信系学生的基本信息：

```
SELECT * FROM student WHERE sdept='网络系';
SELECT * FROM student WHERE sdept='通信系';
```

执行结果分别如图 10-63 和图 10-64 所示。

sno	sname	ssex	sbirthday	sdept
200515001	赵菁菁	女	1994-08-10	网络系
200515002	李勇	男	1993-02-24	网络系
200515003	张力	男	1992-06-12	网络系
200515007	王芳	女	1993-10-05	网络系
200515014	张丰毅	男	1995-05-05	网络系
200515019	林自许	男	1991-07-23	网络系
200515020	马翔	男	1993-09-24	网络系
200515021	刘峰	男	1994-01-18	网络系

8 rows in set (0.00 sec)

图 10-63 网络系学生的基本信息

sno	sname	ssex	sbirthday	sdept
00001	阿三	男	1900-01-01	通信系
200515008	王明生	男	1991-09-16	通信系
200515009	王小丽	女	1993-08-18	通信系
200515010	李晨	女	1993-12-01	通信系
200515013	李芳	女	1992-05-03	通信系
200515024	李婷婷	女	1993-01-29	通信系

6 rows in set (0.00 sec)

图 10-64 通信系学生的基本信息

然后进行带 ANY 关键字的子查询，SELECT 语句如下：

```
SELECT * FROM student WHERE sdept= '网络系'
AND sbirthday>=ANY(SELECT sbirthday FROM student WHERE sdept= '通信系');
```

执行结果如图 10-65 所示。

sno	sname	ssex	sbirthday	sdept
200515001	赵菁菁	女	1994-08-10	网络系
200515003	张力	男	1992-06-12	网络系
200515007	王芳	女	1993-10-05	网络系
200515014	张丰毅	男	1995-05-05	网络系
200515020	马翔	男	1993-09-24	网络系
200515021	刘峰	男	1994-01-18	网络系

6 rows in set (0.00 sec)

图 10-65　带 ANY 关键字的子查询结果

结果显示，网络系的学生全符合条件。从图 10-64 中可以看出，通信系有一个学生的出生日期为 1900-01-01，网络系任何一个学生的出生日期都在此之后，故全部满足条件。

10.5.5　带 ALL 关键字的子查询

ALL 关键字表示满足所有条件。使用 ALL 关键字时，只有内层查询语句返回的所有结果均满足条件，才可以执行外层查询语句。例如，要查询哪些学生能够获得一等奖学金，首先必须从奖学金表中查询出各种奖学金要求的最低分。因为一等奖学金要求的分数最高。只有当一个学生的成绩高于所有奖学金要求的最低分时，这个学生才可以获得一等奖学金。ALL 关键字也经常与比较运算符一起使用。例如，＞ALL 表示大于所有值，＜ALL 表示小于所有值。

【例 10-45】 查询年龄最小的学生的基本信息。

注意：出生日期越晚，年龄越小。

SELECT 语句如下：

```
SELECT * FROM student WHERE sbirthday>=ALL(SELECT sbirthday FROM student ) ;
```

执行结果如图 10-66 所示。

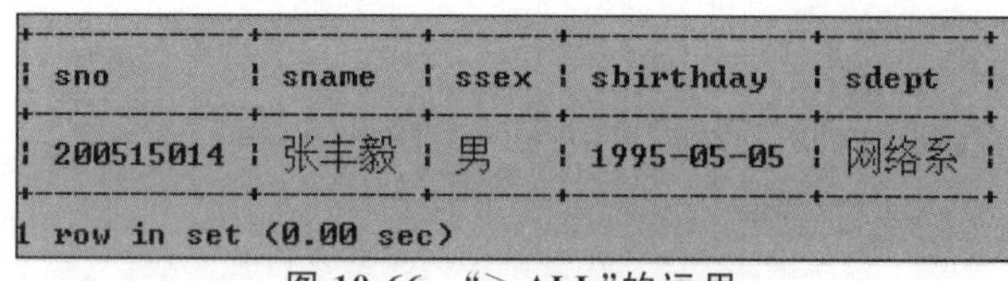

sno	sname	ssex	sbirthday	sdept
200515014	张丰毅	男	1995-05-05	网络系

1 row in set (0.00 sec)

图 10-66　“＞ALL”的运用

结果显示，只有一个学生符合条件，他的年龄是最小的，出生日期是最大的。

注意：ANY 关键字和 ALL 关键字的使用方式是一样的，但是这两者有很大的区别。使用 ANY 关键字时，只要内层查询语句返回结果中的任何一个满足条件，就可以执行外层查询语句；而使用 ALL 关键字时，只有内层查询语句返回的所有结果均满足条件时，才可以执行外层查询语句。

10.6　合并查询结果

合并查询结果是将多个查询语句的查询结果合并到一起。在某些情况下，需要将几个SQL语句的查询结果合并起来。例如，要查询甲公司和乙公司所有员工的信息。这就需要从甲公司中查询出所有员工的信息，再从乙公司中查询出所有员工的信息，然后将两次的查询结果合并到一起。进行合并操作使用UNION和UNION ALL关键字。

使用UNION关键字时，数据库系统会将所有的查询结果合并到一起，然后去除相同的记录。而UNION ALL关键字则只是简单地将所有的查询结果合并到一起。其语法规则如下：

```
查询语句 1
UNION/UNION ALL
查询语句 2
UNION/UNION ALL
...
UNION/UNION ALL
查询语句 n;
```

从上面可以知道，可以合并多个查询语句的查询结果，而且两个查询语句使用UNION或UNION ALL关键字连接。

【例10-46】 从student表和sc表中查询sno字段的取值，然后通过UNION关键字将结果合并到一起。

student表的sno字段有26个不同的值，而sc表的sno字段有很多值是相同的。将这两个表中的sno字段的取值合并在一起的查询语句如下：

```
SELECT sno FROM student
UNION
SELECT sno FROM sc;
```

两个查询语句用UNION关键字进行连接。以上合并查询语句的执行结果如图10-67所示。

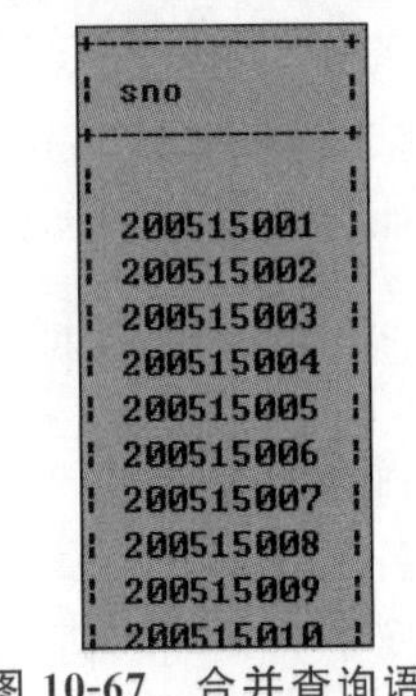

图10-67　合并查询语句的执行结果

从查询结果可以看出，sno字段的取值都是不同的，是student表和sc表sno字段的所有取值，而且结果中没有任何重复的记录。

如果使用UNION ALL关键字，那么只将查询结果直接合并到一起，结果中可能存在相同的记录。

注意： UNION关键字和UNION ALL关键字都可以合并查询结果，但是两者有区别。UNION关键字合并查询结果时需要将相同的记录去除；而UNION ALL关键字不去除相同的记录，而是将所有的记录直接合并到一起。

10.7 表和字段的别名

10.7.1 为表取别名

当表的名称特别长时,在查询过程中直接使用表的名称很不方便。这时可以为表取一个别名。例如,电力软件中的变压器表的名称为"power_system_transform"。如果要使用该表中的字段 id,但同时查询的其他表中也有 id 字段,这时就必须指明是哪个表中的 id 字段,如 power_system_transform.id,使用起来不是很方便。为了解决这个问题,可以为变压器表取一个别名,例如将 power_system_transform 取别名为 t,那么 t 就代表变压器表,t.id 与 power_system_transform.id 表示的意思就相同了。本节介绍怎样为表取别名以及查询时如何使用别名。

MySQL 中为表取别名的基本形式如下:

```
表名 表的别名
```

通过这种方式,表的别名就能在此次查询中代替表名了。

【例 10-47】 为 student 表取别名 std,然后查询表中 sno 字段取值为 200515001 的记录。SELECT 语句如下:

```
SELECT * FROM student std WHERE std.sno=200515001;
```

其中,student std 表示 student 表的别名为 std,std.sno 表示 student 表的 sno 字段。语句执行结果如图 10-68 所示。

```
mysql> SELECT * FROM student std WHERE std.sno=200515001;
+-----------+--------+------+------------+--------+
| sno       | sname  | ssex | sbirthday  | sdept  |
+-----------+--------+------+------------+--------+
| 200515001 | 赵菁菁 | 女   | 1994-08-10 | 网络系 |
+-----------+--------+------+------------+--------+
1 row in set (0.00 sec)
```

图 10-68 为表取别名

结果查询出了 sno 字段取值为 200515001 的记录。为表取名时必须保证该数据库中没有其他表名与该别名相同,否则数据库系统将无法辨别该名称指的是哪个表。

10.7.2 为字段取别名

当查询数据时,默认的情况下会显示当前查询字段的原始名字,但是有时需要用更加直观的名字表示一个字段。例如,字段名 department_name 不太好记,也不好理解,可以直接为它换个名字叫"部门名称",这样就非常直观了。

MySQL 中为字段取别名的基本形式为

```
属性名 AS 别名
```

其中,"属性名"参数为字段原来的名称;"别名"参数为字段新的名称;AS 关键字可有可无,实现的作用都是一样的。通过这种方式,显示结果中别名就可以代替属性名。将字段名 department_name 改为"部门名称"就可以写为

```
SELECT department_name AS 部门名称 FROM…
```

【例 10-48】 查询每位学生的学号、姓名和年龄。

计算学生的年龄，但是如果在 SELECT 子句里面出现了计算字段，结果中的字段名就会显示为计算的表达式，例如 YEAR＜CURDATE＜＞＞-YEAR＜sbirthday＞。现在想让它直接显示为“年龄”，就可以直接在这个表达式的后面加上“AS 年龄”，最后结果如图 10-69 所示。

sno	sname	年龄
200515001	赵菁菁	20
200515002	李勇	21
200515003	张力	22
200515004	张衡	19
200515005	张向东	22
200515006	张向丽	20

图 10-69 为字段取别名

通过为表和字段取别名的方式，能够使查询更加方便，而且可以使查询结果以更加合理的方式显示。

注意：表的别名不能与同一数据库的其他表同名，字段的别名不能与同一表的其他字段同名。在条件表达式中不能使用字段的别名，否则将会出现“ERROR 1054 (42S22): Unknown column”这样的错误提示信息。显示查询结果时会用字段的别名代替字段名。

10.8 使用正则表达式查询

正则表达式通常用来检索或替换符合某个模式的文本内容。例如，从一个文本文件中提取电话号码，查找一篇文章中重复的单词，或者替换用户输入的某些敏感词语，这些操作都可以使用正则表达式。正则表达式强大而且灵活，可以应用于非常复杂的查询。

在 MySQL 中使用 REGEXP 关键字指定正则表达式的字符匹配模式。

10.8.1 匹配指定字符中的任意一个

在正则表达式中用“.”替代字符串中的任意一个字符。例如，在 student 表中，查询 sname 字段值包含字符“张”与“东”且两个字符之间只有一个字符的记录，SELECT 语句如下：

```
SELECT * FROM student WHERE sname REGEXP '张.东';
```

10.8.2 使用 * 和+匹配多个字符

* 匹配前面的字符任意多次，包括 0 次。+匹配前面的字符至少一次。

例如，在 student 表中，查询 sname 字段值以字符“张”开头且“张”后面出现字符“丰”的记录，SELECT 语句如下：

```
SELECT * FROM student WHERE sname REGEXP '^张丰*';
```

在 student 表中，查询 sname 字段值以字符“张”开头且“张”后面出现字符“丰”至少一次的记录，SELECT 语句如下：

```
SELECT * FROM student WHERE sname REGEXP '^张丰+';
```

10.9 实战

10.9.1 使用集合函数 SUM()对学生成绩进行汇总

【例 10-49】 求 xscj 表中学号为 100001 的学生的总成绩。

(1) 创建 xscj 表并插入数据,如图 10-70 和图 10-71 所示。

```
mysql> create table xscj
    -> (
    -> num  char(6) not null,
    -> name  char(10) not null,
    -> lesson  char(10) not null,
    -> mark  char(10) not null
    -> );
Query OK, 0 rows affected (0.01 sec)
```

图 10-70 创建 xscj 表

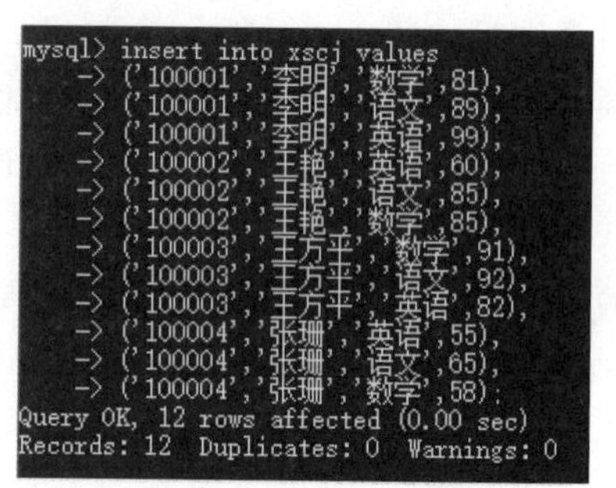

```
mysql> insert into xscj values
    -> ('100001','李明','数学',81),
    -> ('100001','李明','语文',89),
    -> ('100001','李明','英语',99),
    -> ('100002','王艳','英语',60),
    -> ('100002','王艳','语文',85),
    -> ('100002','王艳','数学',85),
    -> ('100003','王方平','数学',91),
    -> ('100003','王方平','语文',92),
    -> ('100003','王方平','英语',82),
    -> ('100004','张珊','英语',55),
    -> ('100004','张珊','语文',65),
    -> ('100004','张珊','数学',58);
Query OK, 12 rows affected (0.00 sec)
Records: 12  Duplicates: 0  Warnings: 0
```

图 10-71 插入数据

(2) 查询 xscj 表,如图 10-72 所示。

(3) 求学号为 100001 的学生的总成绩,如图 10-73 所示。

```
mysql> select * from xscj;
+--------+--------+--------+------+
| num    | name   | lesson | mark |
+--------+--------+--------+------+
| 100001 | 李明   | 数学   | 81   |
| 100001 | 李明   | 语文   | 89   |
| 100001 | 李明   | 英语   | 99   |
| 100002 | 王艳   | 英语   | 60   |
| 100002 | 王艳   | 语文   | 85   |
| 100002 | 王艳   | 数学   | 85   |
| 100003 | 王方平 | 数学   | 91   |
| 100003 | 王方平 | 语文   | 92   |
| 100003 | 王方平 | 英语   | 82   |
| 100004 | 张珊   | 英语   | 55   |
| 100004 | 张珊   | 语文   | 65   |
| 100004 | 张珊   | 数学   | 58   |
+--------+--------+--------+------+
12 rows in set (0.00 sec)
```

图 10-72 查询 xscj 表

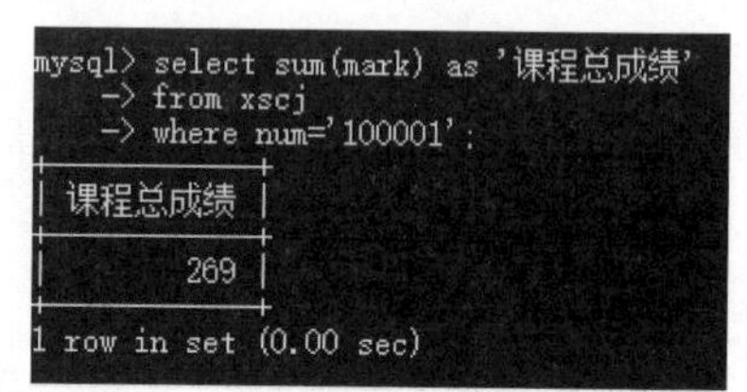

```
mysql> select sum(mark) as '课程总成绩'
    -> from xscj
    -> where num='100001';
+------------+
| 课程总成绩 |
+------------+
|        269 |
+------------+
1 row in set (0.00 sec)
```

图 10-73 求总成绩的查询语句及结果

10.9.2 查询大于指定条件的记录

【例 10-50】 查询 xscj 表中语文成绩高于 80 分的学生的学号和姓名,如图 10-74 所示。

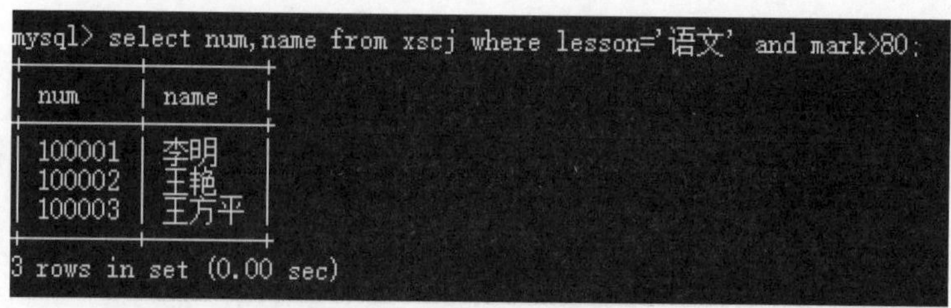

```
mysql> select num,name from xscj where lesson='语文' and mark>80;
+--------+--------+
| num    | name   |
+--------+--------+
| 100001 | 李明   |
| 100002 | 王艳   |
| 100003 | 王方平 |
+--------+--------+
3 rows in set (0.00 sec)
```

图 10-74 查询语句及结果

10.9.3　使用比较运算符进行子查询

【例 10-51】　查询 xscj 表中成绩高于整体平均成绩的学生的学号、姓名和课程，如图 10-75 所示。

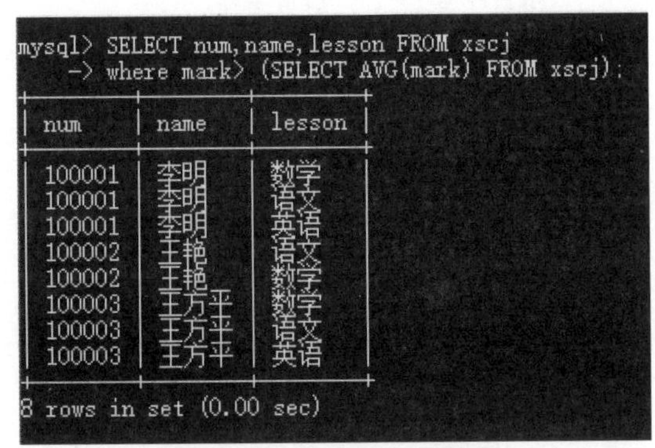

图 10-75　查询语句及结果

10.9.4　GROUP BY 与 HAVING 关键字

【例 10-52】　查询 xscj 表中平均成绩在 80 分以上的学生的学号和平均成绩，如图 10-76 所示。

图 10-76　查询语句及结果

学习成果达成与测评

<table>
<tr><td>学号</td><td></td><td>姓名</td><td></td><td>项目序号</td><td></td><td>项目名称</td><td></td><td>学时</td><td>6</td><td>学分</td><td></td></tr>
<tr><td>职业技能等级</td><td colspan="2">中级</td><td colspan="3">职业能力</td><td colspan="4"></td><td>任务量数</td><td></td></tr>
<tr><td>序号</td><td colspan="10">评价内容</td><td>分数</td></tr>
<tr><td>1</td><td colspan="10">掌握查询语句的基本语法，并在单表上进行数据查询</td><td>10</td></tr>
<tr><td>2</td><td colspan="10">掌握集合函数使用 WHERE 条件的运用</td><td>10</td></tr>
<tr><td>3</td><td colspan="10">掌握多表联合查询语法，并熟练进行查询</td><td>10</td></tr>
<tr><td>4</td><td colspan="10">掌握子查询的语法和查询结果合并的方法</td><td>10</td></tr>
<tr><td>5</td><td colspan="10">掌握为表和字段取别名的基本语法</td><td>10</td></tr>
<tr><td rowspan="2">考核评价</td><td colspan="10">总分数</td><td></td></tr>
<tr><td colspan="11">指导教师评语</td></tr>
<tr><td>备注</td><td colspan="11">奖励：
(1) 可以按照完成质量给予 1～10 分奖励。
(2) 每超额完成一个任务加 3 分。
(3) 巩固提升任务完成情况优秀，加 2 分。
惩罚：
(1) 完成任务超过规定时间，扣 2 分。
(2) 完成任务有缺项，每项扣 2 分。
(3) 任务实施报告中有歪曲事实、杜撰或抄袭内容者不予评分。</td></tr>
</table>

学习成果实施报告书

<table>
<tr><td>题目</td><td colspan="5"></td></tr>
<tr><td>班级</td><td></td><td>姓名</td><td></td><td>学号</td><td></td></tr>
<tr><td colspan="6">任务实施报告</td></tr>
<tr><td colspan="6">简要记述完成的各项任务，描述任务规划以及实施过程、遇到的重点难点以及解决过程，字数不少于800字。</td></tr>
<tr><td colspan="6">考核评价(10分制)</td></tr>
<tr><td colspan="4" rowspan="2">教师评语：</td><td>态度分数</td><td></td></tr>
<tr><td>工作量分数</td><td></td></tr>
<tr><td colspan="6">考 核 标 准</td></tr>
<tr><td colspan="6">(1) 在规定时间内完成任务。
(2) 操作规范。
(3) 任务实施报告书内容真实可靠、条理清晰、文字流畅、逻辑性强。
(4) 没有完成工作量扣1分，有抄袭内容扣5分。</td></tr>
</table>

第11章

综合实例——留言本

 知识导读

前面详细介绍了PHP语言的基本知识、MySQL数据库的基本知识以及如何用PHP操作MySQL数据库。从本章开始，将介绍网络中实际应用的设计和开发等方面的知识。

本章讲述留言本处理程序。在当今网络中，常见的论坛、博客等应用都是基于留言本实现的。首先介绍开发网络应用服务的设计思路，然后详细介绍如何将PHP和MySQL相结合实现留言本设计。

学习目标

- 掌握PHP语言操作数据库的主要函数。
- 了解数据库设计的思路，熟练掌握数据库和数据表的创建和设计方法。
- 了解开发留言本应用的一般步骤。
- 掌握留言本前端页面的设计方法。
- 掌握表单数据的提交、验证及处理方法。
- 掌握留言本后端添加、查看、审核、编辑、查询等页面的设计方法。

11.1 留言本概述

留言本又称为留言簿或留言板，是目前网站中使用较广泛的一种沟通与交流的方式。用户在注册、登录后，可以将问题、意见等信息发布并保留在留言本页面上。用户可以相互讨论和交流，对相应留言作出回复。网站管理员可收集来自不同用户的反馈信息，用户也可以从留言本中获取信息，从而实现网站与用户之间及不同用户之间的交流与沟通。各种论坛与博客都可以看作留言本的应用。

大型留言本的版面多，用户的留言放在相应的主题中，每个版面有不同的版主，设置比较复杂。限于篇幅，本章介绍只有一个版面的留言本的设计和实现。

11.2 系统分析流程

11.2.1 程序业务流程

留言本的核心功能是供用户发布和读取留言信息。不同的用户有不同的权限，分为以

下 3 类：

(1) 浏览者，即未登录的用户。这类用户可以查看通过审核的留言列表，但不能查看留言详情。

(2) 普通用户。注册并登录后的普通用户可以查看通过审核的留言详情，可以发布留言，并可以编辑、删除自己的留言。

(3) 管理员。这类用户具有留言本的最高权限，可以查看所有用户的留言详情，进行用户留言审核，并可以删除用户的留言。

留言本的业务流程如图 11-1 所示。

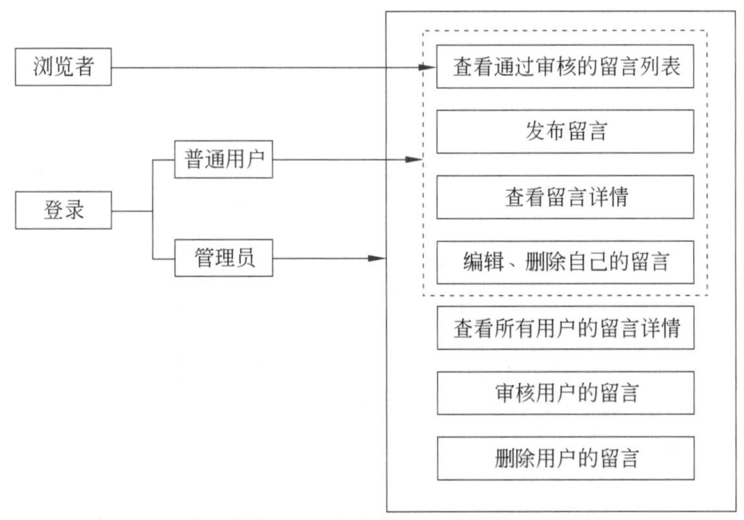

图 11-1 留言本的业务流程

11.2.2 系统预览

留言本由多个页面组成，本节给出几个典型页面。留言本首页如图 11-2 所示，该页面用于展示所有通过审核的留言列表。用户注册模块供用户填写相应表单信息，并将信息存入数据库，如图 11-3 所示。用户登录模块比较简单，用于验证用户身份，如图 11-4 所示。添加留言模块用于将用户的留言存入数据库并显示出来，如图 11-5 所示。查看留言详情模块用于将相应的留言信息从数据库读取并显示出来，如图 11-6 所示。

图 11-2 留言本首页

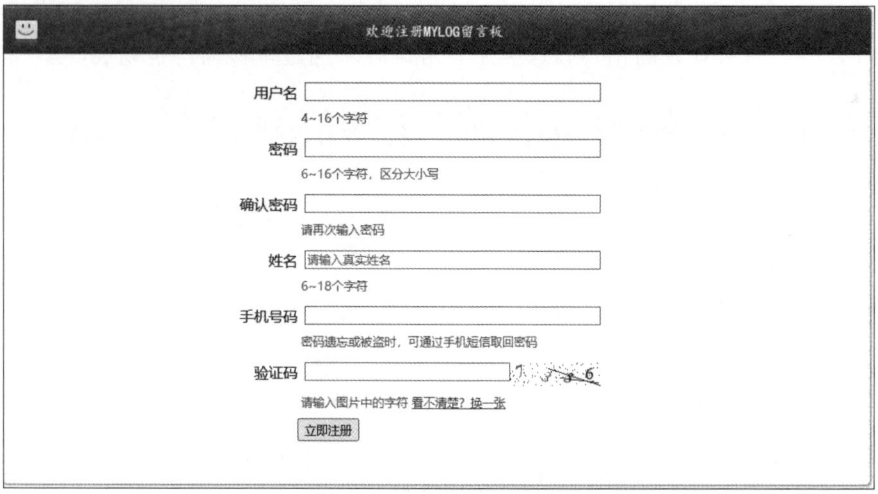

欢迎注册MYLOG留言板
用户名
4~16个字符
密码
6~16个字符，区分大小写
确认密码
请再次输入密码
姓名 请输入真实姓名
6~18个字符
手机号码
密码遗忘或被盗时，可通过手机短信取回密码
验证码
请输入图片中的字符 看不清楚？换一张
立即注册

图 11-3 用户注册模块

留言本登录
用户名：
密 码：
登 录 注 册

图 11-4 用户登录模块

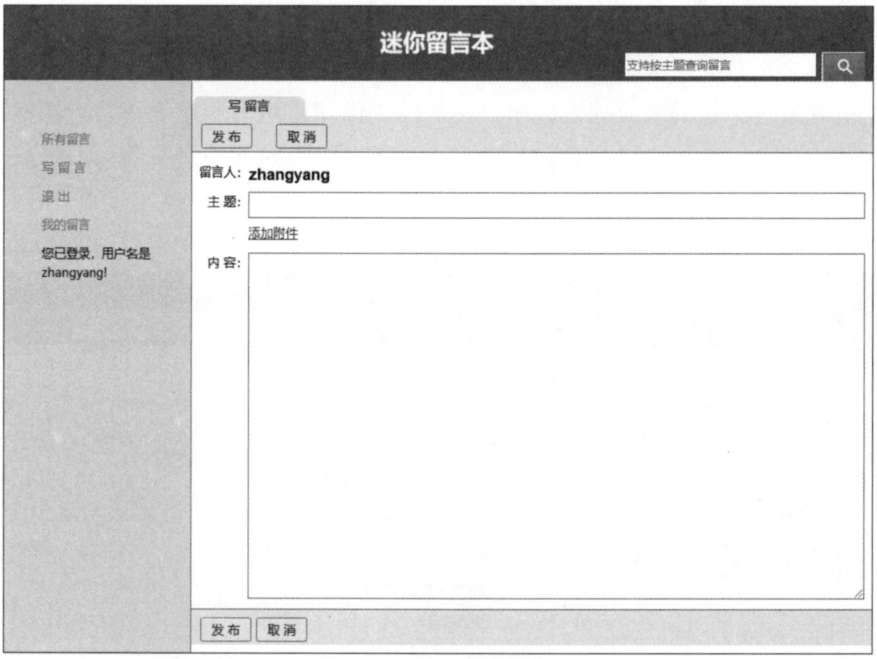

迷你留言本
支持按主题查询留言
写留言
发布 取消
所有留言
写留言
退出
我的留言
您已登录，用户名是zhangyang!
留言人：zhangyang
主 题：
添加附件
内 容：
发布 取消

图 11-5 添加留言模块

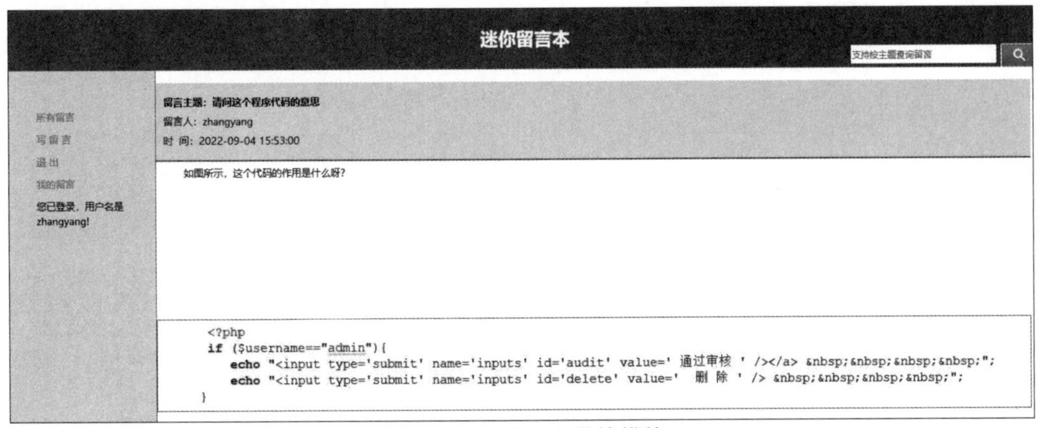

图 11-6　查看留言详情模块

11.3　数据库设计

开发一个网络应用服务离不开数据库的支持，因为它要利用数据库存取和管理数据信息。在本书中，网络应用开发都使用 MySQL 数据库，采用 PHP＋MySQL＋Apache 架构。PHP 与 MySQL 数据库一直是公认的最佳搭档，MySQL 数据库配备了一些流行的图形化管理工具，可以轻松地对数据库进行数据操作。其中，phpMyAdmin 软件是用 PHP 完成的，是利用 PHP 操作 MySQL 数据库的良好工具。数据库的访问流程如图 11-7 所示。

图 11-7　数据库的访问流程

11.3.1　数据库概念设计

根据系统分析，留言本有以下两个实体：

（1）注册用户信息实体，包括用户序号、用户名、真实姓名、电话号码、注册时间、密码 6 个属性，其 E-R 图如图 11-8 所示。

（2）留言信息实体，包括留言序号、留言人、主题、内容、附件、留言时间、审核状态 7 个属性，其 E-R 图如图 11-9 所示。

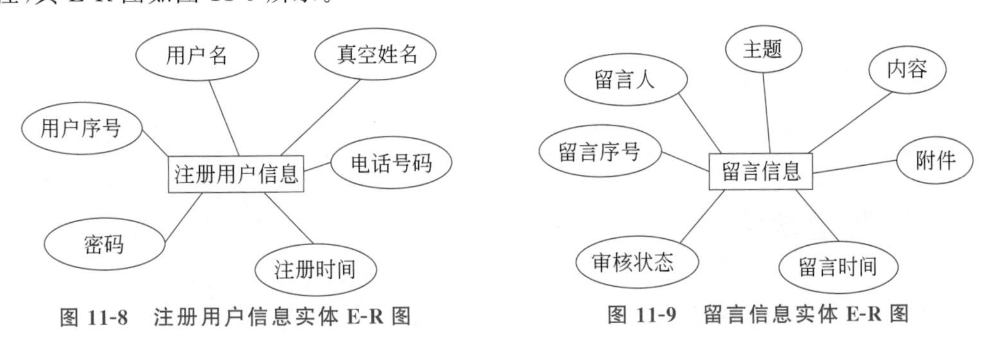

图 11-8　注册用户信息实体 E-R 图

图 11-9　留言信息实体 E-R 图

留言本系统 E-R 图如图 11-10 所示。

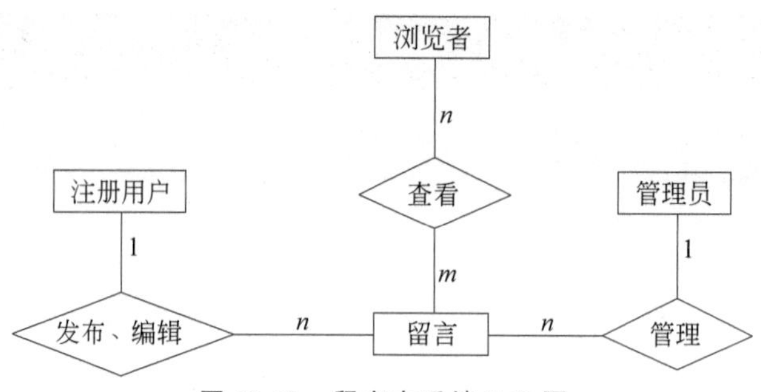

图 11-10 留言本系统 E-R 图

11.3.2 数据库逻辑设计

留言本中使用的是 MySQL 数据库，数据库名是 myblog，其中包括两个表，如表 11-1 所示。两个表的结构如表 11-2、表 11-3 所示。

表 11-1 myblog 数据库的数据表

表 名	含 义	作 用
usermsg	用户信息表	用于存储用户信息
contmsg	留言信息表	用于存储留言信息

表 11-2 usermsg 表结构

字段名称	字段说明	类型和长度	是否允许为空	其 他
userID	用户序号	int(10)	not null	自动增长，主键
username	用户名	varchar(30)	not null	
truename	真实姓名	varchar(30)	not null	
psd	密码	varchar(30)	not null	
phoneno	电话号码	varchar(11)		
zhucedate	注册时间	datetime	not null	

表 11-3 contmsg 表结构

字段名称	字段说明	类型和长度	是否允许为空	其 他
contID	留言序号	int(10)	not null	自动增长，主键
username	留言人	varchar(30)	not null	
title	主题	varchar(30)	not null	
content	内容	varchar(30)		
attachement	附件	varchar(100)		
date_entered	留言时间	datetime	not null	
audited	审核状态	tinyint	not null	初始值为 0(未审核)

11.4 公共模块设计

11.4.1 数据库连接文件

在进行程序开发时，很多文件都涉及数据库操作，要与数据库建立连接，为了避免重复编写代码，可以将数据库连接代码作为一个公共文件进行存储，在需要时直接调用即可。留言本的数据库连接文件 conn.php 代码如下：

```
<?php
$conn=mysqli_connect('localhost','root','123456');
if (!$conn){
    die("数据库连接失败,错误编号是:".mysqli_connect_errno()."<br />错误信息是:".
        mysqli_connect_error());
}
mysqli_select_db($conn,'myblog')  or die("数据库访问错误".mysqli_error());
?>
```

创建 conn.php 文件后，在需要调用数据库的程序中通过 include/include_once 或者 requrie/require_once 语句调用 conn.php 文件即可，代码如下：

```
  <?php
   include_once 'conn.php';
?>
```

11.4.2 将文本中的字符转换为 HTML 标识符

数据库的数据在输出时要将一些特殊字符转换为 HTML 标识符，以便在浏览器中正确显示。例如，要将按 Enter 键生成的换行符转换为 HTML 的换行标记。将该功能编写成自定义函数 tohtml()并保存到 function.php 文件中，将其作为公共模块使用，需要时调用即可，调用方法与 conn.php 一样。function.php 文件代码如下：

```
<?php
function tohtml($content){
    $content=htmlspecialchars($content);                    //转换文本中的特殊字符
    //转换文本中的换行符
    $content=str_replace((chr(13).chr(10)),"<p>",$content);
    //转换文本中的" "
    $content=str_replace(chr(32)," ",$content);
    $content=str_replace("[_[","<",$content);               //转换文本中的大于号
    $content=str_replace("]_]",">",$content);               //转换文本中的小于号
    $content=str_replace("|_|"," ",$content);               //转换文本中的空格
    return trim($content);                                  //删除文本首尾的空格
}
?>
```

11.4.3 JavaScript 脚本

JavaScript 脚本可以在浏览器端直接执行。用户注册时表单元素的验证、窗口大小的控制等功能可以编写为 JavaScript 脚本，避免增加服务器的负担。本节中将程序设计中使用的 JavaScript 功能编写成相应的 JavaScript 函数，并保存到相应的脚本文件中，然后在页面文件中的<head>…</head>之间使用<script>标签引用脚本文件即可。首页文件 index.php 中使用的脚本文件 index.js 实现窗口大小自适应调整，代码如下：

```
function iframeWidth(){
    if(document.body){
        var winWidth=document.body.clientWidth;             //未使用 XHTML 标准
```

```
    }
    else
        if(document.documentElement){
            var winWidth=document.documentElement.clientWidth;
                                                    //使用 XHTML 标准
        }
    document.getElementById('main').width=winWidth-201
}
//窗口加载和改变大小时调用
window.onload=iframeWidth;
window.onresize=iframeWidth;
function iframeHeight(){
    var iframe1=document.getElementById('main');        //获取框架元素
    if(iframe1.contentWindow){                          //IE 内核
        var winHeight= iframe1.contentWindow.document.body.offsetHeight;
    }
    if(iframe1.contentDocument){                        //WebKit 内核
        var winHeight= iframe1.contentDocument.documentElement.offsetHeight;
    }
    iframe1.height=winHeight;                           //获取框架高度
    //如果窗口高度大于 600,则设置高度为 600,否则原高显示
    if(winHeight>600){
        document.getElementById('leftdiv').style.height=winHeight+"px";
    }
    else{
        document.getElementById('leftdiv').style.height=600+"px";
    }
}
```

11.5 首页模块设计

本实战项目中的页面设计比较简洁,采用了 HTML5+CSS 技术。

11.5.1 首页设计概述

留言本的首页由 index.html、index.js、index.css 文件组成。其中,index.js 存放 JavaScript 脚本代码,index.css 存放样式。

首页总体框架非常简单,分为上下两个区域。上面的区域使用 include 语句调用 top.php 头部文件;下面的区域分为左右两部分,左边显示用户的相关信息和超级链接,右边利用框架技术显示留言列表页 showlist.php。如果用户未登录,左边显示“所有留言”“注册”“登录”按钮;否则显示“所有留言”“写留言”“我的留言”“退出”按钮。首页的框架结构如图 11-11 所示。

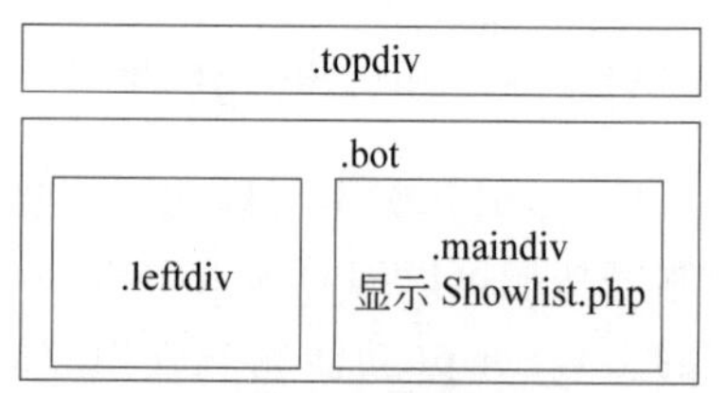

图 11-11 留言本首页的框架结构

首页的样式文件 index.css 代码如下:

```
@charset "gb2312";
body{margin:0;}
.topdiv{width:auto; height:50px; padding:30px 10px 0; margin:0; background:#
   147BBE; color:#FFFFFF;}
```

```
.topleft{width:auto; height:auto; padding:0; margin:0; float:center; font-
size:24pt; font-size: 24px; line-height: 20px; font-weight: bold; text-align:
center;}
.username{width:150px; border:0; font-weight:bold;}
.topleft a{color:#555; text-decoration:none;}
.topright{margin:0; float:right;}
.search{width:200px; height:26px; border:1px #666 solid; color:#ccc; font-size:
    8pt; line-height:26px;}
.bot{width:auto; height:auto; padding:0; margin:0;}
#leftdiv{width: 200px; height: 600px; padding: 0; margin: 0; border-right: 1px
    solid #147BBE; border-bottom:1px solid #147BBE; background:#D6EAF5;float:
    left;}
.leftdivtop{width:100%; height:40px; padding:0; margin:0;}
.leftdivbot{width:160px; padding:0 0 0 40px; margin:0;}
.leftdivbot p{margin:10px 0; font-size:10pt;}
.leftdivbot a:link,.leftdivbot a:visited{color:#999; text-decoration:none;}
.leftdivbot a:hover{color:#66f; text-decoration:underline;}
.maindiv{width:auto; height:auto; padding:0; margin:0; float:left;}
```

11.5.2 session 机制和 GET 方法

在首页中,为了判断用户是否登录,应用了 session 机制。在单击留言标题查看留言详情时应用了 GET 方法进行参数传递。

session 机制可以简单理解为用户开始访问网站时产生一个会话,服务器为每一个访问者创建一个唯一的 ID,并基于这个 ID 存储用户的变量信息,如用户名、密码等,用户在访问此网站的其他页面时,利用系统数组 $_SESSION 传递这些变量值。用户完成访问并关闭网站所有页面时会话结束。在使用系统数组 $_SESSION 之前,必须利用 session_start()函数启动会话,在每个要使用会话机制的页面中都要调用此函数,否则会话机制不起作用。

除了用会话机制在不同页面间传递参数外,常用的机制还有利用 $_GET 接收 URL 数据。例如,在 get.html 文件中向 get.php 文件传递 data 变量,get.html 文件代码如下:

```
<body>
<p align="center"><a href="get.php?data=321">向 get.php 文件传递 data 变量</a>
    </p>
</body>
```

get.php 文件代码如下:

```
<?php
  $data=$_GET['data'];
  echo "<p align='center'>通过 get.html 文件传送的 data 变量值是".$data."</p>";
?>
```

11.5.3 首页的实现

首页是网站的基本框架,代码简单明了,由 index.html、index.js、index.css 文件组成。通过首页可以链接到登录、注册、留言详情等页面,页面中调用了 JavaScript 函数控制窗口大小以自适应窗口变化。index.html 代码如下:

```
<html>
```

```
<head>
<meta http-equiv="Content-Type" content="text/html; charset=utf-8" />
<title>迷你留言本</title>
<link type="text/css" rel="stylesheet" href="css/index.css" />
<script type="text/javascript" src="js/index.js"></script>
</head>
<body>
<?php
session_start();                                      //启动会话
$username=$_SESSION['username'];
?>
<div class="topdiv">
    <div class="topleft">
    迷你留言本
    </div>
</div><!-- topdiv 上部完成 -->
<div class="bot">
    <div id="leftdiv">
      <div class="leftdivtop">        </div>
      <div class="leftdivbot">
        <p><a href="showlist.php" target="main">所有留言</a></p>
        <!-- 根据用户登录状态显示不同文字 -->
        <?php
        if (!isset($username)){
            echo "<p><a href='denglu.html'>登 录</a></p>";
            echo "<p><a href='zhuce.html'>注 册</a></p>";
            echo "<p>您没有登录!</p>";
        }
        else {
            echo "<p><a href='writemsg.php' target='main'>写 留 言</a></p>";
            echo "<p><a href='showmylist.php?username=".$username."' target='
                main' >我的留言</a></p>";
            echo "<p><a href='logout.php'>退 出</a></p>";
            echo "<p>您已登录,用户名是 $username!</p>";
        }
        ?>
      </div>
    </div><!-- leftdi 左下部完成 -->
    <div class="maindiv">
    <!-- 加载框架时调用 iframeHeight()函数自动调整窗口 -->
    <?php
    echo "<iframe name='main' id='main' src='showlist.php' width='auto' height
        ='auto' scrolling='no'  frameborder='0' onload='iframeHeight();' ></
        iframe>";
    ?>
    </div>
  </div>
</body>
</html>>
</body>
```

框架 main 中的文件 showlist.php 文件用来分页显示通过审核的留言标题，在 11.8 节作详细说明。

在首页下部的左边有几个文字链接，分别链接到 denglu.html、zhuce.html、writemsg.

php、showmylist.php、logout.php 文件。denglu.html 是用户登录界面，zhuce.html 是用户注册模块的首页，writemsg.php 是添加留言页面，showmylist.php 是显示用户自己的留言页面。这里先介绍 logout.php 文件，即用户退出留言本时在会话中注销 username，代码如下：

```
<?php
session_start();
//获取会话中 username 变量的值
$old_user = $_SESSION['username'];
//注销会话中的 username
unset($_SESSION['username']);
$result_dest = session_destroy();
//如果变量$old_user 不为空,则执行退出;否则提示用户没有登录,返回登录页面
if(!empty($old_user))
{
    if ($result_dest)
    {
        //注销成功则返回到首页,否则显示不能退出!
        echo "<script>alert('成功退出!')</script>";
        header("Location:index.php");
    }
    else
    {
        echo '对不起,您暂时不能退出.<br />';
    }
}
else
{
    echo "<script>alert('您没有登录,不用退出!')</script>";
    header("Location:denglu.html");
}
?>
```

11.6 用户注册模块设计

11.6.1 用户注册模块概述

用户注册模块由前端页面 zhuce.html、zhuce.js、zhuce.css 和后台应用程序 zhuce.php 组成，zhuce.html 文件用表单接收用户信息，zhuce.css 利用样式进行排版，zhuce.js 文件存放相关 JavaScript 代码，zhuce.php 则将用户信息存入 MySQL 数据库中。其中，在判断用户输入表单的信息是否合法时，使用 JavaScript 函数 validate()进行验证。用户注册模块界面如图 11-12 所示。

11.6.2 使用 JavaScript 脚本和正则表达式验证表单元素

在用户注册模块中，必不可少的就是要对用户输入的信息进行判断。首先判断用户填写的注册信息中哪些是必须填写的，哪些可以不填写。然后进一步判断输入的信息是否合理合法，例如，判断输入手机号码的格式是否正确，判断两次输入的密码是否一致。对表单中提交的数据进行判断最常用的办法就是使用 JavaScript 脚本，也可以使用正则表达式。

图 11-12　用户注册模块界面

下面对这两种方法分别进行讲解。

1. 使用 JavaScript 脚本验证表单元素

JavaScript 脚本主要完成对两次输入密码的一致性进行判断。其工作原理是：在表单中调用 onsubmit 事件，通过该事件调用指定的 JavaScript 脚本，执行自定义函数 validate()，对表单中提交的密码进行验证。如果一致，则继续执行；否则将弹出提示框，并将鼠标的焦点指定到出错的位置。JavaScript 脚本函数在 zhuce.js 中，代码如下：

```
function validate(){
    var psd1Val=document.getElementById('psd1').value;
    var psd2=document.getElementById('psd2')
    var psd2Val=psd2.value;
    if(psd2Val!=psd1Val){
        alert("两次密码必须一致");
        psd2.focus();
        psd2Val.value='';
        return false;
    }
}
```

2. 使用正则表达式验证表单元素

对表单中的<input>元素使用 required 关键字设置用户名不允许为空，即为必填。使用正则表达式属性 pattern="[a-zA-Z0-9_]{4,16}"设置用户名必须以大小写字母、数字或下画线开头，由 5～17 个字符组成。代码如下：

```
<input type="text" name="username" id="username"  required pattern="[a-zA-Z0
    -9_]{4,16}" onchange="check()"/>}
```

11.6.3　用户注册模块的实现

用户注册模块除了判断用户输入的信息是否合法外，还要判断用户提交的用户名是否已被占用。如果未被占用，则将用户信息写入数据库；否则提示用户重新输入用户名。在本书中用 Ajax 技术实现该模块。

Ajax 技术的核心是利用 JavaScript 中的 XMLHttpRequest 对象在浏览器和服务器之间交换数据。其具体的实现过程是：在 zhuce.js 脚本中定义函数 check()，作用是在获取了浏览器端输入的用户名后，调用服务器端的 check.php 文件，取得服务器返回的响应信息。若响应信息为空，则表示用户名没有被占用；否则提示用户重新输入用户名，将光标放入文本框并清空原有内容。在 zhuce.js 文件中添加代码如下：

```
//创建 XMLHttpRequest 对象实例,若创建成功,则直接返回对象实例,否则返回 false
function createXML(){
    var xml=false;
    if(window.ActiveXObject){
        try {
            xml = new ActiveXObject("Msxml2.XMLHTTP");
        }
        catch(e){
            try{
                xml = new ActiveXObject("Microsoft.XMLHTTP");
            }
            catch(e){
                xml = false;
            }
        }
    }
    else if(window.XMLHttpRequest){
        xml = new XMLHttpRequest();
    }
    return xml;
}
function check(){
    var unameTxt=document.getElementById('username');
    var unameValue=unameTxt.value;                          //获取用户名文本框的值
    var url="check.php";                                    //指定服务器执行的文件
    var postStr="username="+unameValue;
    var xml=createXML();                                    //创建 XMLHttpRequest 对象
    xml.open("POST",url,true);                              //初始化 XMLHttpRequest 对象
    xml.setRequestHeader("Content-Type","application/x-www-form-urlencoded;
        charset=utf8");                                     //设置 XML 请求的参数信息
    xml.send(postStr);                                      //将请求信息发送到服务器
    xml.onreadystatechange=function(){
        if(xml.readyState ==4 && xml.status==200){  //请求发送完成且成功
            var res=xml.responseText;
            //判断响应信息是否为空。若是,则表示请求检测的数据是可用的
            //否则提示用户要重新注册,将光标放入文本框并清空原有内容
            if(res!=""){
                alert(res);
                unameTxt.focus();
                unameTxt.value='';
            }
        }
    }
}
```

check.php 文件用于检查数据库中是否存在已注册的用户名，代码如下：

```
<?php
$username=$_POST['username'];
require_once 'conn.php';
$sql="select * from usermsg where username='$username'";
$res=mysqli_query($conn, $sql);
$rownum=mysqli_num_rows($res);
if($rownum==1){
    echo "该用户名已存在,请重新注册!";
}
mysqli_close($conn);
?>
```

zhuce.php 文件用于将用户信息保存到 usermsg 数据表中,代码如下:

```
<!DOCTYPE html PUBLIC "-//W3C//DTD XHTML 1.0 Transitional//EN"
    "http://www.w3.org/TR/xhtml1/DTD/xhtml1-transitional.dtd">
<html xmlns="http://www.w3.org/1999/xhtml">
<head>
<meta http-equiv="Content-Type" content="text/html; charset=utf-8" />
<title>注册验证</title>
</head>
<body>
<?php
session_start();
$username=$_POST['username'];                    //通过$_POST 获取表单提交的用户名
$psd=$_POST['psd1'];
$truename=$_POST['truename'];
$phoneno=$_POST['phoneno'];
$zhucedate=date("Y-m-d H:i");
$useryzm=$_POST['useryzm'];
$yzmchar=$_SESSION['string'];
//验证码校验,全换成大写字母
if(strtoupper($yzmchar)==strtoupper($useryzm)){
    require_once 'conn.php';
    $username=mysqli_real_escape_string($conn, $username);
    $sql="insert into usermsg(username,psd,truename,phoneno,zhucedate) values
        ('$username','$psd','$truename','$phoneno','$zhucedate')";
    if(mysqli_query($conn,$sql)){
        echo "<p align='center'>恭喜您注册成功!<br/><a href='denglu.html'> 单击
            此立即登录</a><br/>";
    }
    else{echo "注册失败! <br/>";}
else{
    include 'zhuce.html';
    echo "<script>";
    echo "document.getElementById('username').value='$username';";
    echo "document.getElementById('psd1').value='$psd';";
    echo "document.getElementById('psd2').value='$psd';";
    echo "document.getElementById('phoneno').value='$phoneno';";
    echo "document.getElementById('useryzm').placeholder='验证码输入错误,请重新
        输入';";
    echo "document.getElementById('useryzm').className='inp';";
    echo "</script>";
}
?>
</body>
</html>
```

在用户注册模块中使用了图像验证码技术，即在 zhuce.html 文件中引用 yzm.php 文件生成的随机图像，并在 zhuce.php 文件中判断用户输入的验证码是否和图像中的一致。yzm.php 代码如下：

```
<?php
session_start();
header("content-type:image/png");
$img_w=100;
$img_h=25;
$number=range(0, 9);
$character=range("A", "Z");
//将两个数组合并得到验证码产生的字符集
$result=array_merge($number,$character); $string="";
$len=count($result);
//在字符数组中随机选择 4 个字符作为验证码
for($i=0;$i<4;$i++){
    $index=rand(0,$len-1);
    $string=$string.$result[$index];
}
$_SESSION['string']=$string;                        //将验证码 string 存入 session 中
$img1=imagecreatetruecolor($img_w, $img_h);         //创建图像
$white=imagecolorallocate($img1, 255, 255, 255); //创建白色
$black=imagecolorallocate($img1, 0, 0, 0);          //创建黑色
imagefill($img1, 0, 0, $white);                     //填充白色背景
$fontfile="times.ttf";                       //字体文件,和 zhuece.html 文件在同一目录下
$fontfile=realpath($fontfile);
//随机填充黑点
for($i=0;$i<100;$i++){
    imagesetpixel($img1, rand(0,$img_w), rand(0,$img_h), $black);
}
//随机黑线
for($i=0;$i<2;$i++){
    imageline($img1, mt_rand(0,$img_w), mt_rand(0,$img_h), mt_rand(0,$img_w), mt
        _rand(0,$img_h), $black);
}
//输出 4 个字符
for($i=0;$i<4;$i++){
    $x=$img_w/4*$i+8;
    $y=mt_rand(16,19);
    $color=imagecolorallocate($img1, mt_rand(0,180), mt_rand(0,180), mt_rand
        (0,180));                                   //随机颜色,避免颜色太浅
    imagettftext($img1, 14, mt_rand(-45,45), $x, $y, $color, $fontfile, $string
        [$i]);                                      //在$img1 图像中输入字符
}
imagepng($img1);                                    //以 png 格式将$img1 输出到浏览器
imagedestroy($img1);                                //销毁$img1
?>
```

zhuce.html 文件通过调用 yzmupdate( )函数实现验证码刷新功能。在 zhuce.js 文件中新增 yzmupdate( )函数，代码如下：

```
function yzmupdate(){
    document.yzm.src="yzm.php?"+Math.random();
}
```

完成了上述几个功能的设计后，最终的 zhuce.html 文件代码如下：

```
<!DOCTYPE html PUBLIC "-//W3C//DTD XHTML 1.0 Transitional//EN"
    "http://www.w3.org/TR/xhtml1/DTD/xhtml1-transitional.dtd">
<html xmlns="http://www.w3.org/1999/xhtml">
<head>
<meta http-equiv="Content-Type" content="text/html; charset=utf-8" />
<title>留言板注册</title>
<link type="text/css" rel="stylesheet" href="css/zhuce.css" />
<script src="js/zhuce.js"></script>
</head>
<body>
    <div class="divshang">欢迎注册 MYLOG 留言板</div>
    <div class="divzhong">
    <form method="post" action="zhuce.php"  onsubmit="return validate();">
      <table align="center" cellpadding="0" cellspacing="0" border="0">
         <tr>
          <td class="td1">用户名</td>
          <td class="td2"> 
          <input type="text" name="username" id="username"  required pattern="
              [a-zA-Z0-9_]{4,16}" onchange="check()"/>
        <p> 4~16 个字符</p>
        </td>
        </tr>
        <tr>
          <td class="td1">密码</td>
          <td class="td2"> 
          <input type="password" name="psd1" id="psd1" required pattern="[a-zA
              -Z0-9_!@#$%^&*]{6,16}" />
        <p> 6~16 个字符,区分大小写</p>
        </td>
        </tr>
        <tr>
          <td class="td1">确认密码</td>
          <td class="td2"> 
            <input type="password" name="psd2" id="psd2" />
         <p> 请再次输入密码</p>
          </td>
        </tr>
        <tr>
          <td class="td1">姓名</td>
          <td class="td2"> 
            <input type="text" name="truename" id="truename" placeholder="请输
                入真实姓名"  required />
            <p> 6~18 个字符</p>
          </td>
        </tr>
        <tr>
          <td class="td1">手机号码</td>
          <td class="td2"> 
            <input type="text" name="phoneno" id="phoneno" pattern="1[3|5|7|8]
                [0-9]{9}" />
            <p> 密码遗忘或被盗时,可通过手机短信取回密码</p>
          </td>
        </tr>
       <tr>
```

```
        <td class="td1">验证码</td>
        <td class="td2"> 
          <input type="text" name="useryzm" id="useryzm" /><img name="yzm" id
              ="yzm" src="yzm.php" align="top"/>
      <p> 请输入图片中的字符 <span onclick="yzmupdate()">看不清楚?换一张
          </span></p>
        </td>
      </tr>
      <tr>
        <td class="td1"> </td>
        <td class="td2">
          <input type="submit" value="立即注册" />
        </td>
      </tr>
    </table>
  </form>
  </div>
  <div class="divxia"></div>
  </body>
  </html>
  ?>
```

11.7 添加留言模块设计

11.7.1 添加留言模块概述

用户登录后就可发表留言。留言模块由程序文件 writemsg.php、程序文件 storemsg.php、样式文件 writemsg.css 和脚本文件 writemsg.js 组成。writemsg.php 设计了用户添加留言的表单，包括留言人、主题、内容和附件。storemsg.php 将留言信息存入 contmsg 数据表中。此模块的界面如图 11-13 所示。

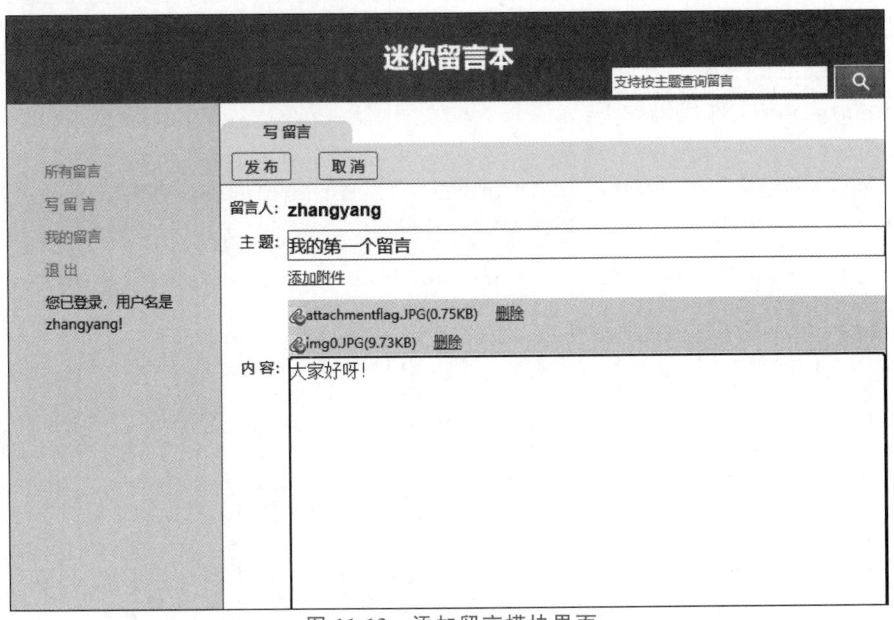

图 11-13 添加留言模块界面

11.7.2 mysqli_query()函数执行 SQL 语句

使用 PHP 操作 MySQL 数据库主要有 4 个步骤：连接数据库服务器，选择数据库，定义 SQL 语句，执行 SQL 语句。以向 myblog 数据库的 contmsg 数据表写入一条记录为例，代码如下：

```
<?php
//连接数据库服务器
$conn=mysqli_connect('localhost','root','123456');
//选择数据库
mysqli_select_db($conn,'myblog');
//定义 SQL 语句
$sql="insert into contmsg(username,title,content,date_entered,attachment,
    audited) values('$username','$title','$content','$date_entered','
    $attachment','0')";
//执行 SQL 语句
mysqli_query($conn,$sql);
?>
```

11.7.3 添加留言模块的实现

添加留言模块实现过程非常简单，在 writemsg.php 页面中设置留言表单元素，其结构如表 11-4 所示。

表 11-4 writemsg.php 表单元素

名　称	元素类型	重要属性	含　义
form1	form	method="post" enctype="multipart/form-data" action="storemsg.php" onsubmit="return validate();"	表单
username	text	id="username" value="<?php echo $_SESSION['username'];"	留言人
title	text	id="title" onfocus="this.value="	主题
content	textarea	id="content"	内容
attachmsg2	text	id="attachmsg2"	附件

writemsg.php 文件代码如下：

```
<!DOCTYPE html PUBLIC "-//W3C//DTD XHTML 1.0 Transitional//EN"
    "http://www.w3.org/TR/xhtml1/DTD/xhtml1-transitional.dtd">
<html xmlns="http://www.w3.org/1999/xhtml">
<head>
<meta http-equiv="Content-Type" content="text/html; charset=utf-8" />
<title>写留言</title>
<link type="text/css" rel="stylesheet" href="css/writemsg.css" />
<script type="text/javascript" src="js/writemsg.js"></script>
</head>
<body>
<?php session_start(); ?>
 <form id="form1" name="form1" method="post" enctype="multipart/form-data"
      action="storemsg.php" >
  <div class="write">写  留言</div>
  <div class="butdivsh">
   <input type="submit" value=" 发 布 " />    
```

```
      <input type="reset" value=" 取 消 " />
    </div>
    <div class="divcont">
      <div id="wdiv">
        <table border="0" cellspacing="0" cellpadding="0">
          <tr>
            <td class="tdleft">留言人:</td>
            <td class="tdright"><input type="text" name="username" id=
                "username" value="<?php echo $_SESSION['username']; ?>" /></td>
          </tr>
          <tr>
            <td class="tdleft" >主 题:</td>
            <td class="tdright"><input type="text" name="title" id="title"
                required "/></td>
          </tr>
          <tr>
          <td class="tdleft">  </td>
          <td>
            <input type="text" name="attachmsg2" id="attachmsg2" />
            <input type="text" name="file" id="file" />
            <iframe src="up.php" width="100" height="30" scrolling="no" name=
                "upfile" frameborder="0"></iframe>
            <div id="attachment"></div>
            <img src="images/attachmentflag.JPG" id="attachflag" />
            <span id="delete" onclick="dele(event)">删除</span>
          </td>
          </tr>
          <tr>
            <td class="tdleft">内 容:</td>
            <td class="tdright"><textarea name="content" id="content">
                </textarea></td>
          </tr>
        </table>
      </div>
      <div class="clear"></div>
    </div>
    <div class="butdivxia">
      <input type="submit" value=" 发 布 " />
      <input type="reset" value=" 取 消 " />
    </div>
  </form>
  </body>
  </html>
```

storemsg.php 将用户提交的表单信息存入数据表 contmsg,代码如下:

```
<?php
session_start();
$username=$_SESSION['username'];
$title=$_POST['title'];
$content=$_POST['content'];
$date_entered=date("Y-m-d H:i");
$attachment=$_POST['file'];
$attachmentGrp=explode(';',$attachment);
$attachment='';
```

```
for($i=0;$i<count($attachmentGrp);$i++){
    if($attachmentGrp[$i]!=''){
        $attachment=$attachment.$attachmentGrp[$i].";";
    }
}
require_once 'conn.php';
if(!isset($_POST['contID'])){
    $sql="insert into contmsg(username,title,content,date_entered,attachment,
        audited) values('$username','$title','$content','$date_entered',
        '$attachment','0')";
}
else{
    $contID=$_POST['contID'];
    $sql="update contmsg set username='$username',title='$title',content=
        '$content',attachment='$attachment',audited='0' where contID=$contID";
}
if(mysqli_query($conn,$sql)){
    echo "<script> alert('发布成功!等待审核!')</script>";
}
else{
    echo "<script> alert('发布失败!')</script>f";
}
include "showmylist.php";
?>
```

需要注意的是，在利用 $_POST 传递参数时，参数名称要和表单元素的 name 值保持一致。

添加的留言中如果有附件，例如图片，则要通过 up.php 文件实现附件上传，多个附件名称用分号隔开。up.php 代码如下：

```
<!DOCTYPE html PUBLIC "-//W3C//DTD XHTML 1.0 Transitional//EN"
    "http://www.w3.org/TR/xhtml1/DTD/xhtml1-transitional.dtd">
<html xmlns="http://www.w3.org/1999/xhtml">
<head>
<meta http-equiv="Content-Type" content="text/html; charset=utf-8" />
<title>附件上传</title>
<style type="text/css">
    body{margin:0;}
    #file1{height:20px;filter:alpha(opacity=0);opacity:0;position:absolute;
        top:0px;left:-160px;z-index:2;cursor:pointer;}
    .sp1 {font - size: 10pt; line - height: 20px; color: # 00f; text - decoration:
        underline;}
</style>
</head>
<body>
<form action="" method="post" enctype="multipart/form-data" name="form1" id=
    "form1">
    <input name="file1" id="file1" type="file"  onchange="document.form1.
        submit();"/>
</form>
<span class="sp1">添加附件</span>
<?php
if(isset($_FILES['file1'])){
    $fname=$_FILES['file1']['name'];            //使用$_FILES 数组获取文件名称
```

```
        //取得文件大小
        $fsize=round($_FILES['file1']['size']/1024,2)."KB";
        $ftype=$_FILES['file1']['type'];           //得到文件类型
        $ftmpname=$_FILES['file1']['tmp_name'];  //临时文件名
        //文件名进行编码转换,避免出现乱码
        $name1=iconv("UTF-8", "GB2312", $fname);
        //取随机整数作为文件名的开头部分,避免重名
        $rnd=mt_rand(0,10000);
        $name1="($rnd)$name1";
        move_uploaded_file($ftmpname, "upload/$name1");
            $value="$fname($fsize)";
        $file="($rnd)$fname($fsize);";
        echo "<script>";
        echo "parent.document.getElementById('attachmsg2').value='$value';";
        echo "var fileVal=parent.document.getElementById('file').value;";
        echo "parent.document.getElementById('file').value=fileVal+'$file';";
        echo "parent.appendattachment();";
        echo "</script>";
    }
    //echo "你上传文件的名字为:".$value."</br />";
    ?>
    </body>
    </html>
```

11.8 查看留言模块设计

11.8.1 查看留言模块概述

查看留言包括查看留言列表和输出留言的详情。

查看留言列表包括查看所有留言列表和查看当前用户留言列表,不同的用户权限不同。未登录的用户只能查看已审核的留言列表,不能查看留言详情;普通用户可以查看已审核的留言,并可以编辑、删除自己发布的留言;管理员则可以查看所有留言并进行审核。

查看“我的留言”列表界面如图 11-14 所示。

图 11-14 查看“我的留言”列表界面

11.8.2 取整和 explode()函数

1. 取整函数

在显示留言列表时，如果留言过多，则要分页显示，页码只能是整数，就要用到取整函数。PHP 中有两个函数可以实现取整功能：一是 ceil(x)函数，结果是取不小于 x 量的整数；二是 round(x)函数，结果是 x 四舍五入后的整数。例如：

```
ceil(5.3)=6
round(5.3)=5
```

2. explode()函数

在显示留言详细信息时，如果要读取多个附件文件，则要用 explode()函数将附件按名称分别读取出来。explode()函数用法有两种：

```
$array=explode(参数 1,参数 2,…)
```

返回结果是一个数组，可以使用数字索引访问数组元素，$array[0]表示数组的第一个元素。

```
list(变量 1,变量 2,…)=explode(参数 1,参数 2,…)
```

使用列表形式保存数据，按分割后的顺序将字符串保存到指定的变量中。

假设留言中附件的信息存储在$attachment 中，内容是“pic1.jpg；pic2.gif；test.txt；”，要将该字符串按分号分割后分行显示，代码如下：

```
<?php
$attachment="pic1.jpg;pic2.gif;test.txt;";
$attment=explode(';',$attachment);
for($i=0;$i<count($attment)-1;$i++){
    list($attname,$kzname)=explode('.',$attment[$i]);
    $j=$i+1;
    echo "第".$j."个文件的主文件名是".$attname.",  扩展名是".$kzname.
        "<br/>";
}
?>
```

程序运行结果如下：

```
第 1 个文件的主文件名是 pic1,扩展名是 jpg
第 2 个文件的主文件名是 pic2,扩展名是 gif
第 3 个文件的主文件名是 test,扩展名是 txt
```

11.8.3 查看留言模块的实现

1. 查看留言列表

查看留言列表模块有两个主要的 PHP 程序文件，分别是 showlist.php 和 showmylist.php。

showlist.php 文件将 contmsg 数据表中通过审核的留言主题提取出来并分页显示。与其相关联的是样式文件 showlist.css 和脚本文件 showlist.js，这两个文件可以参考前面的内容自行编写。showlist.php 代码如下：

```
<!DOCTYPE html PUBLIC "-//W3C//DTD XHTML 1.0 Transitional//EN"
    "http://www.w3.org/TR/xhtml1/DTD/xhtml1-transitional.dtd">
<html xmlns="http://www.w3.org/1999/xhtml">
<head>
<meta http-equiv="Content-Type" content="text/html; charset=utf-8" />
<title>显示留言列表</title>
<!-- 链接样式文件-->
<link rel="stylesheet" type="text/css" href="css/showlist.css" />
<!-- 引用 JavaScript 文件-->
<script type="text/javascript" src="js/showlist.js"></script>
</head>
<body>
<?php
session_start();                                    //启动会话
$username=$_SESSION['username'];
include_once 'conn.php';                            //调用数据库连接文件
$sql="select * from contmsg where audited=1";       //构建 SQL 语句
$res=mysqli_query($conn,$sql);                      //执行 SQL 语句
$reccount=mysqli_num_rows($res);                    //得到执行结果集的行数,即留言条数
$pagesize=5;                                        //每页显示条数
$pagecount=ceil($reccount/$pagesize);               //取不小于结果的整数,得到页数
$pageno=isset($_GET['pageno'])?$_GET['pageno']:1;
$pagestart=($pageno-1)*$pagesize;
$sql2=$sql." order by date_entered desc limit $pagestart,$pagesize";
$result=mysqli_query($conn,$sql2);
?>
<div class="allmsg">所有留言</div>
<form method="post" action=" " name="f1">
<div class="div1"><b></b></div>
<div class="div2">
   <div class="div2-1">
   共<?php echo $reccount;?>条留言     
      <input type="button" name="refresh" id="refresh" value=" 刷 新 "
         onclick="window.open('showlist.php','_self');" />
   </div>
   <div class="div2-2">
   <?php
     if($pagecount==0){
        echo "首页   上页   下页   尾页";
     }
     else{
       if($pageno==1)
       { echo "首页   ";}
       else
       //通过页面传递参数 pageno
       {echo "<a href='showlist.php?pageno=1'>首页</a>  ";}
       if($pageno==1)
       { echo "上页   ";}
       else
       {echo "<a href='showlist.php?pageno=".($pageno-1)."'>上页</a>
            ";}
       if($pageno==$pagecount)
       { echo "下页   ";}
       else
       {echo "<a href='showlist.php?pageno=".($pageno+1)."'>下页</a>
            ";}
```

```
        if($pageno==$pagecount)
        { echo "尾页";}
        else
        {echo "<a href='showlist.php?pageno=".($pagecount)."'>尾页</a>";}
      }
    ?>
    </div>
    <!--<div class="clear"></div>-->
  </div>
  <div class="div3">
    <table cellpadding="0" cellspacing="0">
    <?php
    //循环读取留言信息
     while ($row=mysqli_fetch_array($result)){
         $contID=$row['contID'];
         list($date_entered)=explode(' ',$row['date_entered']);
         list($y,$m,$d)=explode('-',$date_entered);
         $riqi=$y."年".$m."月".$d."日";
         echo "<tr>";
         echo "<td class='td2'>". $row['username'] ."</td>";
         echo "<td class='td3'><a href='showmsg.php?contID=$contID&username=
             $username'>".$row['title']."</a></td>";
      //如果有附件信息,则显示图标
      if($row['attachment']!=""){
           echo "<td class='td4'><img src='images/flag-1.jpg'></td>";
      }
        else{
           echo "<td class='td4'> </td>";
        }
        echo "<td class='td5'>".$riqi."</td>";
        echo "</tr>";
      }
    ?>
    </table>
  </div>
  </form>
  <?php mysqli_close($conn); ?>
  </body>
  </html>
```

showmylist.php 文件与 showlist.php 文件相似。两个文件的不同之处有两个：一是 showlist.php 文件查询留言的 SQL 语句条件是所有通过审核的留言，而 showmylist.php 文件查询留言的 SQL 语句条件是当前用户发表的所有留言并显示留言是否通过了审核；二是 showmylist.php 文件增加了“删除”“编辑”按钮，单击时分别加执行程序文件 delete.php 和 editmsg.php。showmylist.php 文件相应修改代码如下，省略号表示与 showlist.php 代码相同：

```
…
//修改 SQL 语句
$sql="select *  from contmsg where audited=1";
…
//修改标签文本
<div class="allmsg">我的留言</div>
//修改表单动作
```

```
<form method="post" action="delete.php" name="f1" onsubmit="return choosemark
    ();">
…
//增加"删除"按钮
<input type="submit" name="delete" id="delete" value=" 删 除 " />  
       
…
//在列表中显示是否通过审核
$audited=$row['audited'];
if($audited==1){
    $audit="通过审核!";
}
else{
    $audit="未通过审核!";
}
echo "<tr>";
echo "<td class='td1'><input type='checkbox' name='markup[]' id='markup'
    value='$contID' class='checkbox' /></td>";            //复选框,为删除做准备
echo "<td class='td2'>". $row['username'] ."</td>";
//单击标题可进行编辑
echo "<td class='td3'><a href='editmsg.php? contID=$contID&username=$username'>".
    $row['title']."</a></td>";
…
//显示审核状态
echo "<td class='td5'>".$audit."</td>";
…
```

2. 查看留言详情

查看留言详情由程序文件 showmsg.php 实现。首先判断用户类型,然后根据 URL 传递的 contID 值读取指定的留言信息。其代码如下:

```
<!DOCTYPE html PUBLIC "-//W3C//DTD XHTML 1.0 Transitional//EN"
    "http://www.w3.org/TR/xhtml1/DTD/xhtml1-transitional.dtd">
<html xmlns="http://www.w3.org/1999/xhtml">
<head>
<meta http-equiv="Content-Type" content="text/html; charset=utf-8" />
<title>查看留言</title>
<link rel="stylesheet" type="text/css" href="css/showmsg.css" />
</head>
<body>
<?php
  session_start();
  require_once 'function.php';
  $username=$_GET['username'];
  require_once 'conn.php';
  if($username!=""){
      $contID=$_GET['contID'];
      require_once 'conn.php';
      $sql="select * from contmsg where contID='$contID'";
      $res=mysqli_query($conn,$sql);
      $row=mysqli_fetch_array($res);
      echo "<div class='div1'>";
      echo "<p><b>留言主题:$row[title]</b></p>";
      echo "<p>留言人:$row[username]</p>";
      echo "<p>时    间:$row[date_entered]</p>";
```

```
        if($row['attachment']!=""){
            $attment=explode(';',$row['attachment']);
            $attmentcount=count($attment)-1;        //因为数组用;分开,最后一个是空值
        }
        echo "</div>";
        //用自定义函数按 HTML 的标准显示留言内容
        echo "<div id='div2'><p>".tohtml($row['content']);
        echo  "</div>";
        echo "<script>";
        echo "if(document.getElementById('div2').clientHeight<200)";
        echo "{document.getElementById('div2').style.height=200+'px';}";
        echo "</script>";
        if($row['attachment']!=""){
            echo "<div id='div3'>";
            for($i=0;$i<=count($attment)-2;$i++){
                //将数组元素(主文件名和扩展名)赋值给$attname 和$kuozhanm 变量
                list($attname,$kuozhanm)=explode('.',$attment[$i]);
                list($kuozm)=explode('(',$kuozhanm);     //得到扩展名
                $attname=$attname.'.'.$kuozm;            //完整文件名
                //如果是图像文件就直接显示
                $kzm=strtolower($kuozm);
                if($kzm=="jpg" || $kzm=="png" || $kzm=="gif"){
                    echo "<p align='center'><img src='upload/$attname'></p>";
                }
                else {
                    echo "<p>$attment[$i]    ";
                    echo "<a href='upload/$attname'>下载</a>  ";
                }
            }
            echo "</div>";
        }
        mysqli_close($conn);
    }
    else {
        echo "<script> alert('请登录后查看留言详情!')</script>";
        include 'showlist.php';
    }
?>
</body>
</html>
```

11.9 编辑留言模块设计

11.9.1 编辑留言模块概述

编辑留言模块包括修改和删除留言两个功能。普通用户只能修改和删除自己发布的留言,管理员可以删除留言本里的任何留言。普通用户单击"删除"按钮时执行 delete.php,单击留言主题时则执行 editmsg.php。编辑留言模块界面如图 11-15 所示。

11.9.2 利用 JavaScript 脚本控制弹出对话框并进行数据验证

在 showmylist.php 文件中,如果用户没有选择留言主题而单击了"删除"按钮时,要阻

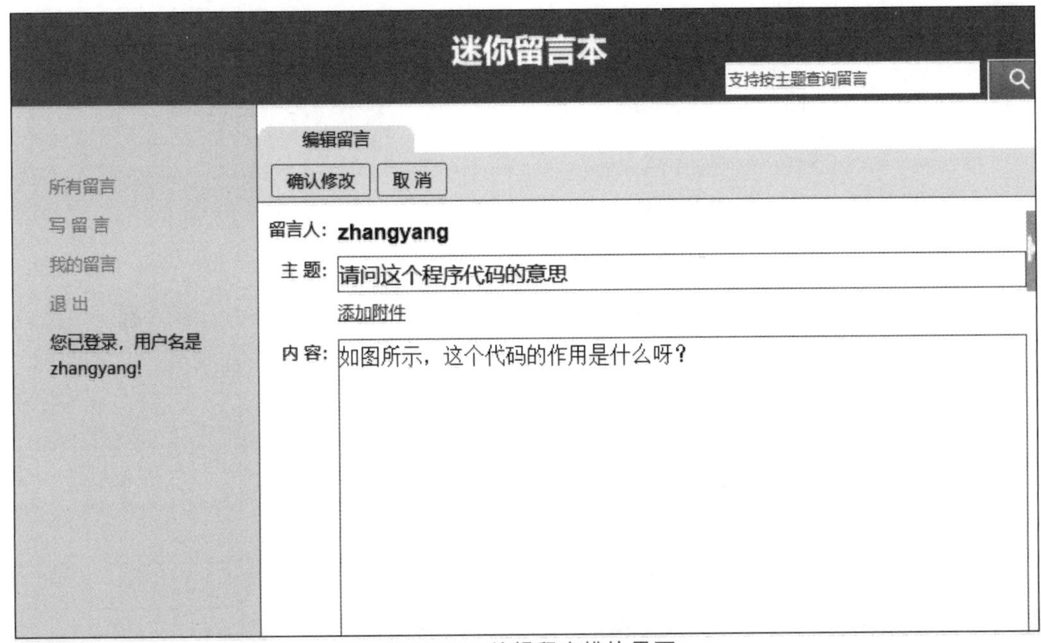

图 11-15 编辑留言模块界面

止服务器端运行 delete.php 文件，并弹出对话框提醒用户没有选择留言，此功能通过 JavaScript 的 choosemark()函数实现。

在前面的模块设计中已多次用到对话框，JavaScript 脚本控制弹出对话框的语句很简单，并且可以方便地嵌入 PHP 程序文件中。常用的 JavaScript 对话框用 alert()函数实现。

choosemark()函数代码如下：

```
//JavaScript Document
function choosemark(){
    var markup=document.getElementsByClassName('checkbox');
    result=false;
    //alert(markup.length);
    for(i=0;i<markup.length;i++){
        if(markup[i].checked){
            result=true;
            break;
        }
    }
    if(result==false){
        alert('对不起,你没有选择留言,单击按钮无效');
        return false;
    }
}
```

11.9.3 编辑留言模块的实现

delete.php 用来删除选中的留言。首先接收 showmylist.php 文件中复选框组传递的留言序号值 contID，然后将被选中的留言从数据表 congmsg 中删除，最后返回 showmylist.php 页面。代码如下：

```
<?php
$contID=$_POST['markup'];
$num=count($contID);
include_once 'conn.php';
for($i=0;$i<$num;$i++){
    $query="select * from contmsg where contID=$contID[$i]";
    $result=mysqli_query($conn, $query);
    $row=mysqli_fetch_array($result);
    if($row['attachment']!=''){
        $attment=explode(';', $row['attachment']);
        $attmentcount=count($attment)-1;
        for($j=0;$j<$attmentcount;$j++){
            list($mainname,$secname)=explode('.', $attment[$j]);
            list($kuozname)=explode('(', $secname);
            $openname="upload/$mainname.$kuozname";
            $fname=iconv("utf-8", "GB2312", $openname);
            unlink($fname);
        }
    }
    $sql="delete from contmsg where contID=$contID[$i]";
    if(mysqli_query($conn,$sql)){
        echo "<script> alert('删除成功!')</script>";
    }
    else{
        echo "<script> alert('删除失败!')</script>f";
    }
}
include 'showmylist.php';
?>
```

editmsg.php 和 writemsg.php 的页面相似。两者的不同之处在于前者的表单元素中文本框预先显示相应的留言信息，修改留言后，提交表单时执行 storemsg.php。对 storemsg.php 进行相应的修改，增加判断语句：如果留言序号值不为空，表示是编辑操作，则执行 SQL 的更新语句；否则执行 SQL 的插入语句。读者可以自行设计代码，这里不再给出。

11.10 查询留言模块设计

11.10.1 查询留言模块概述

留言的查询就是在数据库中查询包含用户输入的关键字的记录。可以按照留言人、主题、内容查询留言。本模块只介绍基于主题的查询。

在留言本首页 index.php 的上部区域增加一个查询表单，单击“查询”按钮后执行 searchlist.php 程序文件得到查询结果并显示出来。查询留言模块如图 11-16 所示。

11.10.2 通过 mysqli_fetch_array()函数返回结果集

在显示查询结果时，需要从查询结果中逐条获取记录，然后以数组形式获取每条记录中每个字段的值。PHP 提供了多个可以返回结果集的函数，其中 mysqli_fetch_array()函数在前面的查看留言模块中已经使用过。

图 11-16 查询留言模块界面

mysqli_fetch_array()函数返回的结果有两种：如果记录指针指向的记录存在，则获取该记录中的所有字段，并以数组的形式保存；如果记录指针指向最后一条记录，则返回false。

对于存放记录的数组，一般使用字段名作为数组元素的键名以便于理解和记忆。具体使用方法可以参考查看留言模块的代码。

11.10.3 查询留言模块的实现

searchlist.php 程序文件用来查询主题中包含查询关键字的留言。在留言本首页中，如果查询关键字为空，则要阻止服务器端运行 searchlist.php，这通过 chksearch()函数实现。

(1) 修改 index.php 文件，在<div topdiv></div>中增加查询表单，代码如下：

```
<div class="topright">
<form name="formsearch" method="post" action="index.php">
    <input name="schcont" type="text" class="search" id="schcont" placeholder
        ="支持按主题查询留言" />
    <input name="search" type="image"  id="search" src="images/search.png"
        align="top" border="0" onClick="return chksearch(form)">
</form>
</div>
```

(2) 在 index.js 文件中增加 chksearch()函数，代码如下：

```
//查询关键字不能为空
function chksearch(form){
    if(form.schcont.value==""){
        alert("请输入查询关键字!");
        form.schcont.select();
```

```
            return false;
        }
    }
```

（3）searchlist.php 代码与 showlist.php 代码相似，不同之处是获取查询关键字后的 SQL 查询语句不同。在 showlist.php 程序文件中“session_start();”下增加一行：

```
$schcont=$_GET['schcont'];
```

将 SQL 语句“$sql="select * from contmsg where audited=1";”改为

```
$sql="select * from contmsg where audited=1 and title like '%$schcont%'";
```

11.11 管理员模块设计

11.11.1 管理员模块概述

管理员和普通用户一样在 denglu.html 页面中登录。当验证了当前登录用户是管理员后，其在 showlist.php 留言显示界面中的操作权限与普通用户有所不同。管理员模块界面如图 11-17 所示。

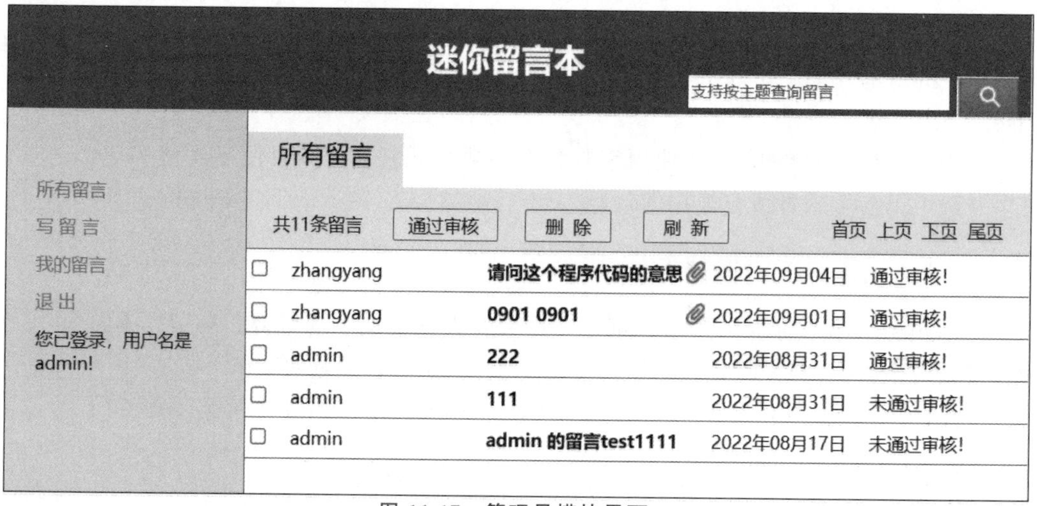

图 11-17 管理员模块界面

11.11.2 验证登录用户是否为管理员

本书中默认的管理员用户名是 admin，密码是 admin123。在登录时，只要判断用户名是否为 admin，即可验证用户是否为管理员。如果是管理员，在 showlist.php 页面显示所有用户留言，并增加“通过审核”按钮，在单击“通过审核”“删除”按钮时执行程序文件 del-aud.php。

11.11.3 管理员模块的实现

（1）修改 showlist.php 页面，将 SQL 语句“$sql="select * from contmsg where audited=1";”改成

```
if($username=="admin"){
    $sql="select * from contmsg";
}
else{
    $sql="select * from contmsg where audited=1";     //构建 SQL 语句
}
```

将语句<form method="post" action=" " name="f1">改成

```
<form method="post" action="del-aud.php" name="f1" onsubmit="return
    choosemark();">
```

在“刷新”按钮语句<input type="button" name="refresh" id="refresh" value="刷 新 " onclick="window.open('showlist.php','_self');" />前增加以下代码：

```
<?php
if($username=="admin"){
    echo "<input type='submit' name='inputs' id='audit' value=' 通过审核  ' />
        </a>     ";
    echo "<input type='submit' name='inputs' id='delete' value='  删  除  ' />
             ";
    }
?>
```

在循环语句中“$riqi=$y."年".$m."月".$d."日";”后增加以下代码显示选择框：

```
$audited=$row['audited'];
if($audited==1){
    $audit="通过审核!";
}
else{
    $audit="未通过审核!";
}
echo "<tr>";
if($username=="admin"){
    echo "<td class='td1'><input type='checkbox' name='markup[]' id='markup'
        value='$contID' class='checkbox' /></td>";          //复选框,为删除做准备
}
```

在循环语句中“echo "<td class='td5'>".$riqi."</td>";”后增加以下代码显示审核状态：

```
if($username=="admin"){
    echo "<td class='td5'>".$audit."</td>";
}
```

(2) 程序文件 del-aud.php 用于管理员审核和删除用户留言,代码如下：

```
<?php
session_start();
$username=$_SESSION['username'];
$contID=$_POST['markup'];
$inputs=$_POST['inputs'];
$num=count($contID);
require_once 'conn.php';
for($i=0;$i<$num;$i++){
```

```
    $query="select * from contmsg where contID=$contID[$i]";
    $result=mysqli_query($conn, $query);
    $row=mysqli_fetch_array($result);
    if($inputs==" 删 除 "){
        if($row['attachment']!=''){
            $attment=explode(';', $row['attachment']);
            $attmentcount=count($attment)-1;
            for($j=0;$j<$attmentcount;$j++){
                list($mainname,$secname)=explode('.', $attment[$j]);
                list($kuozname)=explode('(', $secname);
                $openname="upload/$mainname.$kuozname";
                $fname=iconv("utf-8", "GB2312", $openname);
                unlink($fname);
            }
        }
        $sql="delete from contmsg where contID=$contID[$i]";
        if(mysqli_query($conn,$sql)){
            echo "<script> alert('删除成功!')</script>";
        }
        else{
            echo "<script> alert('删除失败!')</script>f";
        }
    }
    if($inputs=="通过审核"){
        $sql="update contmsg set audited=1 where contID=$contID[$i]";
        mysqli_query($conn, $sql);
        if(mysqli_query($conn,$sql)){
            echo "<script> alert('通过审核!')</script>";
        }
    }
}
include 'showlist.php';
?>;
```

学习成果达成与测评

<table>
<tr><td>学号</td><td></td><td>姓名</td><td></td><td>项目序号</td><td></td><td>项目名称</td><td></td><td>学时</td><td>6</td><td>学分</td><td></td></tr>
<tr><td>职业技能等级</td><td colspan="2">中级</td><td colspan="3">职业能力</td><td colspan="4"></td><td>任务量数</td><td></td></tr>
<tr><td>序号</td><td colspan="10">评 价 内 容</td><td>分数</td></tr>
<tr><td>1</td><td colspan="10">能够独立完成页面布局、排版、熟练运用 CSS 技术</td><td>5</td></tr>
<tr><td>2</td><td colspan="10">能根据所需要提交的信息设计表单并利用 JavaScript 实现表单元素校验</td><td>5</td></tr>
<tr><td>3</td><td colspan="10">能将用户的注册信息写入数据库</td><td>10</td></tr>
<tr><td>4</td><td colspan="10">实现登录用户发表留言功能</td><td>10</td></tr>
<tr><td>5</td><td colspan="10">实现编辑、删除留言功能</td><td>5</td></tr>
<tr><td>6</td><td colspan="10">根据留言主题实现查询功能</td><td>10</td></tr>
<tr><td>7</td><td colspan="10">实现版主审核留言功能</td><td>5</td></tr>
<tr><td rowspan="2">考核评价</td><td colspan="10">总分数</td><td></td></tr>
<tr><td colspan="11">指导教师评语</td></tr>
<tr><td>备注</td><td colspan="11">奖励：
(1) 可以按照完成质量给予 1～10 分奖励。
(2) 每超额完成一个任务加 3 分。
(3) 巩固提升任务完成情况优秀，加 2 分。
惩罚：
(1) 完成任务超过规定时间，扣 2 分。
(2) 完成任务有缺项，每项扣 2 分。
(3) 任务实施报告中有歪曲事实、杜撰或抄袭内容者不予评分。</td></tr>
</table>

学习成果实施报告书

<table>
<tr><td>题目</td><td colspan="5"></td></tr>
<tr><td>班级</td><td></td><td>姓名</td><td></td><td>学号</td><td></td></tr>
<tr><td colspan="6">任务实施报告</td></tr>
<tr><td colspan="6">简要记述完成的各项任务，描述任务规划以及实施过程、遇到的重点难点以及解决过程，字数不少于800字。</td></tr>
<tr><td colspan="6">考核评价(10分制)</td></tr>
<tr><td colspan="4" rowspan="2">教师评语：</td><td>态度分数</td><td></td></tr>
<tr><td>工作量分数</td><td></td></tr>
<tr><td colspan="6">考 核 标 准</td></tr>
<tr><td colspan="6">(1) 在规定时间内完成任务。
(2) 操作规范。
(3) 任务实施报告书内容真实可靠、条理清晰、文字流畅、逻辑性强。
(4) 没有完成工作量扣1分，有抄袭内容扣5分。</td></tr>
</table>

第12章

综合实例——聊天室系统

 知识导读

第11章讲述了网络中使用非常多的留言本的设计。留言本是非时通信方式。如果要实现类似于面对面的实时交流,就需要采用聊天室的方式。用PHP实现聊天室比较简单,适用于小程序的设计开发。本章介绍聊天室系统的设计。

学习目标

- 了解聊天室的基本工作原理。
- 掌握聊天和用户设置模块的设计方法。

12.1 需求分析

聊天室系统是网络中十分常见的应用,在远程会议、远程讲座等系统中有广泛应用。本案例的聊天室系统包含两个子系统:一是用户管理子系统,包括用户的注册、登录、修改个人资料、注销等功能;二是聊天功能子系统,可以显示在线用户、聊天记录和输入聊天信息,是聊天室的主界面。

12.2 系统功能描述

本案例的聊天室系统主要有以下功能:

(1)用户登录功能。已注册用户可通过登录进入聊天室,同时把一些相关信息提交给服务器端,供以后各项功能实现时使用。

(2)用户注册功能。在登录时,若用户没有注册,系统会提示用户进行注册,然后才可以使用聊天室。

(3)用户在聊天室中可以查看在线的网友信息和聊天内容。

(4)用户可以针对所有人或特定的人发送聊天信息。

(5)用户退出聊天室时,系统对用户的信息进行清除。

(6)用户可以修改自己的资料和注销账号。

聊天室系统功能图如图12-1所示。

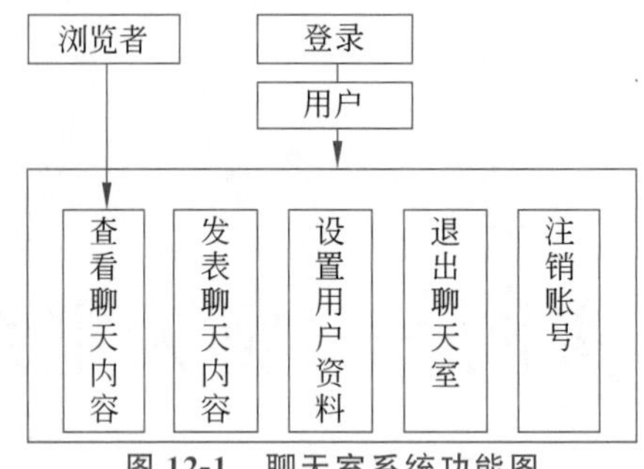

图 12-1 聊天室系统功能图

12.3 系统设计

12.3.1 系统流程

用户登录时如果未注册,则系统提醒用户先注册,并弹出注册页面。用户在此进行注册,然后登录系统,就可以看到当前在线用户信息及实时的聊天信息,也可以发表聊天信息。单击"设置"按钮,可以设置聊天的昵称和修改个人资料。单击"退出"按钮,可以退出聊天室,即将用户状态设置为"不在线"。单击"注销"按钮,可以注销账号,即不再是聊天室的注册用户,如果要进行聊天,则要重新注册账号。聊天室系统流程图如图 12-2 所示。

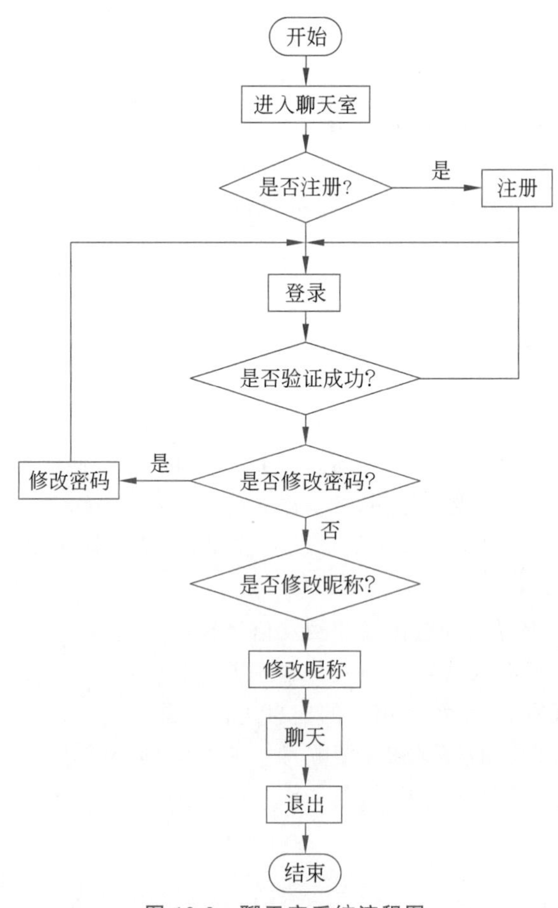

图 12-2 聊天室系统流程图

12.3.2 数据库设计

与留言本系统一样,首先要做好聊天室系统的数据准备工作。首先使用 phpMyAdmin 创建数据库 mychat,在 mychat 数据库中创建 usermsg 和 chatmsg 表。usermsg 表用于保存用户的基本信息和设置信息,该表结构如表 12-1 所示;chatmsg 表用于保存聊天记录,该表结构如表 12-2 所示。

表 12-1 usermsg 数据表结构

字段名称	字段说明	类型和长度	是否允许为空	其 他
userID	用户序号	int(10)	not null	自动增长,主键
username	用户名	varchar(30)	not null	
psd	密码	varchar(30)	not null	
nickname	昵称	varchar(30)	not null	
phoneno	电话号码	varchar(11)		
zhucedate	注册时间	datetime	not null	
online	在线状态	tinyint	not null	初始值为 0

表 12-2 contmsg 数据表结构

字段名称	字段说明	类型和长度	是否允许为空	其他
contID	聊天记录序号	int(10)	not null	自动增长,主键
username	发起聊天者名称	varchar(30)	not null	
nickname	发起聊天者昵称	varchar(30)	not null	
cont	聊天内容	varchar(50)		
tousername	聊天对象名称	varchar(30)	not null	默认为“所有人”
tonickname	聊天对象昵称	varchar(30)	not null	
face	表情	int(2)	not null	默认为 1,即笑脸
chattime	发送聊天记录时间	datetime	not null	初始值为 0

12.4 系统设计及功能实现

12.4.1 聊天室系统设计概述

聊天室系统分为上下两个区域。其中,上面的区域使用 include 语句调用头部文件 top.php;下面的区域分为左右两部分,左边调用 left.php 文件显示在线用户人数和昵称,右边采用框架技术嵌入 showchat.php 文件显示聊天内容。如果用户未登录,右边只显示聊天内容;如果已登录,则在右下方有聊天输入框。聊天室系统框架结构如图 12-3 所示,界面如图 12-4 所示。

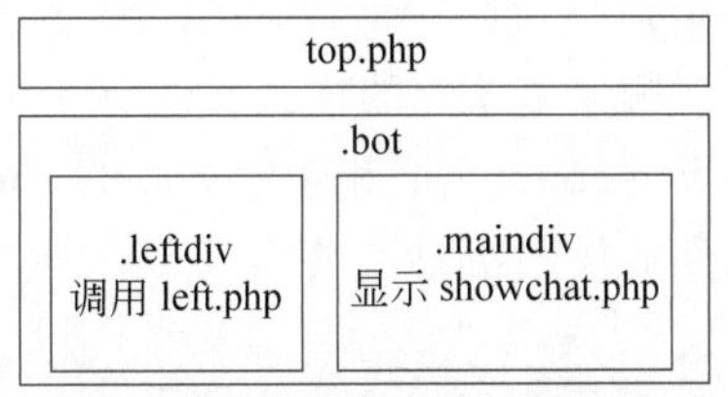

图 12-3 聊天室系统框架结构

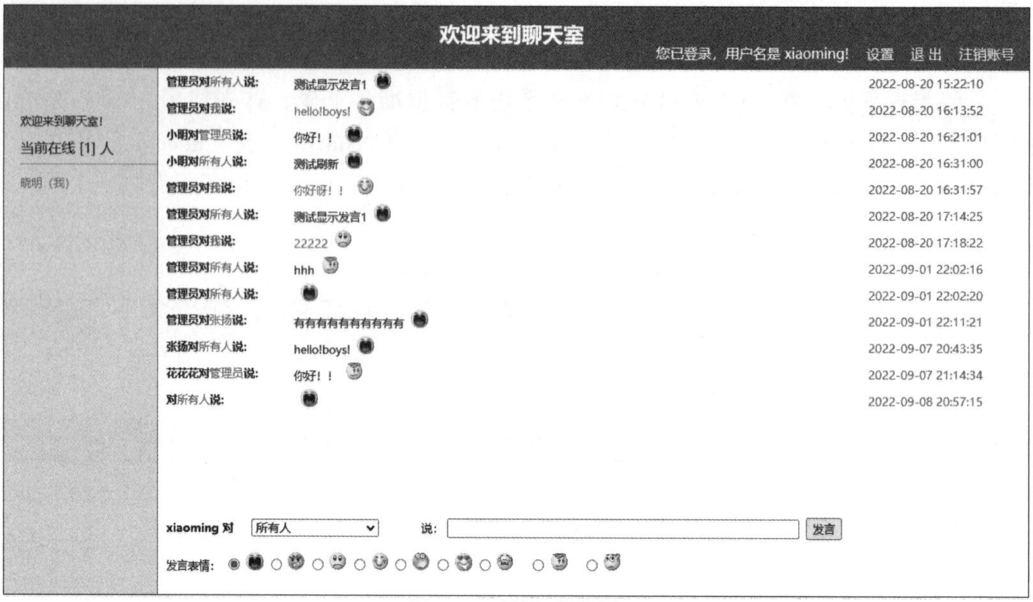

图 12-4　聊天室界面

12.4.2　公共文件

将多个文件都要使用的代码作为公共文件进行存储，能有效减少代码的冗余。一般将数据库链接文件、样式文件、JavaScript 文件和自行编写的 PHP 函数文件 function.php 作为公共文件，在其他文件要使用这些文件时，用不同的语句调用它们即可。

聊天室的数据库链接文件是 conn.php，代码如下：

```
<?php
$conn=mysqli_connect('localhost','root','123456');
if(!$conn){
    die("数据库连接失败,错误编号是:".mysqli_connect_errno()."<br />错误信息是:".
        mysqli_connect_error());
}
mysqli_select_db($conn,'mychat') or die("数据库访问错误".mysqli_error());
?>
```

其他文件要使用该文件时，只要在文件头加入以下调用代码即可：

```
<?php
include_once 'conn.php';
?>
```

聊天室系统的样式文件有 4 个，分别是登录页面的 denglu.css、注册页面的 zhuce.css、首页的 index.css 和聊天页面的 showchat.css。其中 showchat.css 代码如下，另外 3 个样式文件的代码不再给出。

```
/* CSS Document */
body{margin:0;}
.allmsg{width:120px;height:30px;padding:5px 0;margin:0;background:#eee;font-
   size:14pt;text-align:center;line-height:20px;}
.div1{width:auto;height:500px;margin:0;padding:0;}
```

```
.div1 table{width:100%;font-size:10pt;}
.div1 table td{height:30px;vertical-align:middle;}
.div1 table .td1{width:150px;padding-left:10px;font-weight: bold;color:#000;
    text-align: left;}
.div1 table .td2{width:auto;text-align:left;}
.div1 table .td3{width:20px;text-align:left;}
.div1 table .td4{width:200px;text-align:left;color:#0080c0;}
.div2{width:auto;height:100px;margin:0;padding:0;}
.div2 table{width:100%;font-size:10pt;}
.div2 table td{height:40px;vertical-align:middle;}
.div2 table .td1{width:100px;padding-left:10px;font-weight:bold;color:#000;
    text-align:left;}
.div2 table .td2{width:200px;text-align:left;}
.div2 table .td3{width:auto;text-align:left;}
.div2 table .td4{width:500px;text-align:left;padding-left:10px;}
#form1 #cont {width:400px;}
#form1 #touser {
    font-size:14px;
    width:150px;
}
.touser {font-weight:normal;color:#0080c0;}
.me{color:#ff0000;}
```

其他文件要使用该文件时，只要在<head></head>标签中加入以下调用代码即可：

```
<link type="text/css" rel="stylesheet" href="css/showchat.css" />
```

JavaScript 文件有以下两个：一是首页要使用的 index.js；二是注册页面、用户管理子系统要使用的 zhuce.js，主要存放聊天室系统中使用到的 JavaScript 函数。其他文件要使用 zhuce.js 时，只要在<head></head>标签中加入以下调用代码即可：

```
<script src="js/zhuce.js"></script>
```

12.4.3 用户管理子系统

用户管理子系统是提供给聊天用户的账号和个人信息管理工具，主要实现用户注册和登录、修改自身个人信息、注销账号等功能。

用户注册、登录和退出与留言本系统相似，这里不再重复讲述。

用户登录进入聊天室后，单击聊天室界面右上部的"设置"按钮，将执行 setting.php 文件，该文件包含"修改密码"(formpsd)和"修改昵称"(formnick)两个表单。修改密码后，单击"确认"按钮执行 setpsd.php 文件。修改昵称后，单击"确认"按钮执行 setnick.php 文件。将修改后的信息保存到数据表 usermsg 中。单击"注销"按钮后，执行 delete.php 文件，将用户信息从 usrmsg 表中删除。

在"修改密码"表单中调用了 JavaScript 函数 checkpsd()检查原密码是否输入正确，调用 JavaScript 函数 validate()检查两次输入的新密码是否一致，函数代码可参考 11.6.2 节。

setting.php 文件界面如图 12-5 所示。

setting.php 程序代码如下：

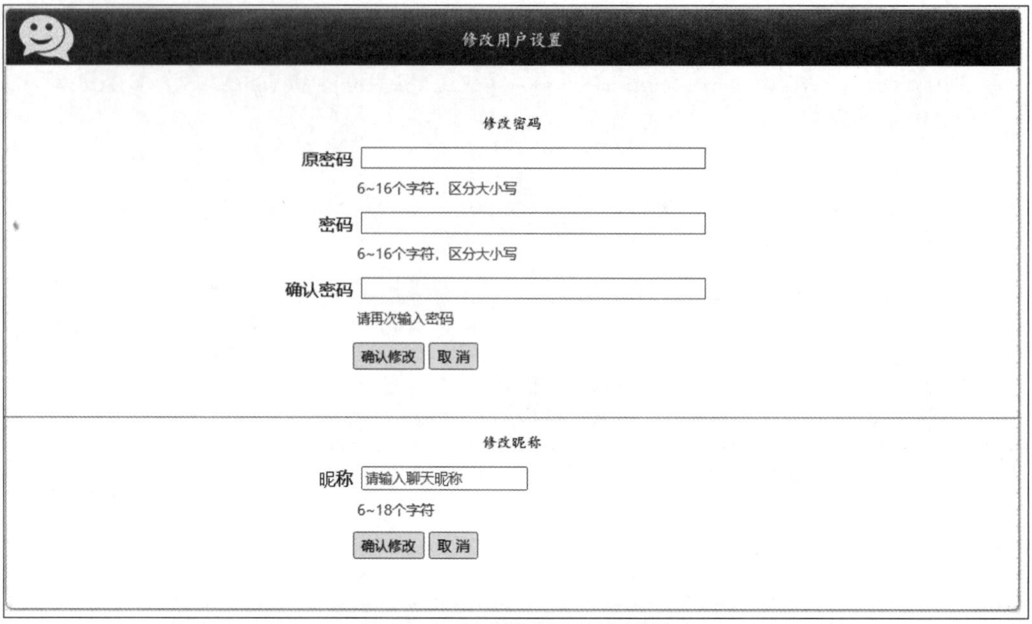

图 12-5　用户管理子系统界面

```
<!DOCTYPE html PUBLIC "-//W3C//DTD XHTML 1.0 Transitional//EN"
    "http://www.w3.org/TR/xhtml1/DTD/xhtml1-transitional.dtd">
<html xmlns="http://www.w3.org/1999/xhtml">
<head>
<meta http-equiv="Content-Type" content="text/html; charset=utf-8" />
<title>聊天室</title>
<link type="text/css" rel="stylesheet" href="css/zhuce.css" />
<script src="js/zhuce.js"></script>
</head>
<body>
<?php
session_start();
$username=$_SESSION['username'];
?>
<div class="divshang">修改用户设置</div>
<div class="divzhong">
<p align="center" class="font1">修改密码</p>
<form name="formpsd" method="post" action="setpsd.php"  onsubmit="return
    validate();">
  <table align="center" cellpadding="0" cellspacing="0" border="0">
      <tr>
      <td class="td1">原密码</td>
      <td class="td2"> 
        <input type="password" name="psd0" id="psd0" onchange="checkpsd()" />
       <p> 6~16个字符,区分大小写</p>
       <input type="hidden" name="username" id="username" value="<?php echo
           $_SESSION['username']; ?>" />
      </td>
    </tr>
    <tr>
      <td class="td1">密码</td>
      <td class="td2"> 
```

```
        <input type="password" name="psd1" id="psd1" required pattern="[a-zA-
           Z0-9_!@#$%^&*]{6,16}" />
        <p> 6~16 个字符,区分大小写</p>
      </td>
    </tr>
    <tr>
      <td class="td1">确认密码</td>
      <td class="td2"> 
        <input type="password" name="psd2" id="psd2" />
         <p> 请再次输入密码</p>
      </td>
    </tr>
    <tr>
      <td class="td1"> </td>
      <td class="td2">
        <input type="submit" value="确认修改" />
        <input type="reset" value="取 消" onclick="window.open('index.php',
            '_self');"/>
      </td>
    </tr>
  </table>
</form>
<hr/>
<p align="center" class="font1">修改昵称</p>
<form name="formnick" method="post" action="setnick.php" >
  <table align="center" cellpadding="0" cellspacing="0" border="0">
    <tr>
      <td class="td1">昵称</td>
      <td class="td2"> 
        <input type="text" name="nickname" id="nickname" placeholder="请输入聊
            天昵称"  required />
        <p> 6~18 个字符</p>
         <input type="hidden" name="username" id="username" value="<?php echo
            $_SESSION['username']; ?>" />
      </td>
    </tr>
    <tr>
      <td class="td1"> </td>
      <td class="td2">
        <input type="submit" value="确认修改" />
        <input type="reset" value="取 消" onclick="window.open('index.php',
            '_self');"/>
      </td>
    </tr>
  </table>
</form>
</div>
<div class="divxia"></div>
</body>
</html>
```

setpsd.php 文件执行成功后,弹出对话框提示用户修改密码成功,要求用户重新登录。程序代码如下:

```
<?php
```

```
session_start();
$username=$_POST['username'];
$psd1=$_POST['psd1'];
require_once 'conn.php';
$sql="update usermsg set psd='$psd1',online='0' where username='$username' ";
$res=mysqli_query($conn, $sql);
if($res){
    echo "<script>alert('修改密码成功,请重新登录')</script>";
    //跳转到登录页面
    echo "<script>window.location.href='denglu.html';</script>";
}
else {
    echo "<script>alert('修改密码失败,请重试!');history.back();</script>";
}
?>
```

setnick.php文件执行成功后,弹出对话框提示用户昵称修改成功,并回到聊天室界面。程序代码如下:

```
<?php
session_start();
$username=$_POST['username'];
$nickname=$_POST['nickname'];
require_once 'conn.php';
$sql="update usermsg set nickname='$nickname' where username='$username' ";
$res=mysqli_query($conn, $sql);
if($res){
    echo "<script>alert('修改成功!');</script>";
    echo "<script>window.location.href='index.php';</script>";
}
else{
    echo "<script>alert('修改失败,请重试!');history.back();</script>";
}
?>
```

delete.php文件执行成功后,弹出对话框让用户确认注销账号,并回到聊天室界面。程序代码如下:

```
<?php
session_start();
$old_user = $_SESSION['username'];
require_once 'conn.php';
$sql="delete from usermsg where username='$old_user'";
$res=mysqli_query($conn,$sql);
unset($_SESSION['username']);
$result_dest = session_destroy();
if($res){
    echo "<script>alert('注销账号成功!');history.back();</script>";
}else {
    echo "<script>alert('注销账号失败!')</script>";
}
mysqli_close($conn);
?>
```

12.4.4　聊天功能子系统

聊天功能子系统实现用户聊天的功能，与留言本系统一样，采用 HTML+CSS 设计，由 3 部分组成：一是上部页面，调用 top.php 文件，显示聊天室的名称、当前用户名、用户状态及设置按钮；二是下部左边页面，调用 left.php 文件，显示在线用户人数、在线用户昵称；三是下部右边页面，调用 showchat.php，显示聊天记录和输入聊天信息表单。

聊天功能子系统 index.php 文件代码如下：

```
<html>
<head>
<meta http-equiv="Content-Type" content="text/html; charset=utf-8" />
<title>聊天室</title>
<link type="text/css" rel="stylesheet" href="css/index.css" />
<script type="text/javascript" src="js/index.js"></script>
<!--设置页面刷新时间-->
<script language="javascript">
    setTimeout('window.location.reload()',15000);
</script>
</head>
<body >
<?php
session_start();
$username=$_SESSION['username'];
require_once 'top.php';
?>
<div class="bot">
    <div id="leftdiv">
      <div class="leftdivtop">
      </div>
      <div class="leftdivbot">
      <?php require_once 'left.php';?>
      </div>
    </div>
    <div class="maindiv">
    <?php
        echo "<iframe name='main' id='main' src='showchat.php' width='auto'
            height='auto' scrolling='no' frameborder='0' onload='iframeHeight
            ();'></iframe>";
    ?>
    </div>
  </div>
</body>
</html>
```

top.php 文件代码如下：

```
<div class="topdiv">
    <div class="topleft">
    欢迎来到聊天室
    </div>
    <div class="topright">
    <?php
    if(!isset($username)){
```

```
        echo "您还没有登录,登录后可发言!    <a href='denglu.
        html'>登 录</a>    ";
        echo "<a href='zhuce.html'>注 册</a>";
    }
    else {
        echo "您已登录,用户名是 $username!    ";
        echo "<a href='setting.php'>设置</a>    ";
        echo "<a href='logout.php'>退 出</a>    ";
        echo "<a href='delete.php'>注销账号</a>";
    }
    ?>
    </div>
</div>
```

showchat.php 文件中使用了 nick()函数,用来得到用户昵称。代码如下:

```
<?php
require_once 'conn.php';
include_once 'function.php';
session_start();
$username=$_SESSION['username'];
if(isset($_SESSION['username'])){
    $username=$_SESSION['username'];
    $nickname=nick($conn,$username);            //调用 nick()函数得到用户昵称
}
if(isset($_POST['cont']))
{
    $touser=$_POST['touser'];
    if($touser=="所有人"){
        $tonickname="所有人";
    }else{
        $tonickname=nick($conn,$touser);
    }
    $cont=$_POST['cont'];
    $face=$_POST['face'];
    $chattime=date("Y-m-d H:i:s");
    $query="insert into chatmsg(username,nickname,cont,chattime,face,
        tousername,tonickname)values('$username','$nickname','$cont',
        '$chattime','$face','$touser','$tonickname')";
    mysqli_query($conn,$query);                 //保存聊天记录到数据库
}
?>
<!DOCTYPE html PUBLIC "-//W3C//DTD XHTML 1.0 Transitional//EN"
    "http://www.w3.org/TR/xhtml1/DTD/xhtml1-transitional.dtd">
<html xmlns="http://www.w3.org/1999/xhtml">
<head>
<meta http-equiv="Content-Type" content="text/html; charset=utf-8" />
<title>显示聊天记录</title>
<link rel="stylesheet" type="text/css" href="css/showchat.css" />
</head>
<body>
<?php
$sql="select * from chatmsg ";
$res=mysqli_query($conn,$sql);
$reccount=mysqli_num_rows($res);
```

```
$chatsize=20;                                //每页显示的聊天记录数
$chatnum=(ceil($reccount/$chatsize)-1) * $chatsize;
if($chatnum<$chatsize){
    $sql2="SELECT * from chatmsg order by chattime asc;";
}else{
    $sql2="SELECT * from chatmsg order by chattime asc limit $chatnum,$chatsize;";
}
$result=mysqli_query($conn,$sql2);
?>
   <div class="div1">
   <table cellpadding="0" cellspacing="0">
   <?php
   while ($row=mysqli_fetch_array($result)){
     $contID=$row['contID'];
     echo "<tr>";
     if($row['tousername']!==$username)
     {
         echo "<td class='td1'>". $row['nickname'] ."对<span class='touser'>".
             $row['tonickname']."</span>说:</td>";
         echo "<td class='td2'>".$row['cont']."  ";
     }
     else{
         echo "<td class='td1'>". $row['nickname'] ."对<span class='me'>我
             </span>说:</td>";
         echo "<td class='td2'><span class='me'>".tohtml($row['cont']).
             "</span>  ";
     }
     //显示表情符号
     if($row['face']!=""){
         echo "<img src='images/face/face".$row['face'].".gif' width='20'
             height='20'>";
     }
     echo "</td>";
     echo "<td class='td4'>".$row['chattime']."</td>";
     echo "</tr>";
   }
   ?>
   </table>
 </div>
 <?php
 if($username!=""){
     $sql3="select * from usermsg where online=1";
     $res3=mysqli_query($conn,$sql3);
 ?>
 <div class="div2">
     <form action="showchat.php" target="main" method="post" id="form1" name=
         "form1">
     <table width="80%" border="0" cellspacing="0" cellpadding="0">
      <tr>
       <td class="td1"> <?php echo $username ?> 对  </td>
       <td class="td2">
           <select name="touser" id="touser">
           <option value="所有人" selected="selected"> 所有人</option>
           <?php
               while($row3=mysqli_fetch_array($res3)){
```

```
                    $touser=$row3['username'];
                    $tonickname=$row3['nickname'];
                    if($touser!=$username){      //自己的昵称不显示在列表中
                    echo "<option value='".$touser."'>".$tonickname."</option>";
                }
            }
            ?>
            </select>
        </td>
        <td class="td3">说:
        <input name="cont" type="text" id="cont" maxlength="30"/>  
            <input type="submit" value="发言">
        </td>
      </tr>
      <tr>
        <td class="td4"  colspan="3">发言表情:
          <input type="radio" value="1" name="face" checked="checked" />
          <img src="images/face/face1.gif" width="20" height="20" border="0" />
          <input type="radio" value="2" name="face" />
          <img src="images/face/face2.gif" width="20" height="20" border="0" />
          <input type="radio" value="3" name="face" />
          <img src="images/face/face3.gif" width="20" height="20" border="0" />
          <input type="radio" value="4" name="face" />
          <img src="images/face/face4.gif" width="20" height="20" border="0" />
          <input type="radio" value="5" name="face" />
          <img src="images/face/face5.gif" width="20" height="20" border="0" />
          <input type="radio" value="6" name="face" />
          <img src="images/face/face6.gif" width="20" height="20" border="0" />
          <input type="radio" value="7" name="face" />
          <img src="images/face/face7.gif" width="20" height="20" border="0" />
          <input type="radio" value="8" name="face" />
          <img src="images/face/face8.gif" width="20" height="20" border="0" />
          <input type="radio" value="9" name="face" />
          <img src="images/face/face9.gif" width="20" height="20" border="0" />
        </td>
      </tr>
    </table>
    </form>
  </div>
<?php
mysqli_close($conn);
?>
</body>
</html>
```

在 funcion.php 文件中添加 nick()函数，代码如下：

```
function nick($conn,$username){
    $sql="select username,nickname from usermsg where username='$username'";
    $res=mysqli_query($conn,$sql);
    $info=mysqli_fetch_array($res);
    $nickname=$info['nickname'];
    return $nickname;
}
```

学习成果达成与测评

<table>
<tr><td>学号</td><td></td><td>姓名</td><td></td><td>项目序号</td><td></td><td>项目名称</td><td></td><td>学时</td><td>6</td><td>学分</td><td></td></tr>
<tr><td>职业技能等级</td><td colspan="2">中级</td><td colspan="3">职业能力</td><td colspan="4"></td><td>任务量数</td><td></td></tr>
<tr><td>序号</td><td colspan="10">评价内容</td><td>分数</td></tr>
<tr><td>1</td><td colspan="10">能够独立完成页面设计</td><td>5</td></tr>
<tr><td>2</td><td colspan="10">能够根据用户需求设计应用系统流程</td><td>5</td></tr>
<tr><td>3</td><td colspan="10">能够根据系统分析结果实现应用系统的数据库设计</td><td>5</td></tr>
<tr><td>4</td><td colspan="10">实现用户管理子系统功能</td><td>15</td></tr>
<tr><td>5</td><td colspan="10">实现实时聊天子系统功能</td><td>20</td></tr>
<tr><td rowspan="2">考核评价</td><td colspan="10">总分数</td><td></td></tr>
<tr><td colspan="11">指导教师评语</td></tr>
<tr><td>备注</td><td colspan="11">奖励：
(1) 可以按照完成质量给予1～10分奖励。
(2) 每超额完成一个任务加3分。
(3) 巩固提升任务完成情况优秀，加2分。
惩罚：
(1) 完成任务超过规定时间，扣2分。
(2) 完成任务有缺项，每项扣2分。
(3) 任务实施报告中有歪曲事实、杜撰或抄袭内容者不予评分。</td></tr>
</table>

学习成果实施报告书

<table>
<tr><td>题目</td><td colspan="5"></td></tr>
<tr><td>班级</td><td></td><td>姓名</td><td></td><td>学号</td><td></td></tr>
<tr><td colspan="6">任务实施报告</td></tr>
<tr><td colspan="6">简要记述完成的各项任务，描述任务规划以及实施过程、遇到的重点难点以及解决过程，字数不少于800字。</td></tr>
<tr><td colspan="6">考核评价(10分制)</td></tr>
<tr><td colspan="4" rowspan="2">教师评语：</td><td>态度分数</td><td></td></tr>
<tr><td>工作量分数</td><td></td></tr>
<tr><td colspan="6">考 核 标 准</td></tr>
<tr><td colspan="6">(1) 在规定时间内完成任务。
(2) 操作规范。
(3) 任务实施报告书内容真实可靠、条理清晰、文字流畅、逻辑性强。
(4) 没有完成工作量扣1分，有抄袭内容扣5分。</td></tr>
</table>

第 13 章

综合实例——电子商务网站购物车模块的实现

知识导读

随着网络的快速发展，电子商务迅速兴起，越来越多的人喜欢在网络上购买商品，由商家直接将商品通过物流送达。用户可以在电子商务网站上浏览、挑选商品，足不出户就可以购买到自己满意的商品。大型电子商务网站功能齐全，商品丰富，页面美观，开发与设计也相对复杂。本章选择电子商务中最核心的购物车模块进行讲述，按照网络应用开发的基本步骤，依次从需求分析、数据库设计、系统设计及功能实现介绍购物车模块的实现。

学习目标

- 了解电子商务的基本概念。
- 了解电子商务系统的基本工作原理。
- 进一步巩固和加强 MySQL 数据库操作的相关知识和技能。
- 掌握显示商品列表和详细资料功能的实现。
- 掌握购物车和订单功能的实现。

13.1 需求分析

电子商务出现于 20 世纪 90 年代。近年来，随着计算机技术的发展以及数据库技术在网络中的应用，电子商务尤其是在线网上购物进入迅猛发展时期，并已深入人们的日常生活中。电子商务对国家经济结构变革、产业升级及提高国家整体经济实力起着越来越重要的作用。同时，电子商务降低了企业的销售成本，也降低了用户的购买成本，其简单的购买流程、便捷可靠的支付方式、快捷畅通的物流快递、安全的信息保护都赢得了用户的青睐。为此，我国已将电子商务列为信息化建设的重要内容。

13.1.1 需求目标

成熟的电子商务系统一般包括前台和服务器端两部分。前台利用相关技术进行页面设计，要点包括首页的设计要能吸引用户目光、展示最新或最受欢迎的商品、商品信息有实例图、图像清晰、文字醒目等；服务器端重点在于数据库设计，具体包括用户登录模块、商品相关信息查询浏览模块、购物车模块、订单模块和管理模块等。本章以图书网站为例，重点介绍购物车模块的开发设计，此模块的需求目标如下：

（1）实现商品列表和详细信息展示。

（2）用户选择所需的商品后，可以将商品加入购物车。在购物车中，可以删除商品，添加商品，修改商品数量，显示相关价格。生成订单后清空购物车。

（3）在收货人信息页面，用户可以填写收货人的相关信息，提交后可以选择确定付款或者取消订单。

（4）在订单页面，用户可以查看订单号、订单状态以及订购商品的名称、数量、价格并可删除订单。

13.1.2 系统分析

购物车模块的购物流程是：用户首先在主页浏览商品。没有注册的用户可以浏览商品，不能进行购买操作。已经注册的用户可以将选中的商品加入购物车，最终提交订单。购物车模块流程如图13-1所示。

用户购买商品流程如图13-2所示。

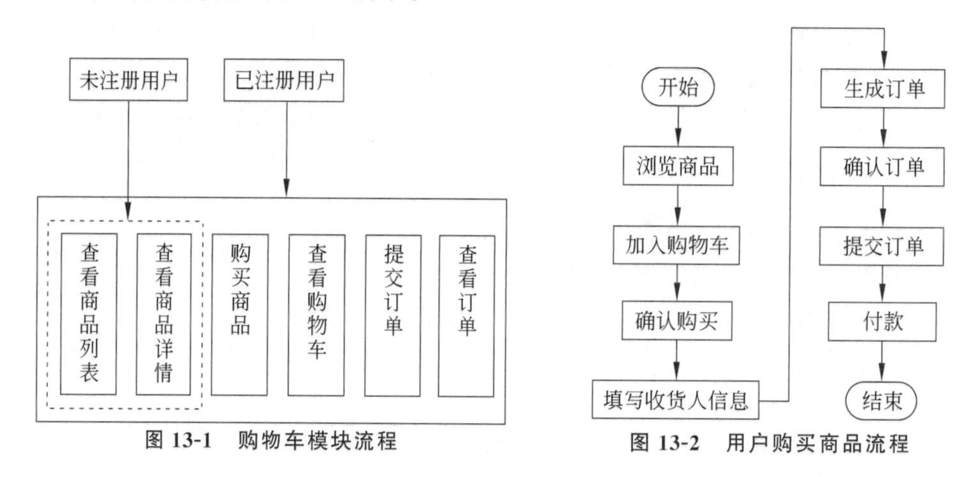

图13-1 购物车模块流程　　图13-2 用户购买商品流程

13.2 数据库设计

13.2.1 数据库概念设计

根据系统分析，购物车模块的数据库有用户信息、商品信息、购物车信息、订单信息4个实体。

（1）用户信息实体包括用户编号、用户名、真实姓名、电话号码、注册时间、密码6个属性，其E-R图如图13-3所示。

（2）商品信息实体包括商品编号、商品名称、商品说明、商品图片、商品单价、上架时间6个属性，其E-R图如图13-4所示。

（3）购物车信息实体包括购物车编号、用户编号、用户名、商品编号、商品名称、商品数量、商品单价、加入时间8个属性，其实体E-R图如图13-5所示。

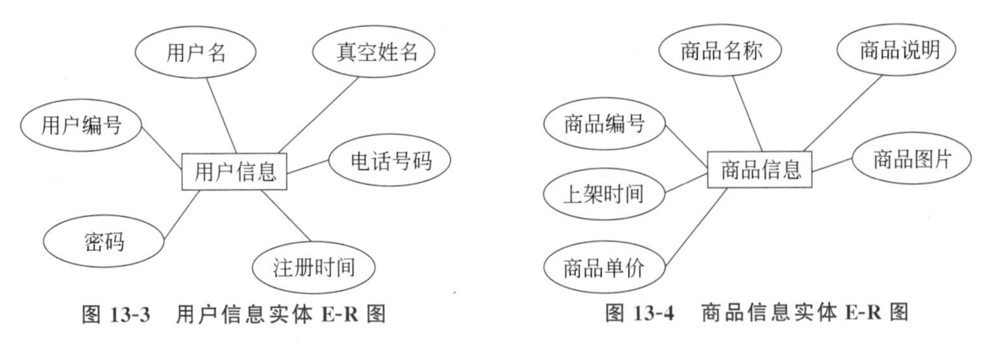

图 13-3　用户信息实体 E-R 图

图 13-4　商品信息实体 E-R 图

图 13-5　购物车信息实体 E-R 图

(4) 订单信息实体包括购物车编号、订单号、用户名、收货人姓名、收货人地址、收货人电话、商品编号、商品名称、商品数量、商品单价、商品总价、支付状态、创建时间、快递方式、邮费 15 个属性，其 E-R 图如图 13-6 所示。

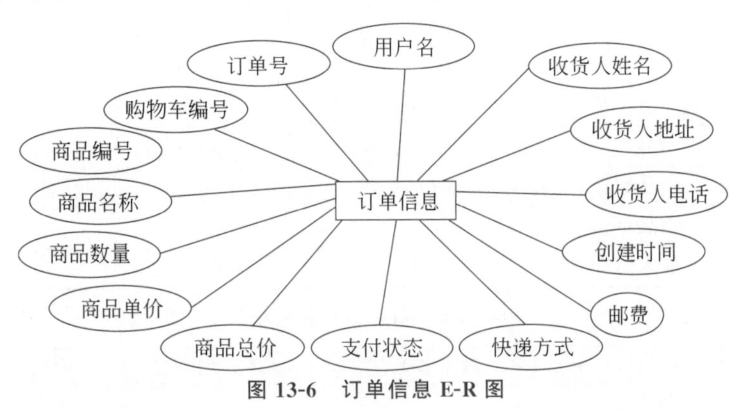

图 13-6　订单信息 E-R 图

13.2.2　数据库逻辑设计

购物车模块中使用的是 mycart 数据库，其中包括 4 个表，如表 13-1 所示。这 4 个表的结构如表 13-2～表 13-5 所示。

表 13-1　mycart 数据库的表

表　名	含　义	作　用
usermsg	用户信息表	存储用户信息
goods	商品信息表	存储商品详细信息
cartmsg	购物车信息表	存储当前用户购物车的商品信息
goodsmsg	订单信息表	存储当前用户的订单信息

表 13-2 usermsg 表的结构

字段名称	字段说明	类型和长度	是否允许为空	其他
userID	用户编号	int(10)	not null	自动增长，主键
username	用户名	varchar(30)	not null	
turename	真实姓名	varchar(30)	not null	
phoneno	电话号码	varchar(11)		
zhucedate	注册时间	datetime	not null	
psd	密码	varchar(16)	not null	

表 13-3 goods 表的结构

字段名称	字段说明	类型和长度	是否允许为空	其他
goods_id	商品编号	int(10)	not null	自动增长，主键
goods_name	商品名称	varchar(30)	not null	
goods_info	商品说明	mediumtext	not null	
goods_pic	商品图片	varchar(100)		
goods_price	商品单价	float	not null	
addtime	上架时间	datetime	not null	

表 13-4 cartmsg 表的结构

字段名称	字段说明	类型和长度	是否允许为空	其他
cart_id	购物车编号	int(10)	not null	自动增长，主键
userID	用户编号	int(10)	not null	
username	用户名	varchar(30)	not null	
goods_id	商品编号	int(10)	not null	
goods_name	商品名称	varchar(30)	not null	
goods_num	商品数量	int(10)	not null	不能小于1
goods_price	商品单价	float	not null	
addtime	加入时间	datetime	not null	

表 13-5 ddrmsg 表的结构

字段名称	字段说明	类型和长度	是否允许为空	其他
ddID	购物车编号	int(10)	not null	自动增长，主键
ddno	订单号	varchar(30)	not null	
username	用户名	varchar(30)	not null	
receiver	收货人姓名	int(10)	not null	
address	收货人地址	int(10)	not null	
phone	收货人电话	varchar(11)	not null	
ddgoodsid	商品编号	varchar(100)	not null	多个商品编号用||隔开
ddgoodsname	商品名称	varchar(100)	not null	多个商品名称用||隔开
ddgoodsnum	商品数量	varchar(100)	not null	多个商品数量用||隔开
ddgoodsprice	商品单价	varchar(100)	not null	多个商品单价用||隔开
totalprice	商品总价	float	not null	

续表

字段名称	字段说明	类型和长度	是否允许为空	其　他
pay	支付状态	tinyint()	not null	初始值为0(未支付)
createtime	创建时间	datetime	not null	
kdfs	快递方式	varchar(10)	not null	
yfprice	邮费	float	not null	

13.3　系统设计及功能实现

13.3.1　页面结构设计

购物车模块的用户注册、登录和退出与前两章一样，这里不再重复介绍。购物车模块则主要包含商品列表页面、商品详细信息页面、购物车页面和订单信息页面。

(1) index.php 展示商品列表，如图 13-7 所示。

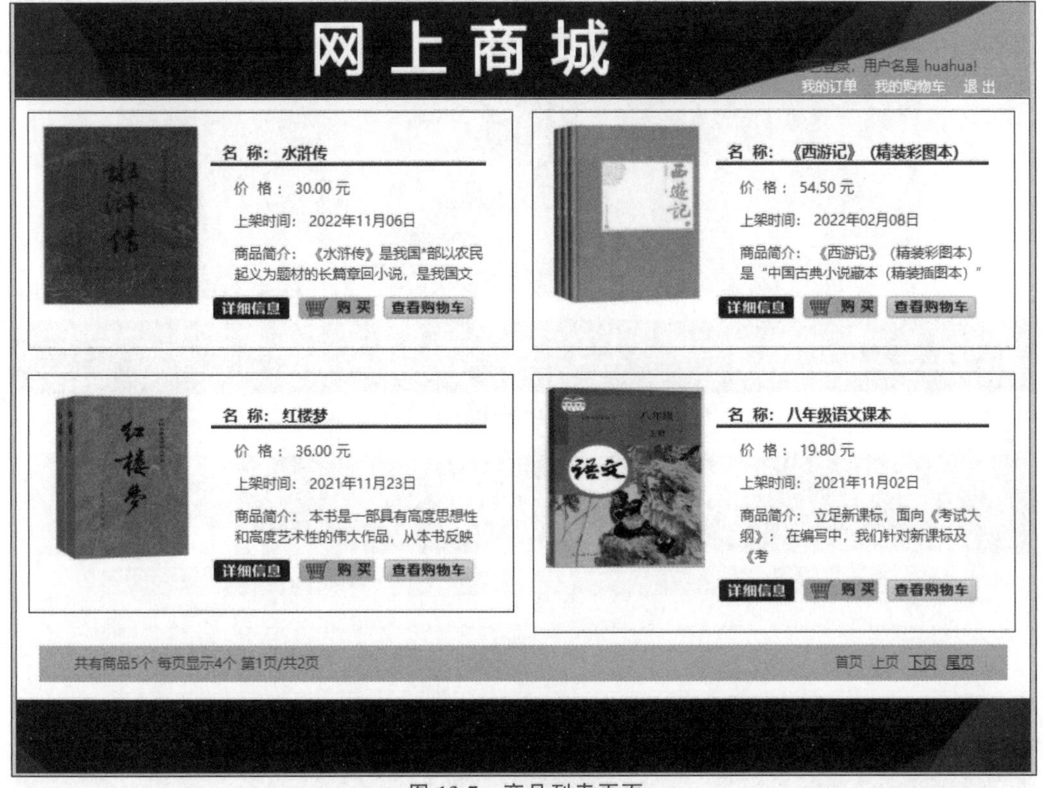

图 13-7　商品列表页面

(2) goodsinfo.php 展示商品详细信息。在商品列表页面单击相应商品的"详细信息"按钮可进入此页面，如图 13-8 所示。

(3) cart.php 展示购物车信息。当用户添加商品时，商品放入购物车，如图 13-9 所示。

(4) myddmsg.php 展示当前用户的所有订单信息，如图 13-10 所示。

图 13-8 商品详细信息页面

网上商城

已登录，用户名是 huahua!
我的订单 我的购物车 退出

商品名称	单价（元）	数量（个）	操作
红楼梦	36	- 1 +	删除该项
水浒传	30	- 1 +	删除该项
八年级语文课本	19.8	- 2 +	删除该项

<< 继续购买 清空购物车 >> 商品金额总计：105.6元 结算

图 13-9 购物车页面

13.3.2 数据库连接

与留言本、聊天室系统一样，购物车模块也将数据库连接文件作为公共文件存储。数据库连接文件 conn.php 代码如下：

网 上 商 城

登录，用户名是 huahua!
我的订单　我的购物车　退出

订单号	商品名称	商品总价(元)	是否支付	操作
22090921473846	八年级语文课本	39.60	未支付	提交订单| 删除订单
22090921696464	《西游记》（精装彩图本） 水浒传	114.50	已支付	删除订单

<< 去购买 >>

图 13-10　订单信息页面

```
<?php
$conn=mysqli_connect('localhost','root','123456');
if (!$conn){
    die("数据库连接失败,错误编号是:".mysqli_connect_errno()."<br/>错误信息是:".
        mysqli_connect_error());
}
mysqli_select_db($conn,'myshop') or die("数据库访问错误".mysqli_error());
?>
```

13.3.3　商品列表页面设计

购物车模块首页就是商品列表页面，从数据表 goodsmsg 中读取数据并显示。单击“详细信息”按钮跳转到商品详细信息页面。当用户未登录时，只能查看商品详细信息，“购买”按钮和“查看购物车”按钮不能使用，系统提示用户未登录。若用户已登录，单击“购买”按钮执行 addcart.php 文件，单击“查看购物车”按钮执行 cart.php 文件并跳转到购物车页面。index.php 文件代码如下：

```
<?php
include_once("conn.php");
include_once("top.php");
session_start();                                    //初始化 session 变量
$username=$_SESSION['username'];
?>
<div class="main" style="position:relative;">
<div class="main-box">
<?php
$sql="select * from goods";
$res=mysqli_query($conn,$sql);
$reccount=mysqli_num_rows($res);
$pagesize=4;                                        //每页显示商品数
$pagecount=ceil($reccount/$pagesize);/
$pageno=isset($_GET['pageno'])?$_GET['pageno']:1;
$pagestart=($pageno-1)*$pagesize;
$sql2=$sql." order by addtime desc limit $pagestart,$pagesize";
$result=mysqli_query($conn,$sql2);
//显示商品信息
while($info=mysqli_fetch_array($result)){
    $goodsid=$info['goods_id'];
    $goodspic=$info['goods_pic'];
    $arraypic=explode("||",$goodspic);          //图片名称
    list($addtime)=explode(' ',$info['addtime']);
```

```
    list($y,$m,$d)=explode('-',$addtime);
    $riqi=$y."年".$m."月".$d."日";
?>
<div class="list-box">
    <div class="list-image2">
<!-- 将第一张图处作为封面图显示 -->
    <a href="goodsinfo.php?id=<?php echo $info['goods_id'];?>"><img src="<?
      php echo $arraypic[0]; ?>" width="135" height="150" border="0"></a>
    </div>
    <div class="list-info2">
      <img src="images/bg_listname.jpg" width="236" height="24">
      <span class="aname list-name">名   称:
      <?php echo $info['goods_name']; ?>
      </span>
      <ul>
        <li>价   格:
        <?php echo number_format($info['goods_price'],2)." 元"; ?></li>
        <li>上架时间:
        <?php echo $riqi; ?>
        </li>
        <li>商品简介:
        <?php echo msubstr($info['goods_info'],0,90); ?>
        </li>
      </ul>
      <a href="goodsinfo.php?id=<?php echo $info['goods_id'];?>"><img src=
        "images/goods_info.jpg" border="0" width="69" height="20" /></a>
         <a href="add_cart.php?id=<?php echo $info['goods_id'];?>"><
        img src="images/add_cart.jpg" width="69" height="20" border="0" /></a
        > <a href="cart.php"><img src="images/cart.jpg" border="0"
        width="80" height="20" /></a>
    </div>
  </div>
<?php } ?>
  <div class="list-page">
    <div class="list-page-left">共有商品<?php echo $reccount; ?>个  每页
      显示<?php echo $pagesize; ?>个  第<?php echo $pageno; ?>页/共<?php
      echo $pagecount; ?>页</div>
    <div class="list-page-right">
    <?php
    if($pagecount==0){
      echo "首页   上页   下页   尾页";
    }
    else{
      if($pageno==1)
      {echo "首页   ";}
      else
      {echo "<a href='index.php?pageno=1'>首页</a>  ";}
                                                    //通过页面传递参数 pangno
      if($pageno==1)
      {echo "上页   ";}
      else
      {echo "<a href='index.php?pageno=".($pageno-1)."'>上页</a>
          ";}
      if($pageno==$pagecount)
      {echo "下页   ";}
```

```
        else
        {echo "<a href='index.php? pageno=".($pageno+1)."'>下页</a>
              ";}
        if($pageno==$pagecount)
        {echo "尾页";}
        else
        {echo "<a href='index.php? pageno=".($pagecount)."'>尾页</a>";}
      }
    ?>
    </div>
</div>
<?php include_once("bottom.php"); ?>
```

top.php 文件代码如下：

```
<?php session_start(); include_once("conn.php");
include_once("function.php");
session_start();
$username=$_SESSION['username'];
?>
<html>
<head>
<meta http-equiv="Content-Type" content="text/html; charset=utf-8" />
<title>电子商务购物车模块实现</title>
<link rel="stylesheet" type="text/css" href="css/style.css">
<link rel="stylesheet" type="text/css" href="css/index.css">
</head>
<body topmargin="0" leftmargin="0" bottommargin="0">
<table width="870" height="80" border="0" align="center" cellpadding="0"
    cellspacing="0" background="images/bg_top.jpg" >
  <tr>
    <td width="80" height="80" ></td>
    <td width="470"></td>
    <td width="300" align="right" valign="bottom" >
    <?php
    if(!isset($username)){
        echo "您尚未登录!    <a href='denglu.html' class=
            'a2'>登 录</a>    ";
        echo "<a href='zhuce.html' class='a2'>注 册</a>";
    }
    else{
        echo "您已登录,用户名是 $username!    <br/>";
        echo "<a href='myddmsg.php' class='a2'>我的订单</a>  
              ";
        echo "<a href='cart.php' class='a2'>我的购物车</a>  
              ";
        echo "<a href='logout.php' class='a2'>退 出</a>";
    }
    ?>
    </td>
    <td width="30"></td>
  </tr>
</table>
</body>
</html>
```

13.3.4 商品详细信息页面设计

商品详细信息页面程序文件 goodsinfo.php 从数据库中读取对应商品的详细信息并在页面上显示，具体内容包括商品名称、单价、上架时间、内容简介和商品图片，在数据表 goodsmsg 中，如果一个商品有多张图片，则图片文件名用||隔开。例如，goodspic 字段的值是 pic1.jpg||pic2.jpg||，表示对应的商品图片有两张，文件名分别是 pic1.jpg 和 pic2.jpg。

goodsinfo.php 文件代码如下：

```
<?php
include_once("conn.php");
include_once("top.php");
?>
<table width="870" align="center" border="1" cellpadding="1" cellspacing="1"
    bordercolor="#FFFFFF" bgcolor="#004080">
  <tr><td bgcolor="#FFFFFF">
    <?php
    $id=$_GET["id"];
    $sql="select * from goods where goods_id='".$_GET['id']."'";
    $res=mysqli_query($conn,$sql);
    $info=mysqli_fetch_array($res);
    list($addtime)=explode(' ',$info['addtime']);
    list($y,$m,$d)=explode('-',$addtime);
    $riqi=$y."年".$m."月".$d."日";
    $arraypic=explode("||",$info['goods_pic']);
    $picnum=count($arraypic);
    ?>
    <table width="750" border="0" align="center" cellpadding="0" cellspacing="0">
    <tr><td height="40"><br>
      <table width="680" border="0" align="center" cellpadding="0"
         cellspacing="1" bgcolor="#004080">
        <tr>
        <td width="190" rowspan="5" bgcolor="#FFFFFF"><div align="center">
          <img src="<?php echo $arraypic[0]; ?>" width="150" height="160">
          </div></td></tr>
        <tr>
          <td width="100" height="25" bgcolor="#FFFFFF"><div align="center">
            商  品  名  称: </div></td>
          <td width="386" height="25" bgcolor="#FFFFFF"> <?php echo $
            info['goods_name']; ?></td>
        </tr>
        <tr>
          <td height="25" bgcolor="#FFFFFF"><div align="center">价  
             格:</div></td>
          <td height="25" bgcolor="#FFFFFF"> <?php echo number_format
            ($info['goods_price'],2)." 元"; ?></td>
        </tr>
        <tr>
          <td height="25" bgcolor="#FFFFFF"><div align="center">上架时间:
            </div></td>
          <td height="25" bgcolor="#FFFFFF"> <?php echo $riqi; ?></td>
        </tr>
```

```
          <tr>
            <td height="25" colspan="2" bgcolor="#FFFFFF"><table width="380"
                height =" 22 "  border =" 0 "  align =" right "  cellpadding =" 0 "
                cellspacing="0">
              <tr>
                <td><div align="center"><a href="add_cart.php? id=<? php echo
                    $info["goods_id"]; ?>"><img src="images/add_cart.jpg" width
                    ="69" height="20" border="0"/></a></div></td>
              </tr>
            </table></td>
          </tr>
        </table>
  <br>
          <table width="680" height="120" border="0" align="center"
              cellpadding="0" cellspacing="1" bgcolor="#999999">
            <tr>
              <td bgcolor="#FFFFFF"><div style="line-height:1.6; padding:5" >
                  <font color="red">内容简介:</font><? php echo tohtml($info['
                  goods_info']); ?></div></td>
            </tr>
            <tr>
            <td align="center">
            <? php
            for($i=0;$i<$picnum-1;$i++){
                echo "<p><img src='".$arraypic[$i]."' width='590' height=
                    '800'/></p>";
            }
            ? >
            </td>
            </tr>
          </table>
      </br>
      </td>
      </tr>
    </table>
</td>
</tr>
</table>
<? php
include_once("bottom.php");
? >
```

13.3.5　实现购物车功能

登录用户在商品列表页面的相应商品中单击“购买”按钮，或者在商品详细信息页面中单击“购买”按钮，将执行 addcart.php，将所选商品加入购物车，即，将购物车的商品信息写入 cartmsg 数据表，然后跳转到购物车页面，显示商品名称、商品数量、商品单价、商品总价信息，商品数量默认为 1。addcart.php 文件代码如下：

```
<? php
header("Content-type: text/html; charset=utf-8");        //设置文件编码格式
include_once 'conn.php';
session_start();
```

```
$username=$_SESSION['username'];
$goodsid=$_GET["id"];
if($username==""){
    echo "<script>alert('您还没有登录,请登录后购买');history.back();</script>";
    exit;
}
$sql="select * from cartmsg where goods_id='$goodsid' and username='$username'";
$res=mysqli_query($conn,$sql);
if(mysqli_fetch_row($res)>=1){
    echo "<script>alert('该商品已经被放入购物车!');history.back();</script>";
        exit;
}
else{
    $sql1="select * from usermsg where username='$username'";
    $result=mysqli_query($conn,$sql1);
    $res1=mysqli_fetch_array($result);
    $userid=$res1['userID'];
    $goodsnum=1;
    $sql2="select * from goods where goods_id='$goodsid'";
    $result=mysqli_query($conn,$sql2);
    $res2=mysqli_fetch_array($result);
    $goodsid=$res2['goods_id'];
    $goodsname=$res2['goods_name'];
    $goodsprice=$res2['goods_price'];
    $addtime=date("Y-m-d H:i:s");
    $sql3="insert into cartmsg(goods_id,goods_name,goods_price,goods_num,
        userID,username,addtime) values('$goodsid','$goodsname','$goodsprice
        ','$goodsnum','$userid','$username','$addtime')";
    if(mysqli_query($conn, $sql3)){
        echo "<script>window.location.href='cart.php';</script>";
    }
    else{
        echo "<script>alert('该商品放入购物车失败!');</script>";
    }
}
?>
```

在商品列表页面单击“查看购物车”按钮，跳转到购物车页面，显示当前用户的购物车信息，即从 cartmsg 数据表读取当前用户的购物车商品列表并显示出来，代码如下：

```
<?php
include_once("conn.php");
include_once("top.php");
$username=$_SESSION["username"];
if($username==""){
    echo "<script>alert('您还没有登录,请登录后查看');history.back();</script>";
    exit;
}
?>
<div class="main" style="position:relative;">
<div class="main-box">
  <table class="cart-table">
    <tr>
      <td width="330" height="22" bgcolor="#CCCCCC"><div align="center">商品
        名称</div></td>
```

```
  <td width="87" bgcolor="#CCCCCC"><div align="center">单价(元)</div>
      </td>
  <td width="155" bgcolor="#CCCCCC"><div align="center">数量(个)</div>
      </td>
  <td width="143" bgcolor="#CCCCCC"><div align="center">操作</div></td>
</tr>
   <?php
   $sql="select * from cartmsg where username='$username'";
   $res=mysqli_query($conn,$sql);
   $resnum=mysqli_num_rows($res);
   if($resnum>=1){
       $totalprice=0;
       $i=0;
       //显示购物车商品信息,不同的商品表单名称不一样
       while($info=mysqli_fetch_array($res)){
         $goodsid=$info['goods_id'];
         $goodsname=$info['goods_name'];
         $goodsprice=$info['goods_price'];
         $goodsnum=$info['goods_num'];
         $mkgoodsid[$i]=$goodsid;        //商品 ID 保存到数组中,为生成订单做准备
?>
 <tr>
  <form name="form<?php echo $i?>" method="post" action="changecart.php" >
  <td height="22" bgcolor="#FFFFFF"><?php echo $goodsname ; ?></td>
     <td height="22" bgcolor="#FFFFFF"><div align="center"><?php echo
         $goodsprice;?></div></td>
    <td height="22" bgcolor="#FFFFFF"><div align="center">
         <ul class="choice-colol ma-le-6">
              <li>
                   <input class="a1 choice-number fl" type="submit" name=
                       "change" id="change" value="-"  style="width:24px" />
                   <input class="wi43 fl" type="text" value="<?php echo
                       $goodsnum;?>" name="goodsnum" id="goodsnum" />
                   <input class="a1 choice-number fl" type="submit" name=
                       "change" id="change" value="+"  style="width:24px" />
              </li>
         </ul>
     <input type="hidden" name="id" value="<?php echo $goodsid;?>" >
         </div></td>
    <td height="22" bgcolor="#FFFFFF"><div align="center"><a href=
        "delgoods.php?id=<?php echo $goodsid;?>" class="a1">删除该项</a>
       </div></td>
  </form>
</tr>
<?php
     $totalprice+=$goodsprice * $goodsnum;
     $i++;
     }
   }
   else{
?>
<tr>
<td height="22" colspan="4" bgcolor="#FFFFFF"><div align="center">对不起,
    您的购物车中暂无商品信息!</div></td>
 </tr>
 <?php
```

```
        }
        $_SESSION['mkgoodsid']=$mkgoodsid;
    ?>
  </table>
  <div class="cart-action">
    <span><<  <a href='index.php' class='a1'>继续购买</a></span>
    <span><a href='setcartnull.php' class='a1'>清空购物车</a> >></span>
    <span><?php if(isset($totalprice)){?>商品金额总计:<?php echo $totalprice;?>
        元<?php } ?></span>
<!-- 如果购物车没有商品,则不显示"结算"按钮 -->
<span><?php if($resnum>=1){?><a href="getreceiverinfo.php"> <img src=
    "images/js.jpg" width="69" height="20" border="0" /></a><?php } ?>
    </span>
    <span></span>
  </div>
</div>
</div>
<?php
include_once("bottom.php");
?>
```

13.3.6 修改购物车中的商品数量

在购物车页面中单击“数量”列中的+、-按钮时,执行 changecart.php 程序文件,用以增加或减少商品数量。单击“删除该项”时,执行 delgoods.php 程序文件,将该商品从购物车中删除。单击下方的“清空购物车”按钮时,执行 setcartnull.php 程序文件,将购物车中的商品全部删除。

changecart.php 文件代码如下:

```
<?php
include_once 'conn.php';
session_start();
$username=$_SESSION['username'];
$goodsid=$_POST["id"];
$goodsnum=$_POST['goodsnum'];
$change=$_POST['change'];
if($change=='+')
    $goodsnum=$goodsnum+1;
else
    if($change=='-') {
        if($goodsnum>1){
        $goodsnum--;
        }else{
            echo "<script>alert('购买数量不能为 0!');history.back();</script>";
            exit;
        }
    };
$sql="update cartmsg  set goods_num='$goodsnum' where username='$username' and
    goods_id='$goodsid'";
$res=mysqli_query($conn,$sql);
if($res){
    echo "<script>window.location.href='cart.php';</script>";
}
?>
```

delgoods.php 文件代码如下：

```
<?php
include_once 'conn.php';
session_start();
$username=$_SESSION['username'];
$goodsid=$_GET["id"];
$sql="delete from cartmsg where username='$username' and goods_id='$goodsid'";
if(mysqli_query($conn,$sql)){
    echo "<script> alert('删除成功!');history.back();</script>";
    exit;
}
else{
    echo "<script> alert('删除失败!');history.back();</script>";
    exit;
}
?>
```

setcartnull.php 文件代码如下：

```
<?php
header("Content-type: text/html; charset=utf-8");                //设置文件编码格式
include_once 'conn.php';
session_start();
$username=$_SESSION['username'];
$sql="delete from cartmsg where username='$username'";
$res=mysqli_query($conn,$sql);
echo "<script>window.location.href='cart.php';</script>";
?>
```

13.3.7　购物车订单提交功能设计

购物车订单提交功能的工作流程是：在购物车页面中单击“结算”按钮后跳转到 getreciverinfo.php 页面，提示用户输入收货人的相关信息，默认收货人是当前用户，如图 13-11 所示。

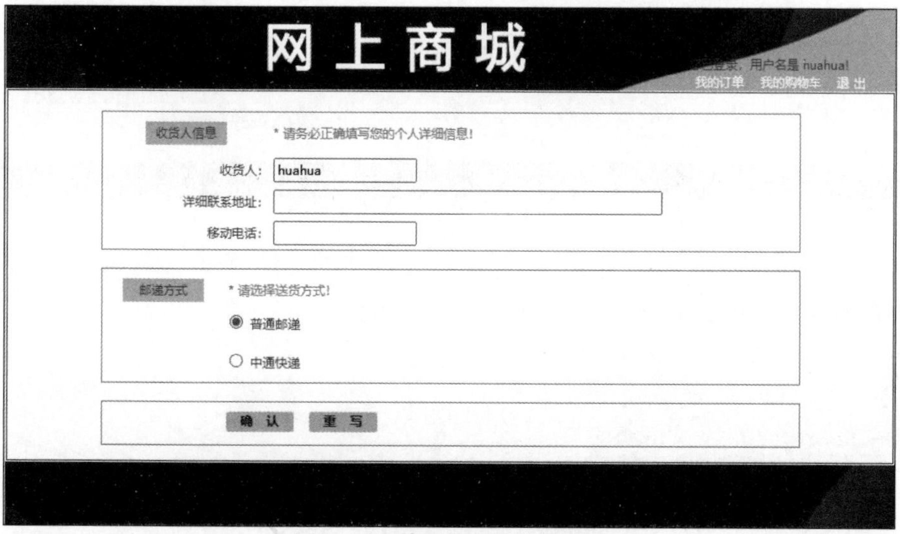

图 13-11　填写收货人信息页面

填写完成后，单击“确认”按钮生成订单，执行 savedd.php 程序文件，将订单信息保存到数据表 ddmsg 中，生成订单号，同时清空购物车，然后 dd.php 跳转到订单页面，显示订单信息，包括订购人、订单号、收货人、联系地址和方式、商品名称、单价、数量、商品总计、邮费、支付金额总计等，如图 13-12 所示。

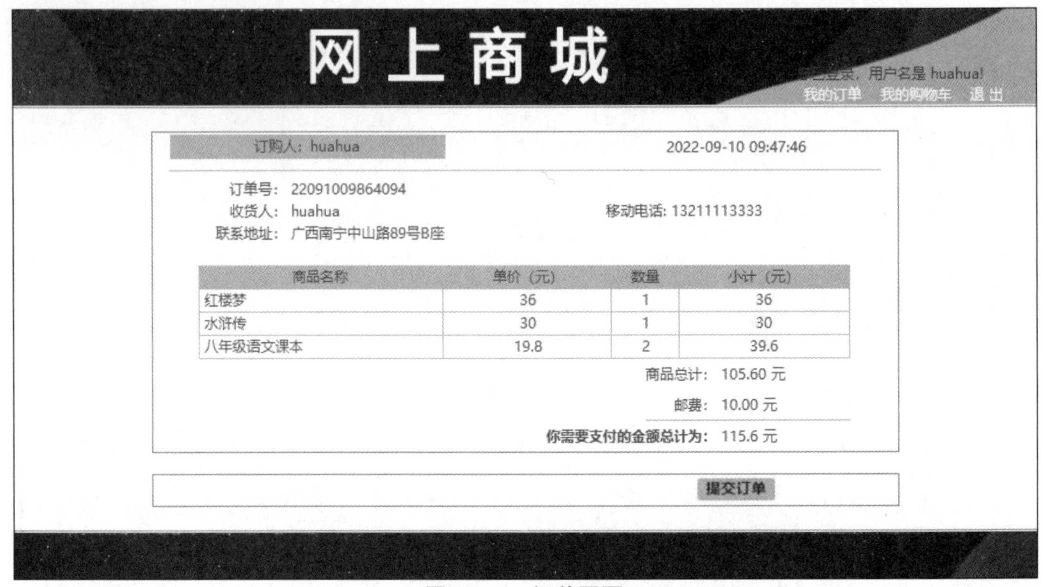

图 13-12 订单页面

单击“提交订单”按钮，执行 tjdd.php 程序文件，显示订单号和需要支付的金额，如图 13-13 所示。

图 13-13 确认订单页面

单击“确认付款”按钮，执行 paydd.php 程序文件完成支付，修改订单状态为“已支付”；单击“取消订单”按钮，执行 deletedd.php 程序文件删除该订单。

getreceiverinfo.php 文件代码如下：

```
<?php
include_once("conn.php");
include_once("top.php");
session_start();
$mkgoodsid=$_SESSION['mkgoodsid'];
?>
```

```
<table width="870" align="center" border="1" cellpadding="1" cellspacing="1"
    bordercolor="#FFFFFF" bgcolor="#004080">
<tr>
  <td bgcolor="#FFFFFF"> <form name="form1" method="post" action="savedd.php"
      onsubmit="return(chkinput(this))">
    <table width="750" height="60" border="0" align="center" cellpadding="0"
        cellspacing="0">
        <tr>
          <td><br>
          <table width="680" border="0" align="center" cellpadding="0"
              cellspacing="1" bgcolor="#999999">
            <script language="javascript">
                function chkinput(form){
                    if(form.receiver.value==""){
                        alert('请输入收货人姓名!');
                        form.receiver.focus();
                        return(false);
                    }
                    if(form.address.value==""){
                        alert('请输入收货人联系地址!');
                        form.address.focus();
                        return(false);
                    }
                    if(form.phone.value==""){
                        alert('请输入移动电话号码!');
                        form.phone.focus();
                        return(false);
                    }
                    return(true);
                }
          </script>
            <tr>
        <td bgcolor="#FFFFFF">
            <table width="680" border="0" align="center" cellpadding="0"
                cellspacing="0">
                <tr>
                  <td width="120" height="40"><table width="80" height="22"
                      border="0" align="center" cellpadding="0" cellspacing="0">
                    <tr>
                      <td bgcolor="#CCCCCC"><div align="center">收货人信息
                          </div></td>
                    </tr>
                  </table></td>
                  <td colspan="3"> <font color="#FF0000">*</font> 
                      <font color="#999999">请务必正确填写您的个人详细信息!</font>
                      </td>
                  </tr>
                <tr>
                  <td width="120" height="30"><div align="right">收货人:</div>
                      </td>
                   <td colspan="3"> <input type="text" name="receiver"
size="20" class="inputcss" value="<?php echo $username?>"></td>
                </tr>
                <tr>
                  <td height="30"><div align="right">详细联系地址:</div></td>
```

```
                <td height="30" colspan="3"> <input type="text" name=
                    "address" size="60" class="inputcss"></td>
              </tr>
              <tr>
                <td height="30"><div align="right">移动电话:</div></td>
                <td width="150" height="30"> <input type="text" name="
phone" size="20" class="inputcss"></td>
              </tr>
            </table></td>
          </tr>
        </table><br>
        <table width="680" border="0" align="center" cellpadding="0"
            cellspacing="1" bgcolor="#999999">
        <tr>
          <td bgcolor="#FFFFFF"><table width="680" border="0" align="center"
              cellpadding="0" cellspacing="0">
            <tr>
                <td width="120" height="40"><table width="80" height="22"
border="0" align="center" cellpadding="0" cellspacing="0">
                <tr>
                  <td bgcolor="#CCCCCC"><div align="center">邮递方式</div>
                      </td>
                </tr>
        </table></td>
        <td width="560"> <font color="#FF0000">*</font> <font
color="#999999">请选择送货方式!</font></td>
      </tr>
      <tr>
        <td height="30"> </td>
        <td height="30">
          <input type="radio" name="kdfs" value="1" checked="checked"/>
            普通邮递<br><br>
          <input type="radio" name="kdfs" value="2" />
            中通快递
         </td>
      </tr>
      <tr>
        <td height="10"></td>
        <td height="10">
         </td>
      </tr>
    </table></td>
  </tr>
</table>
   <br><table width="680" height="40" border="0" align="center" cellpadding=
       "0" cellspacing="1" bgcolor="#999999">
  <tr>
    <td bgcolor="#FFFFFF"><table width="680" height="40" border="0" align=
        "center" cellpadding="0" cellspacing="0">
      <tr>
        <td width="120"><table width="80" height="22" border="0" align=
            "center" cellpadding="0" cellspacing="0">
          <tr>
            <td ><div align="center"></div></td>
          </tr>
```

```
        </table></td>
        <td width="558">
      <input type="image"  src="images/submit.jpg">
      <img src="images/reset.jpg" width="69" height="20" onclick=
        "form1.reset()" style="cursor:hand"/></td>
      </tr>
    </table></td>
    </tr>
</table>
</td>
        </tr>
      </table></form>
</td>
        </tr></table>
<?php
include_once("bottom.php");
?>
```

savedd.php 文件代码如下：

```
<?php
session_start();
include_once("conn.php");
$username=$_SESSION['username'];
$mkgoodsid=$_SESSION['mkgoodsid'];
$num=count($mkgoodsid);
$ddID=substr(date("YmdHis"),2,8).mt_rand(100000,999999);  //随机生成订单号
if($_POST['kdfs']=="1"){                                  //判断用户选择的送货方式
    $yfprice=0;
    $kdfs="普通邮递";
}elseif($_POST['kdfs']=="2"){
    $yfprice=10;
    $kdfs="中通快递";
}
$receiver=$_POST['receiver'];
$address=$_POST['address'];
$phone=$_POST['phone'];
for ($i=0;$i<$num;$i++){
    $query="select * from cartmsg where goods_id=$mkgoodsid[$i] and username=
        '$username'";
    $res=mysqli_query($conn, $query);
    $info=mysqli_fetch_array($res);
    $username=$info['username'];
    $ddgoodsid.=$info['goods_id']."||";
    $ddgoodsname.=$info['goods_name']."||";
    $ddgoodsnum.=$info['goods_num']."||";
    $ddgoodsprice.=$info['goods_price']."||";
    $totalprice+=$info['goods_price'] * $info['goods_num'];
}
$riqi=date("Y-m-d H:i:s");
$sql="insert into ddmsg(ddno,receiver,address,phone,kdfs,ddgoodsid,
     ddgoodsname, ddgoodsprice, ddgoodsnum, totalprice, yfprice, username, pay,
     createtime)";
$sql=$sql."values('$ddID','$receiver','$address','$phone','$kdfs','$ddgoodsid',
    '$ddgoodsname','$ddgoodsprice','$ddgoodsnum','$totalprice','$yfprice',
    '$username','0','$riqi') ";
```

```
$res=mysqli_query($conn,$sql);
if($res)
{
    unset($_SESSION["mkgoodsid"]);                    //注销 session 变量 goodsid
    //用 base64_encode 对订单号进行加密传输,以避免在 URL 中出现真实的订单号
    echo "<script>window.location.href='dd.php? ddno=".base64_encode($ddID).
        "';</script>";
}
else{
    echo "<script>alert('订单信息保存失败,请重试!');</script>";
}
//清空购物车
$sqldel="delete from cartmsg where username='$username'";
$resdel=mysqli_query($conn,$sqldel);
?>>
```

dd.php 文件代码如下：

```
<?php
include_once("conn.php");
include_once("top.php");
?>
<table width="870" align="center" border="1" cellpadding="1" cellspacing="1"
    bordercolor="#FFFFFF" bgcolor="#6EBEC7">
        <tr>
          <td bgcolor="#FFFFFF">
    <?php
    //用 base64_decode 对订单号进行解密
    $ddno=base64_decode($_GET['ddno']);
    $sql="select * from ddmsg where ddno='$ddno'";
    $res=mysqli_query($conn,$sql);
    $info=mysqli_fetch_array($res);
    ?>
<table width="750" height="60" border="0" align="center" cellpadding="0"
    cellspacing="0">
   <tr>
     <td><br>
       <table width="630" border="0" align="center" cellpadding="0"
          cellspacing="1" bgcolor="#999999">
      <tr>
           <td bgcolor="#FFFFFF"><table width="630" border="0" align="center"
              cellpadding="0" cellspacing="0">
             <tr>
               <td height="25" colspan="2"><table width="250" height="20"
                   border="0" align="left" cellpadding="0" cellspacing="0">
             <tr>
               <td width="15" bgcolor="#FFFFFF"><div align="center"></div>
                   </td>
              <td width="235" bgcolor="#CCCCCC"><div align="center">订购人:
    <?php echo $info["username"]; ?></div></td>
             </tr>
           </table></td>
         <td height="25"> </td>
         <td height="25"><?php echo $info["createtime"]; ?></td>
        </tr>
```

```
<tr>
    <td height="1" colspan="4" valign="top"><hr size="1" color="#CCCCCC"
        width="600"></td>
  </tr>
  <tr>
    <td width="125" height="18"><div align="right">订单号:</div></td>
    <td height="18" colspan="3"> <?php echo $info["ddno"]; ?></td>
  </tr>
  <tr>
    <td height="18"><div align="right">收货人:</div></td>
    <td width="222" height="18"> <?php echo $info["receiver"]; ?>
        </td>
    <td width="125" height="18"><div align="right">移动电话:</div></td>
     <td width="208" height="18"> <?php echo $info["phone"]; ?></td>
</tr>
<tr>
    <td height="18"><div align="right">联系地址:</div></td>
    <td height="18" colspan="3"> <?php echo $info["address"]; ?></td>
  </tr>
  <tr>
   <td height="20" colspan="4"><br><table width="550" border="0" align=
       "center" cellpadding="0" cellspacing="1" bgcolor="#CCCCCC">
    <tr>
      <td height="18" bgcolor="#CCCCCC"><div align="center">商品名称
          </div></td>
        <td bgcolor="#CCCCCC"><div align="center">单价(元)</div></td>
        <td bgcolor="#CCCCCC"><div align="center">数量</div></td>
        <td bgcolor="#CCCCCC"><div align="center">小计(元)</div></td>
    </tr>
        <?php
        $arrayname=explode("||",$info['ddgoodsname']);
        $arrayprice=explode("||", $info['ddgoodsprice']);
        $arraynum=explode("||",$info["ddgoodsnum"]);
        $totalprice=$info['totalprice'];
        $yfprice=$info['yfprice'];
        if(count($arrayname)==0){
        ?>
        <tr>
        <td height="18" colspan="4" bgcolor="#FFFFFF"><div align="center">
            暂无商品信息!</div></td>
        </tr>
        <?php
        }else{
            for($i=0;$i<count($arrayname)-1;$i++){
      ?>
    <tr>
          <td height="18" bgcolor="#FFFFFF"> <?php echo $arrayname
              [$i]; ?></td>
          <td height="18" bgcolor="#FFFFFF"><div align="center"><?php
              echo $arrayprice[$i]; ?></div></td>
          <td height="18" bgcolor="#FFFFFF"><div align="center"><?php
              echo $arraynum[$i]; ?></div></td>
          <td height="18" bgcolor="#FFFFFF"><div align="center"><?php
              echo $arrayprice[$i] * $arraynum[$i]; ?></div></td>
        </tr>
```

```
                <?php
                  }
                }
        ?>
          </table>
          <table width="550" height="50" border="0" align="center" cellpadding=
              "0" cellspacing="0">
            <tr>
            <td height="25"> </td>
             <td width="60" height="25"><div align="center">商品总计:</div></td>
           <td width="112"> <?php echo $totalprice; ?> 元</td>
            </tr>
            <tr>
              <td height="25"> </td>
               <td height="25"><div align="right">邮费:</div></td>
               <td height="25"> <?php echo $yfprice; ?> 元</td>
            </tr>
             <tr>
               <td width="378" height="1"></td>
                <td height="1" colspan="2" bgcolor="#CCCCCC"></td>
              </tr>
               <tr>
                 <td height="25" colspan="2"><div align="right"><strong>你需要
                     支付的金额总计为:</strong></div></td>
                 <td width="112"> <?php echo $totalprice+$yfprice;?>
                      元</td>
               </tr>
               </table>
             </td>
                 </tr>
               </table></td>
         </tr>
          </table><br>
       <table width="630" height="25" border="0" align="center" cellpadding="0"
          cellspacing="1" bgcolor="#999999">
   <tr>
     <td bgcolor="#FFFFFF"><table width="630" height="25" border="0" align=
         "center" cellpadding="0" cellspacing="0">
       <tr>
         <td width="340"> </td>
          <td width="125">
          <?php if ($info['pay']==0){ ?>
          <img src="images/tjdd.jpg" width="69" height="20" onclick=
             "javascript:window.location.href='tjdd.php?ddno=<?php echo $_GET
             ["ddno"]; ?>'" style="cursor:hand"/></td>
       <?php } ?>
       </tr>
     </table></td>
   </tr>
</table>
<br>
</td>
          </tr>
       </table>
</td>
```

```
        </tr></table>
<?php
include_once("bottom.php");
?>
```

tjdd.php 文件代码如下：

```
<?php
include_once("conn.php");
include_once("top.php");
?>
<table width="870" height="30" align="center" background="images/bg_14_1.jpg">
    <tr><td width="129" rowspan="2"> </td>
    <td width="729"></td>
</tr>
  <tr>
    <td><span class="a9">订单处理</span></td>
  </tr>
</table>
<table width="870" align="center" border="1" cellpadding="1" cellspacing="1"
    bordercolor="#FFFFFF" bgcolor="#6EBEC7">
        <tr>
          <td bgcolor="#FFFFFF">
<?php
$ddno=base64_decode($_GET["ddno"]);
$sql="select * from ddmsg where ddno='$ddno'";
$res=mysqli_query($conn,$sql);
$info=mysqli_fetch_array($res);
$totalprice=$info['totalprice'];
$yfprice=$info['yfprice'];
$ddprice=$totalprice+$yfprice;
?>
<table width="750" height="60" border="0" align="center" cellpadding="0"
    cellspacing="0">
        <tr>
          <td><br>
      <table width="630" height="50" border="0" align="center" cellpadding="0"
          cellspacing="1" bgcolor="#999999">
        <tr>
              <td bgcolor="#FFFFFF"><table width="630" border="0" align=
                 "center" cellpadding="0" cellspacing="0">
               <tr>
                 <td width="130" height="22"><div align="right">订单号:</div>
                    </td>
                 <td width="211"> <font color=red><strong><?php echo
                    $ddno; ?></strong></font></td>
                 <td width="130"><div align="right">需支付金额:</div></td>
                 <td width="159"> <?php echo "<font color=red><strong>".
                    $ddprice." 元</strong></font>"; ?></td>
               </tr>
               <tr>
                 <td height="30" colspan="4"><table width="500" height="1"
                    border="0" align="center" cellpadding="0" cellspacing="0">
                   <tr>
                     <td bgcolor="#CCCCCC"></td>
```

```
                    </tr>
                  </table>
                    <table width="500" height="50" border="0" align="center"
                       cellpadding="0" cellspacing="0">
                    <tr>
                      <td style="line-height:2"> <font color="#FF0000">*
                         </font> <font color="#999999">只有在网上支付成功
                         后,我公司才会为您邮递。</font><br> <font color="
                         #FF0000">*</font> <font color="#999999">我们会
                         在 48 小时内保留您的订单,请及时支付。</font></td>
                    </tr>
                  </table></td>
                </tr>
              </table></td>
           </tr>
          </table><br>
          <table width="630" height="25" border="0" align="center" cellpadding=
              "0" cellspacing="1" bgcolor="#999999">
  <tr>
    <td bgcolor="#FFFFFF"><table width="630" height="25" border="0" align=
        "center" cellpadding="0" cellspacing="0">
      <tr>
        <td width="430"> </td>
        <td width="75"><img src="images/deletedd.jpg" width="69" height="20"
            style="cursor:hand" onclick="javascript:if(window.confirm('如果取
            消该订单,则该订单将被删除,您需要重新购买!')==true){window.location.
            href='deletedd.php?ddno=<?php echo $_GET["ddno"]; ?>';}"/></td>
        <td width="125"><img src="images/paydd.jpg" width="69" height="20"
            style="cursor:hand" onclick="javascript:window.location.href='
            paydd.php?ddno=<?php echo $_GET["ddno"]; ?>';"/></td>
      </tr>
    </table></td>
  </tr>
</table>
<br>       </td>
        </tr>
      </table>
</td>
        </tr></table>
<?php
include_once("bottom.php");
?>
```

paydd.php 文件代码如下:

```
<?php
$ddno=base64_decode($_GET["ddno"]);
include_once("conn.php");
if(mysqli_query($conn,"update ddmsg set pay='1' where ddno='".$ddno."'")){
    echo "<script>alert('订单付款成功');</script>";
    echo "<script>window.location.href='myddmsg.php';</script>";
}else{
  echo "<script>alert('订单提交失败,请重试!');history.back();</script>";
}
?>
```

13.3.8 订单信息显示

用户可以查看自己的订单信息，并进行提交订单和删除订单操作。

myddmsg.php 用来显示用户的订单信息，文件代码如下：

```
<?php
include_once("conn.php");
include_once("top.php");
if($username==""){
    echo "<script>alert('您还没有登录,请登录后查看');history.back();</script>";
    exit;
}
?>
<link rel="stylesheet" type="text/css" href="css/index.css">
<script type="text/javascript" src="js/choice.js"></script>
<div class="main-box">
  <table class="cart-table">
    <tr>
      <td width="155" bgcolor="#CCCCCC"><div align="center">订单号</div></td>
      <td width="330" height="22" bgcolor="#CCCCCC"><div align="center">商品
          名称</div></td>
      <td width="87" bgcolor="#CCCCCC"><div align="center">商品总价(元)
          </div></td>
       <td width="87" bgcolor="#CCCCCC"><div align="center">是否支付</div>
          </td>
      <td width="143" bgcolor="#CCCCCC"><div align="center">操作</div></td>
    </tr>
    <?php
    $sql="select * from ddmsg where username='$username'";
    $res=mysqli_query($conn,$sql);
    if($res){
        while($info=mysqli_fetch_array($res)){
            $ddno=$info['ddno'];
            $ddgoodsname=str_replace("||", "<br/>",$info['ddgoodsname']);
            $totalprice=$info['totalprice'];
            $pay=$info['pay'];
    ?>
     <tr>
      <form name="form1" method="post" action="" >
        <td height="22" bgcolor="#FFFFFF"><div align="center">
        <?php echo "<a href='dd.php?ddno=".base64_encode($ddno)."' class='a1'>"
            .$ddno."</a>"; ?></div></td>
        <td height="22" bgcolor="#FFFFFF"><div align="center"><?php echo
            rtrim($ddgoodsname,"<br/>"); ?>  </div></td>
        <td height="22" bgcolor="#FFFFFF"><div align="center"><?php echo
            $totalprice; ?>  </div></td>
        <td height="22" bgcolor="#FFFFFF"><div align="center"> <?php if ($pay
            ==0){echo "未支付";}elseif($pay==1){echo "已支付";} ?>  </div></td>
        <td height="22" bgcolor="#FFFFFF"><div align="center">
        <?php if($pay==0){
            echo "<a href='dd.php?ddno=".base64_encode($ddno)."' class='a1'>提
                交订单</a>|";
        }
        ?>
```

```
        <a href="deletedd.php?ddno=<?php echo base64_encode($ddno); ?>" class=
            "a1">删除订单</a></div></td>
    </tr>
    <?php
        $totalprice+=$goodsprice * $goodsnum;
    }
      }
      else {
    ?>
    <tr>
    <td height="22" colspan="4" bgcolor="#FFFFFF"><div align="center">对不起,
        您暂无订单!</div></td>
    </tr>
    <?php
    }
    ?>
  </table>
  <div class="cart-action">
    <span><<  <a href='index.php' class='a1'>去购买</a></span>
    <span> >></span>
  </div>
</div>
  </form>
<script>
<?php
include_once("bottom.php");
?>
```

学习成果达成与测评

<table>
<tr><td>学号</td><td></td><td>姓名</td><td></td><td>项目序号</td><td></td><td>项目名称</td><td></td><td>学时</td><td>6</td><td>学分</td><td></td></tr>
<tr><td>职业技能等级</td><td colspan="2">中级</td><td colspan="2">职业能力</td><td colspan="5"></td><td>任务量数</td><td></td></tr>
<tr><td>序号</td><td colspan="10">评 价 内 容</td><td>分数</td></tr>
<tr><td>1</td><td colspan="10">能够独立完成页面设计</td><td>5</td></tr>
<tr><td>2</td><td colspan="10">能够根据用户需求设计应用系统流程</td><td>5</td></tr>
<tr><td>3</td><td colspan="10">实现将选中的商品加入购物车的功能</td><td>10</td></tr>
<tr><td>4</td><td colspan="10">实现在购物车中修改商品数量、清空购物车的功能</td><td>10</td></tr>
<tr><td>5</td><td colspan="10">实现填写收货人相关信息并提交订单的功能</td><td>10</td></tr>
<tr><td>6</td><td colspan="10">实现对订单进行支付和查看、删除订单的功能</td><td>10</td></tr>
<tr><td rowspan="2">考核评价</td><td colspan="10">总分数</td><td></td></tr>
<tr><td colspan="11">指导教师评语</td></tr>
<tr><td>备注</td><td colspan="11">奖励：
(1) 可以按照完成质量给予 1～10 分奖励。
(2) 每超额完成一个任务加 3 分。
(3) 巩固提升任务完成情况优秀，加 2 分。
惩罚：
(1) 完成任务超过规定时间，扣 2 分。
(2) 完成任务有缺项，每项扣 2 分。
(3) 任务实施报告中有歪曲事实、杜撰或抄袭内容者不予评分。</td></tr>
</table>

学习成果实施报告书

<table>
<tr><td>题目</td><td colspan="5"></td></tr>
<tr><td>班级</td><td></td><td>姓名</td><td></td><td>学号</td><td></td></tr>
<tr><td colspan="6">任务实施报告</td></tr>
<tr><td colspan="6">简要记述完成的各项任务，描述任务规划以及实施过程、遇到的重点难点以及解决过程，字数不少于800字。</td></tr>
<tr><td colspan="6">考核评价(10分制)</td></tr>
<tr><td colspan="4" rowspan="2">教师评语：</td><td>态度分数</td><td></td></tr>
<tr><td>工作量分数</td><td></td></tr>
<tr><td colspan="6">考 核 标 准</td></tr>
<tr><td colspan="6">(1) 在规定时间内完成任务。
(2) 操作规范。
(3) 任务实施报告书内容真实可靠、条理清晰、文字流畅、逻辑性强。
(4) 没有完成工作量扣1分，有抄袭内容扣5分。</td></tr>
</table>

参考文献

[1] 陈明坤.试析动态网站制作方法与技巧[J].电脑与电信,2017(8):85-87.

[2] 陈阿妹,陈佳丽,陈斌仙.基于JMeter的Web性能测试的研究[J].九江学院学报(自然科学版),2016(1):70-76.

[3] 王薇.动态网站建设与研究应用[J].数字技术与应用,2015(10):99-100.

[4] 余帝.探究动态网站设计中PHP技术的应用[J].电子制作,2015(24):50.

[5] 于群峰.网站设计中CSS技术与PHP技术探究[J].电子制作,2014(1):145.

[6] 王洪海.基于PHP技术的校园网站的设计与实现[J].电子世界,2014(10):408.

[7] 李杨.基于PHP技术的CMS在企业网站开发中的应用[J].信息通信,2013(9):107.

[8] 王晓姝.LAMP网站架构方案与实施[J].软件导刊,2013(1):72-74.

[9] 宋艳.PHP MySQL在动态网站设计中的应用[J].科技资讯,2012(5):24-26.

[10] 杨萌.主流动态网页技术PHP、JSP与ASP.NET的比较研究[J].淮北职业技术学院学报,2011(1):9-10.

[11] 刘勇贤.电子商务网络安全技术研究[J].商场现代化,2017(7):52-53.

[12] 张小龙,孔勇强,胡志明,等.基于Ext JS+SSH框架的电子商务系统[J].中国科技信息,2017(10):65-67.

[13] 刘亚栋,白海涛,费利军.使用PHP语言建立企业内部网站设计与实现[J].物联网技术,2016(8):93-94,99.

[14] 聂林海."互联网+"时代的电子商务[J].中国流通经济,2015(6):53-57.

[15] 贾素来.使用PHP和MySQL开发动态网站[J].大众科技,2011(3):14-15

[16] 陈巧蓉,陈刚,熊恩成.网上购物系统HTML版开发研究[J].西南民族大学学报(自然科学版),2007(4):961-963.

[17] 郭士琪,赵尔丹.基于数据挖掘的电子商务在企业的应用[J].电子技术与软件工程,2017(10):172.

[18] 许彩红.校园电子商务系统分析与设计[J].湖北经济学院学报(人文社会科学版),2009(1):64-66.

[19] 程莉莉.校园电子商务系统分析与设计[D].沈阳:沈阳工业大学,2014.

[20] 刘莹.电子商务系统的设计与实现[D].长春:吉林大学,2012.